BELIEVE IN READING

人類文明

生物機制如何塑造世界史

Being Human

How Our Biology Shaped World History

by Lewis Dartnell

達奈爾／著　林俊宏／譯

人類文明

生物機制如何塑造世界史

獻給

達維娜（Davina）& 塞巴斯汀（Sebastian）

歷史與文明的原動力

要懂歷史，不能不談史前；
要懂史前，不能不談生物學。

——威爾森（Edward O. Wilson），《群的征服》

　　人就是一種格外聰明、能幹的猿類。除了人腦絕對可說是演化的奇蹟，人體也堪稱工程設計的驚喜。人體的生理機能經過長年的演化微調，能夠輕輕鬆鬆跑上漫長的距離，雙手無比靈巧，能製造和操作各種物體，喉嚨與口部對發聲的控制也令人讚嘆。人類都是溝通大師，擁有許多不同形式的語言，從明確的指示、到抽象的概念，都能夠清楚傳達，也懂得怎樣在團隊與社群裡，找到自己的位置。人類也能向彼此、向父母、向同儕學習，所以新的世代並不需要一切重新開始。人類的文化是累積而成，各種能力都隨著時間積蓄，從一開始掌握了石器技術，到現在已經發展出超級電腦與太空船。

　　但是無論在身體或心理上，人類也還是處處缺陷。在很多方面，人類實在算不上特別出色。

人類這個瑕疵品

　　美國前總統小布希與雷根，以及演員伊莉莎白‧泰勒與荷莉‧貝瑞，以上四位有什麼共通點？答案是：他們都曾經差點被食物噎死（兇手分別是椒鹽蝴蝶餅、花生、雞骨頭、無花果）。[1] 事實上，噎死是目前在家中死亡的第三大死因。[2]

　　比起其他動物，要說吃東西不把自己搞到意外身亡的這項關鍵生存技能，人類似乎就是有夠無能。這背後的原因與喉嚨的演化有關，人類的喉嚨能夠發出複雜的語音，讓人能用聲音暢所欲言，是因為在演化過程中，喉頭（larynx）在頸部的位置變得較

高，結構也有所改變，於是更能控制發聲。所有哺乳動物的呼吸道和食道都有一小段共用，在吞嚥的時候，會厭（epiglottis）這個像活門一樣的組織，會暫時蓋住氣管，避免食物誤入。但隨著人類喉嚨的演化重塑，也就大大提升了食物卡在氣管裡的機率。[3] 正如達爾文所言：「人類吞下的任何食物或飲料，都會通過氣管口，也就有一定的風險落入肺部。」[4]

這還只是人體結構諸多基本設計缺陷的其中一項。人類演化成目前直立行走的樣子，但這種姿勢會給膝蓋造成巨大壓力，也讓大多數人這輩子少不了背痛的問題。而在腕關節和踝關節，也有一些在退化之後毫無意義的骨骼，使我們活動受限，還容易手腳扭傷。[5] 人類也有很多神經在身體裡分布得既漫長又迂迴，看來簡直荒謬；也有許多肌肉目前根本沒有任何用途，例如其他動物用來扭動耳朵的肌肉。位於眼睛底部的感光層（視網膜），負責感光的光受器竟是朝向後方，也就讓視野出現盲點。

此外，人類的生物化學與 DNA 也充滿缺陷（有些基因的資料毀損、失去作用），舉例來說，人類如果想取得活下去所需的營養，所需的飲食多樣性幾乎比其他任何動物都高。還有，人腦也絕不是什麼完全理性的思考機器，經常出現各種認知問題與錯誤。人類還很容易產生各種成癮現象，引發強迫行為，甚至走上自我毀滅的道路。

像這些顯而易見的缺陷，很多都是出於演化上的妥協。如果某個特定的基因或身體結構得要同時滿足許多相互衝突的需求，到頭來就是沒有任何一種需求能夠得到最完美的結果。像是喉嚨

除了得用來呼吸、進食，還得配合講話。至於人腦要做出各種生
死決策的時候，不但環境因素複雜又難以預測、資訊不完整，且
動作還得快！很顯然，演化必須達到的目標並非「完美」，只要
「夠好」就行。

　　更重要的是，演化機制遇上全新的難關與生存問題時，也只
能從目前演化出的現狀來想辦法，永遠沒有機會回到一張白紙，
從頭開始重新設計。人類的演化史，就像是在一張羊皮卷上持續
刮掉一些部分來重寫，不斷在既有的基礎上做出新的適應調整。
以脊椎為例，人類遠祖的移動姿勢是四肢著地，所以脊椎並不適
合支撐這種頂個大頭的直立姿勢，但現代人類也只能湊合湊合。

外衣底下的動物本性

　　現在的人類樣貌，就是我們所有能力與限制的總和，是各種
強項、再加上各種弱項，才成就了現在的我們。而所謂人類歷史
的故事，就是在這強弱平衡之間不斷上演。

　　人類從非洲這個演化搖籃傳向四方，成為地球上分布最廣泛
的陸生動物物種。大約一萬年前，人類學會馴化野生動植物，於
是發明農業，進而發展出愈來愈複雜的社會組織：城市、文明、
帝國。在這段驚心動魄的時光，人類經歷了成長與停滯、進步與
倒退、合作與衝突、奴役與解放、貿易與掠奪、入侵與革命、瘟
疫與戰爭——歷經這種種的動盪與狂熱，卻只有一件事情不變：
人類自己。無論是生理或心理上，人類幾乎所有關鍵面向都與十

萬年前生活在非洲的祖先基本相同。雖然全球各地的文化有著五花八門的信仰、習慣與風俗，人類也有著外觀上的一些差異，但是從真正更重要的基因差異看來，所有人類的身體構造就是並無不同。所謂做為「人」這件事，那些最基礎的要素（身體這套硬體，以及心智這套軟體）從未改變。

在本書中，我想要深入人類的歷史，探討「身而為人」這件事是如何表現在我們的文化、社會與文明上。人類在遺傳學、生物化學、解剖學、生理學和心理學上的種種特殊之處，會有何表現？又有何後果與影響？而且我想談的不是單一的重大事件，而是亙古皆然、世界歷史上的長期趨勢。

除了人類有何獨到之處，我也會談到人類和其他動物在身體與行為上有何共通點。人類高雅的文化與社會，不過是給既有的動物本性罩上一層薄薄的外衣。一旦開始爭奪資源與性，又或者是為了想讓孩子這輩子有最好的發展，人類和其他野獸常常並無不同。這些原始的動力，在歷史的各個層面無所不在——從一般家庭與家族結構，到各皇室王朝竭力維持血統純正的用心。本書除了會談到最新的人類學與社會學研究，也會指出日常生活的諸多面向，有著人類生物學上的起因。

人體有許多明顯的限制與要求。例如，只能活在一定的溫度範圍，也因為肺臟從空氣取得氧氣的效率問題，讓我們能夠定居的海拔高度有限。（如今海拔最高的人類永久聚落，是位於祕魯安地斯山脈的拉林科納達鎮，海拔 5,100 公尺。）加上人體需要不斷攝取水分與養分，也限縮了能夠永久定居的環境選項。像是

人無法飲用海水，過去也就讓越洋航行大大受限於淡水的供應。而說到人類繁殖與人口成長的速度，則會受到生命週期的限制：人類需要經過漫長的發育期，才能達到性成熟。人體也很容易受到微生物和其他寄生物的入侵，甚至可能因此丟掉小命。至於肌肉能發揮的力量，也限制了人類勞動的成就，於是讓人學會了駕馭牛、馬、駱駝等馱獸，以及發展各種相關技術。還有，人類對於睡眠的需求，則是決定了社會的活動週期。[6]

身體特徵塑造了文化

此外，人體的特徵也會對文化發展（風俗、行為、技能）產生一些比較不易察覺的影響。

人類所有的口說語言，都是靠著上呼吸道產生一連串複雜的聲音：先從肺部呼出空氣，振動聲帶、發出聲音，再以喉嚨、嘴巴、舌頭與雙唇進行調整。這種複雜的發聲能力，一般認為正是人類物種的重要特色。語音的組成，包括有一系列開放的母音，像是 ah、ee、oo，搭配各式各樣的子音。母音與子音都稱為語言的音素（phoneme）。

子音的發聲方式很多，像是爆破音 p 和 t 是讓空氣爆出來；摩擦音 f 和 s 是讓氣流在嘴內摩擦；舌側音 l 是讓氣流穩定通過舌頭兩側；以及鼻音 n 是使用鼻腔共鳴等等。世界上所有語言總共有大約 90 種不同的音素，但多數語言用到的音素不到一半，[7]例如英語的音素就只有 44 種左右。[8]而在人類的語音當中，最常

見的子音是 m，這似乎也是最容易發聲的音素。加州大學洛杉磯
分校的音段庫藏資料庫（UCLA Phonological Segment Inventory Database,
UPSID）詳細研究了 450 種語言，從阿比坡語（Abipon）到祖尼
語（Zuni），還有！徐語（!Xu），其中高達 95% 的語言都有 m 這
個音素。[9] 這個常見音素 m 的發聲方式是閉上雙唇、讓氣流從鼻
腔釋出，很像是黑猩猩和其他靈長類動物咂嘴的行為。[10] 有超過
五十億人，學會說的第一個字都是由這個音素開頭的：大多數語
言的「媽媽」都大同小異。可見世上所有語言都會受到「容易發
聲」這件事所限制，也就是會受到人體解剖構造的限制。

　　人體的某些特徵除了深深影響身體能力，也會大大影響我們
對世界的看法。像是人的兩手各有五根手指（兩腳也各有五根腳
趾），稱為五指型（pentadactyl），就是出於大約三億五千萬年前
的一次演化偶然，在人類像魚一樣的祖先身上固定下來。（所有
其他四足類脊椎動物，從鱷魚到鳥類、再到海豚，也都有五指的
特徵。）而「五指」這件事，就大大影響了人類對數字的概念與
計算方式。人有十根手指可以用來算數，於是全世界大多數古文
化的數字系統，都以十為基數。算數用的倍數是 10、100、1,000
之類的整數，而不是 6、36、216 這些六的倍數── 如果人是三
指動物，那就難說了。

　　（但也不是沒有例外，像是古代蘇美人就同時使用了十進位
制與六十進位制，因為許多數字都能整除 60，讓六十進位制相
當實用，所以到現在 1 小時還是分成 60 分鐘、1 分鐘是 60 秒，
而一個圓也是分成 360 度。）

　　等到西元五世紀，印度—阿拉伯數字系統設計出「位值記數法」（place-value notation），逐漸發展成現代的十進位與公制度量衡系統。所以，人類的整個數學概念，基礎其實就在於前肢的指頭有幾根。

　　人類創造的世界，還有許多其他方面也與人體解剖特徵緊緊相連：每一秒鐘的時間，大致與人體的靜止心率相似；以前的英寸定義是拇指的厚度；英里的定義則是羅馬人走一千步，也就是結合了十進位制和腿的長度。

心理特質造就社會風潮起落

　　本書也會提到，會在這個世界上留下永恆印記的，還不只是人類身體上的特徵。人類的心理機制與各種潛在特性，同樣對人類文化有著極為獨特的影響，而且已經如此深入日常生活，讓人看不到背後生物學上的根源。

　　舉例來說，人類有強烈的從眾行為（herd behaviour，又稱為羊群心理）：會透過模仿他人的決定，來成為社群的一份子。這是一種在演化上十分有利的做法，在充滿危險的自然世界裡，就算你覺得大夥的決定不見得最正確，但總比自己單獨冒險行動來得更安全。常常就算我們心裡覺得自己是對的，也不會想要強出頭。

　　像這樣的從眾行為，可說是用群眾外包（crowd-sourcing）來取得資訊（畢竟其他人有可能知道某些我們自己不知道的事情），也能讓我們無須一切從頭研究，得以省下時間心力，快速做出決

定。舉例來說，如果到了陌生的城市想找點好吃的，自然會去看高朋滿座的餐廳，避開門可羅雀的餐館。

歷史上，這種從眾偏誤也帶動了各種流行時尚的潮起潮落，左右著民眾是否採納不同的文化規範、宗教觀點或政治偏好。然而，這樣的心理偏誤也會破壞市場與金融體系的穩定。以 1990 年代末的網路泡沫繁榮（dot-com boom）為例，當時雖然許多網路新創公司根本財務不佳，投資人卻是爭先恐後，捧著大錢急著投資，都以為其他人肯定做過可靠的評估，或者就是害怕自己搭不上這波熱潮；結果就是 2000 年代初，迎來泡沫破裂，股市狂跌一大波。

像這樣的投機泡沫戲碼，自十七世紀初期、荷蘭的「鬱金香狂熱」以來，反覆上演；現代經濟在繁榮與蕭條之間循環（例如加密貨幣市場），背後也是出於同樣的從眾行為。

本書是我著作三部曲的第三本，但每本都是能夠單獨閱讀的獨立著作；透過這三部曲，我希望從不同的角度出發，探索人類宏大的歷史與現代世界的形成。

我的第一本著作是《最後一個知識人》（*The Knowledge: How to Rebuild Our World from Scratch*），以手冊的形式，介紹如果碰上像是啟示錄那樣的末日，怎樣才能盡快讓文明重開機。書中假設人類習以為常的世界走到了盡頭，以此帶領讀者一窺現代世界幕後的運作，點出各式發現與發明是如何讓人類得以進步。

第二本著作是《起源：地球如何塑造人類的歷史》（*Origins: How the Earth Shaped Human History*），將視角拉遠，看看人類居住

的地球，其環境特徵（從板塊構造到氣候帶，從礦產資源到大氣環流）如何大大影響了人類的故事。《起源》從人類起源於東非大裂谷談起，談到這幾千年間，文明與帝國的興衰，再一路談到現代世界，指出就算是在今日的政治當中，也能發現自然世界所留下的痕跡。

　　而我在《人類文明》這本書想做的，就是要再延伸這條探索的路線，這次將重點放在我們人類身上：從生物學的角度來談談人類的故事，也談論所謂當個「人」的本質為何。我本來就是受生物學訓練出身，所以這本書等於回歸我的主場領域，希望能讓讀者看到，人類的解剖構造、遺傳基因、生化特性與心理特質，其實都在人類歷史上留下了深刻的印記，且常常讓人出乎意料。

要懂歷史與文明，不能不懂生物學

　　我們會來談談，人類那些浪漫的愛情、溫馨的家庭，為什麼是人類古怪的演化所致？也要談到，婚姻為什麼會被當權的王室用來做為政治工具？為什麼歐洲王室特別容易出現斷子絕孫的問題？其他王室又如何解決這個問題（並在過程中創造像是蟻群的工蟻那樣不會生育的士卒）？

　　我們也會詳細討論，人類對傳染病的無能為力，如何在世界歷史上扮演了各種關鍵的角色。地方病（endemic disease）怎樣讓英格蘭和蘇格蘭結成政治聯盟？又是怎樣讓美國的版圖在一夜之間擴大一倍？流行病（epidemic disease）又怎麼讓某個一度沒沒無

聞的宗教得以傳播，使封建主義邁向衰亡，但也推動了跨大西洋的非洲奴隸貿易、直達美洲？

幾項人口的重要指標，像是人口成長率、性別比例，都可能造成深遠的影響，後續我也將逐一探討這些人口力量。本書還會談到如何改變人類的意識狀態，以及幾種能夠影響心智的精神刺激物質（psychoactive substance）如何改變了世界。我們會談談酒類怎樣成了讓人陶醉的社交潤滑劑，茶和咖啡帶來怎樣的刺激，菸草如何讓人提神醒腦，罌粟又怎樣成了帝國征服的工具。

人類基因的遺傳密碼出錯，會造成深遠的影響。我們會談到維多利亞女王身上的一項罕見基因突變，怎樣在一個世紀後，讓歐洲各個當權王朝陷入災難，還介入俄國革命。還有另一個全人類共有的基因，在突變後失去功能，這在大航海時代（從十五世紀到十七世紀）扮演了決定性的角色，也在無意間催生了全球最惡名昭彰的犯罪組織。

最後我們也要談談人類心智軟體的種種問題，看看這些問題造成了哪些廣泛的影響。是哪種認知偏誤（cognitive bias），先是害慘了哥倫布，又在五百年後成了入侵伊拉克的重要因素，而且是如今政治兩極化問題的幕後黑手？又是哪些心理問題，在克里米亞戰爭（1853-1856，又稱第十次俄土戰爭）造成災難性的〈輕騎兵的衝鋒〉（Charge of the Light Brigade），也在如今阻撓著國際貿易協商，以及造成像是以巴之間的領土爭議？

但還是先讓我們從人類的演化開始，看看究竟是為了什麼原因，讓人類必須先馴化自己，接著才是去馴化各種野生動植物、

創造農業與文明。人類是如何演化發展,才能在愈來愈龐大的人口族群當中,和諧共存,還能夠同心協力,攜手打造各種共同的事業?

第一章

文明背後的軟體

要說大自然給了我們什麼傾向，
莫過於想要有人相陪。

—— 蒙田（Michel de Montaigne），〈論友誼〉

　　動物群居的好處多多，不但更容易找伴、更方便共獵，也能有人多勢眾的效果，以及提供抵抗掠食的保護作用。但比起一群牛羚或魚類，人類社會可複雜多了。人類願意合作的程度，簡直不可思議。

　　我們這個物種能成功，關鍵除了擅長使用工具（靠著靈巧的雙手），也在於願意向彼此伸出援手，就算雙方只是萍水相逢、可能不會有再見面的一天。雷哈尼（Nichola Raihani）的大作《群居本能》就指出：「『合作』是我們這個物種的超能力，人類靠著這種能力，幾乎在地球上任何居住地點都能夠不僅存活、更是發展蓬勃。」人類能夠教導彼此各種技能、交換各種資訊，那些技能與資訊本來很有可能是我們自己一輩子都學不會的。靠著這種文化學習的過程，不但能讓新的能力傳遍不同族群，更能世世代代不斷累積。

　　本章要來看看，人類的社會之所以雖然複雜、但大致和平，眾人還能攜手合作，打造出所謂「文明」的諸多偉大創舉，這背後都是靠著人類演化的兩大關鍵發展：第一是減少了反應性攻擊（reactive aggression），第二則是進一步提升了大腦的「社交軟體」，讓人類實現無與倫比的合作程度。[1]

　　〔為了避免誤會，我這裡所謂的文明，指的是一種複雜的社會組織，特徵是有集中式的政治及行政國（administrative state）、高度的角色專業化、階層式的社會結構、特別的文化產出、以及人口密集生活在城市。〕

人類既殘忍、卻也仁慈

　　要談攻擊行為的時候，如果想的只是從「溫順」到「暴力」的一道光譜，那就有些過於簡化了。人類的攻擊行為分成兩種截然不同的形式：一種是反應性攻擊，是一時性急，對眼前的威脅發動猛攻；另一種是主動性攻擊（proactive aggression），比較不是出於衝動與情緒，而是有計畫、有打算的行動，希望藉此達到特定目標。在人類物種的演化過程中，這兩種攻擊形式開始有了不同的發展：反應性攻擊變得十分收斂，但主動性攻擊可是變得十分熟練。如果把攻擊視為一種二元現象，可以看到人類確實既殘忍、卻也仁慈，兩者並不矛盾。[2]

　　現存與人類最相似的動物是黑猩猩與巴諾布猿（bonobo），兩者都是雌雄同群，群體的規模與組成會不斷改變，白天會有較小的分群，會到不同的區域覓食，晚上再次聚在一起過夜。如果拉大時間尺度，則會發現個體其實會在散落於環境中的群體之間來來去去。以雄黑猩猩為例，雖然平常會聚在一起，但只要長大到能夠生育的年紀，就會去找附近黑猩猩群的雌黑猩猩交配。

　　如果群體會像這樣有週期性的分裂與重組，就稱為裂變融合（fission-fusion）社會組織。在這種雌雄同群的黑猩猩群體中，攻擊與暴力事件再常見不過。除了雄性會騷擾雌性，雄性之間也常常為了與雌性的繁殖機會而大打出手、競爭激烈。雄性的內鬥形成階級，要當老大，就得用暴力或威脅來維持自己無上的地位。雄黑猩猩也會集黨結派，巡邏自己的邊界或領地，又或是入侵鄰近

群體的領地。牠們會攻擊、甚至是殺害其他群體的雄黑猩猩，以擴大領地，獲得更多資源或雌黑猩猩。

巴諾布猿的暴力程度通常比黑猩猩低，但還是會對群體成員和其他巴諾布猿，展現出攻擊行為。[3]

馴化我們自己

攻擊侵略是黑猩猩重要的生存之道，但人類演化走上的道路卻完全不同。任何其他的靈長類動物（即使是比較和平的巴諾布猿），出現肢體攻擊行為的比率，都比人類高出百倍以上。[4]事實上，就算是現存於世的傳統狩獵採集社會，也很少觀察到反應性的攻擊行為，整個社會大致平等，看不到什麼專制的男性統治者或是強大的統治階級。

人類演化的一項關鍵發展，似乎就在於出現了由男性組成的聯盟，能夠制約或消滅可能成為暴君的對象。人類之所以會過渡到這樣的社會結構，有兩大推動要素：語言、武器。語言讓人能夠有效溝通，協調行動來對抗暴政，也能確認彼此心意相通，許下承諾。簡單來說，是語言給人類開了一扇門，有了計劃對抗暴君的能力。而在發動這種攻擊的時候，如果運用拋射式武器（像是石塊或長矛），就能得到一擊斃命的效果，還能保障自己的人身安全。[5]

像這樣的聯盟，通常會耐心等待攻擊時機，要確保己方人多勢眾、必勝無疑。而在整個人類歷史上，所有領兵的將軍也是一

直在腦中進行著本質相同、強度類似的**數學運算**。[6]羅馬獨裁者
凱撒是在西元前 44 年遇刺，但要說到有計畫的擊殺暴虐的領導
者，歷史可還能再往前推幾十萬年。

正因為只要眾人齊心協力，人人都能較安全的去挑戰、推**翻**
那些殘暴的獨裁者，才讓人類社會變得較為平等。一個人在社會
能有多大影響，不再是看他個人的體能，而是要看他社交網路的
力量，看他憑著慷慨或助人而累積了多高的人望。權力的取得，
不再只是某個男性靠著暴力與威脅登上最高位、並以同樣的方式
維持獨裁、排除挑戰者，而是能讓更多人擁有較平等的權力。新
的政治制度應運而生，改變了早期的人類社群：從嚴格的階級制
度，走向較為平等的結構。也是人類減少了反應性攻擊、開始過
得比較平和之後，才開始為複雜的合作與文化學習打下基礎。[7]

人類有能力透過協調、結盟，運用主動性攻擊來壓制使用暴
力的獨裁者，[8]就形成一種擇汰壓力，讓人們減少那種魯莽的反
應性攻擊行為。人如果想爬上社會頂峰，需要的不再像是黑猩猩
得用體能擊潰對手。事實上，如果惹出了暴力過人的名聲，可能
只會讓反對者集黨結派，群起反抗。由於人類會共同懲罰反應性
攻擊的行為，就讓這種傾向在演化上遭到抑制。換言之，人類自
己馴化了自己。

〔野生動物的馴化過程，也有類似的情形。看看馴養的家畜
和牠們未經馴化的野生近親（像是狗和狼、豬和野豬），就會發
現：家畜除了更能與人相處，反應性攻擊的頻率也顯著較低，這
正是因為家畜經過一代又一代的選擇性繁殖，挑選出適合和平共

處的特性。[9] 相較於那些野生近親，馴化的動物較為溫和平靜，腦中的杏仁體較小，而杏仁體正是大腦處理恐懼反應與攻擊性的區域。[10] 各種家畜通常也有一些共同的身體特徵，像是口部與牙齒較小、耳朵下垂，身體的色素也有所不同。整體而言，並不是選擇性育種刻意想篩選這些特徵，而是在篩選「反應性攻擊行為較低」時，得到的副產品。[11] 耐人尋味的是，在野生動物馴化過程當中受到青睞的基因，有許多也與人類在五十多萬年前、從尼安德塔人演化下來通過天擇（natural selection）的基因一致，反映出在大腦功能與行為方面有同樣的遺傳變化。[12]）

　　隨著人類社會結構轉變，開始能用較為溫和的制裁方式，來維持群體內的平衡，也就不再需要動用主動性攻擊的方式。現在再看到哪個人太過自我膨脹，眾人的反應會是加以譏嘲、羞辱或排擠——就算在現代的狩獵採集社會，依然能觀察到這樣的模式與儀式。但如果還是有人想成為獨裁者，最能讓他打消念頭的，仍然是可能引發反抗者組成聯盟、群起圍攻。雖然「社群擁有推翻暴君的能力」並無法完全保證社會公平公正，但這畢竟是方法之一，且對於消弭專制階級大有幫助。

　　所以，雖然人類的演化慢慢壓抑了一時魯莽的反應性攻擊行為，但還是保留了精心策劃的主動性攻擊行為。[13] 人類如果想要抹除對手、攫取資源、搶奪配偶，就可能出其不意，攻擊其他的聚落或村莊。而隨著城邦與文明發展，這種攻擊行為也逐漸擴大為全面的戰爭。事實上，戰爭正是主動性攻擊的終極表現，由統治者下令、策略者謀劃，再由將軍在戰鬥時指揮。

在正常日子，社會並不允許使用致命的暴力；然而一到了戰時，目標就是要讓一定數量的敵人就此消失。只不過，講到要對彼此施暴，人類普遍還是有一種打自心底的厭惡──經過長期在平等的社會組織當中演化，「和平」已經寫進了人類的基因。雖然領導者要號召群眾的時候，可能會宣稱上戰場能帶來怎樣的榮耀與獎賞，要眾人為了上帝、為了國王、或是為了祖國而戰，但縱觀歷史，許多士兵（常常就是從田裡抓來的農民）都覺得，要殺人實在是個太可怕的想法。

人類靠著演化出的特質與傾向，能夠很和諧的生活在複雜的社會中，發展出光輝的文明；但想讓人投入戰爭，反而得先打破那些特質與傾向。為了讓軍隊能夠殺人，軍事訓練過程常常就是要增強士兵的攻擊性，並透過宣傳，將敵人「非人化」。[14]

農業文明與暴君再臨

一般相信，對於我們這種生理解剖屬於智人（*Homo sapiens*）的物種來說，經歷過的多半都是這種大致平等的社會結構。然而人類對於個人權力與統治地位的渴望，從未真正消失。而隨著農業興起、出現了最早的文明，專制的絕對統治者也再次降臨。

在狩獵採集社會中，一旦成功獵到新鮮的肉類、或是採到易腐爛的蔬果，都該盡快食用以避免腐敗，所以讓群體眾人共享，實在是很合理的做法。而且當時的群體還在逐食物而居，會不斷遷徙，也沒有儲存資源備用的能力。

　　直到發展出農業，人類開始有了永久聚落，就住在田地或牧場旁邊。這些人以農牧為生，財產不再受到「帶不帶得走」的限制。更重要的是，收穫時的產量能夠超出當下需求，剩餘的食糧又能儲存在糧倉裡，於是開始有了能夠囤積的商品。「財富」的概念就此誕生。農業剩餘（agricultural surplus）讓人類能夠住得更密集，開始出現城市，社會組織程度提升，也就形成了更複雜的國家，並發展出文明。

　　雖然有證據顯示狩獵採集族群也算不上完全平等，且同樣早就有了一定的定居、社會分層、社群內角色專業化等等特色，[15]但顯然，隨著農業出現，這些特色也變得更為顯著而普遍。

　　能登上領導者地位的人（可能是因為有能力團結眾人，實現共同的重大計畫，例如建造與維護灌溉系統），就能掌握重要的基礎設施，為自己收穫更多的資源。一旦控制了寶貴的資源，例如糧食或其他資產，就能以此發揮影響力或收買人心，鎮壓挑戰者或起義者。而透過家族傳承，將實質的財富或社會階級一代傳一代（下一章會討論這一點），原本相差無幾的財富資源、以及隨之而來的影響力與地位，差異也會愈來愈大。統治者的地位日益鞏固，種種特權與權力愈來愈集中在菁英階層手中，社會結構的分層也愈來愈明確。在農業世界，人類需要依賴既成的基礎設施與鄉鎮生活，不太可能說走就走，於是別無選擇，只能忍受那些愈來愈專制的統治者。[16]

　　人類之間權力的落差，等到發明了金屬加工技術，能夠生產青銅武器、盔甲與盾牌之後，更變得愈來愈明顯。在遠古時代，

能夠對抗敵人的武器幾乎是隨手可得，例如沉重的石頭、尖銳的樹枝之類，也就讓人與人之間較為平等。但等到一般人難以做出優良的武器與盔甲，或是相關原料稀有又昂貴的時候，暴君的統治地位就更加穩固了。到這個時候，唯有最頂層掌握財富的人，才有能力灑錢讓健壯的男性忠心為他們效力，並且讓這些人配備尖端技術的武器。到了這個時候，如果只是一般人組成的臨時聯盟，要推翻暴君的難度已經大增。事實上，所謂「國家」的定義通常就是某個連貫的政體，得以在其邊界內壟斷暴力這回事——最高統治者能夠決定在何時、何地遂行暴力。[17]

合作與利他是兩回事

　　人類除了一改過往的反應性攻擊傾向，開始能夠在龐大的群體裡和平共處，還變得格外願意利他、特別願意合作。「利他」與「合作」是兩回事：利他是犧牲自己的利益，為另一方帶來好處；合作則是對雙方都有好處。

　　在動物界，常常能看到合作的現象。鬣狗就懂得成群結隊，共同捕殺體型比自己大得多的羚羊，共同實現單一鬣狗不可能達成的目標。然而，就算單單看人類合作的成就，也已經遠遠超過地球上任何其他物種。例如文明這件事，就是合作的終極表現，是一大群又一大群的人，一起成就了共同的志業。

　　而人類對彼此的協助，很多時候更不只是合作，是屬於利他的行為。換言之，人類協助他人的時候，常常不但犧牲了自己的

利益（食物、精力、時間、或其他寶貴資源），還似乎對自己並沒有直接的好處。乍看之下，演化邏輯實在很難解釋這種行為。要是族群的每個個體都應該要互相競爭，以生存與繁衍為目標，這時候去幫助別人，特別是還犧牲了自己的利益，哪會有什麼好處？

講到天擇，一般談的就是個體是否有能力在特定環境生存、與同物種的成員及其他物種競爭，最後成功覓食、並得到配偶。個體如果具備的特徵較有利，就能勝出而成功繁殖，於是下一個世代就有更多個體帶有產生這些特徵的基因；隨著時間過去，這個物種也愈來愈能夠適應所處的環境。個體真正的成功，除了要看自己生育的後代數量，也得看後代有多少得以存活、繼續繁衍。這其實是要把眼光放遠：所謂的生殖成就（fitness），要看的是能讓多少孫輩活得下來。[18]

而且這裡還有另一項重要教訓：得到天擇青睞的，除了那些有利於自身直系血統（增加孫輩數量）的特徵，還有那些有利於其他親戚繁衍的特徵。某個特定基因要得以繁衍傳播，方法之一是讓帶有該基因的個體獲得優勢，但還有方法之二，是讓相關的個體得以存活繁衍（畢竟這些親戚也可能帶有這基因的複本）。這就是總生殖成就（inclusive fitness）的概念。

以這個道理，個體想讓自己的基因繁衍傳播，就應該依據親疏遠近，給自己的親戚也幫幫忙。如果講得更具體，只要把個體「幫助某親戚需要付出的成本」除以「該個體能獲得的利益」，得到的數字小於兩者的親緣關係度（degree of genetic relatedness），就

有利於該個體的基因繁衍。

這項公式稱為漢彌頓氏法則（Hamilton's rule），是由演化生物學家漢彌頓（W. D. Hamilton）提出了這項數學公式。我們可以用個實例來講解。你與同父同母的某位兄弟姊妹之間，親緣關係度為 50%（也就是說，如果任意選擇你的某個基因，與該兄弟姊妹會有 50：50 的機會相同），假設你幫助他們的時候，好處至少是你所付出成本的兩倍，對你們共有的基因而言，就是利大於弊。

親擇 —— 親疏有別

演化生物學家霍爾丹（J.B.S. Haldane）正是在瞭解了這項見解之後，有一次在倫敦的酒吧和朋友開玩笑，說如果有兩個兄弟掉進河裡，自己會願意冒著生命危險跳下去，但如果只有一個可不行；如果是堂表兄弟姊妹，則要八個以上才值得救，七個以下可不成。[19] 為家族成員（特別是近親）提供協助，等於是間接幫了自己的基因一把。而像這樣可能不惜犧牲自己、也要幫助親戚生存繁衍的演化策略，就稱為親擇（kin selection，親緣選擇）。

很顯然，如果是針對親戚的利他行為，畢竟這還是有助於讓共有的基因存活，所以到頭來仍然算是自私自利。如果是在某些規模小、關係緊密的社群，很少和其他群體的個人來來去去，所有成員多少都有親緣關係，這時候對彼此好一點，也應該都是好處大於壞處。

親擇在動物界十分常見：許多物種都會優先協助自己的直系

親屬，或是那些可能有親緣關係、因此可能有共同基因的對象。此外，包括人類在內的許多動物，似乎都內建了漢彌頓氏法則：要表現利他行為的時候，不但是親屬優於非親屬，還有近親優於遠親的區別。[20] 而就人類而言，親擇會表現在各種方面，包括像是會衝向掠食者以保護家人，自願挨餓來養活兄弟姊妹，幫助撫養某個兄弟姊妹的小孩；又或者是跳進河裡，去拯救同時落水的八個堂表兄弟姊妹！

〔親擇的其中一種形式是裙帶關係（nepotism），一開始是用來指稱偏袒親屬。 nepotism 這個字源自義大利語，意為「姪子／外甥」（nephew）。過去天主教主教與教宗任命重要職位的時候，常常會偏袒自己的親戚，通常就是姪子。而由於繼任的教宗都是由紅衣主教選出，所以雖然教宗都需要發誓守貞（celibacy），但還是能把權力掌握在自己的家族手中。[21]〕

對於在自然界觀察到的大多數利他行為，親擇提供了簡單明瞭的解釋。但如果說到幫助那些並非親屬的對象，就無法用上這套理論了。如果某種行為既要犧牲你的利益、而你的基因又分不到好處，那在演化上又怎麼說得通呢？比起其他動物，人類對於非親屬的人實在友善得太過異常，肯定還需要其他解釋。

互惠利他是一種投資

有一套理論，我們一般相信能用來解釋：為何非親屬個體互相幫助，能對彼此有利。這套理論就是互惠利他主義（reciprocal altruism）。這套理論認為，如果 A 幫助了 B，就算現在需要付出一點成本，但應該會在未來得到回報。這樣一來，合作就能演變成一系列相互利他的行為。[22]

　　人類以外的動物當中，互惠利他行為的常見程度遠遠不及親屬利他行為（kin altruism），但還是有少數物種，在生態上像人類一樣有社交互動的需求，也就能觀察到互惠利他行為。[23] 像是某些靈長類動物（包括狒狒和黑猩猩）、家鼠與野鼠、某些鳥類、甚至某些魚類，都曾發現有互惠利他行為。[24] 目前研究得最透澈的案例之一就是吸血蝙蝠，這些蝙蝠的食物是大型野生哺乳動物和家畜的血液，但想成功找到一餐並不簡單，而且蝙蝠的新陳代謝率極高，每一兩天就必須進食，才能活命。吸血蝙蝠的生活型態是大批群居，如果有某一隻成功飽餐一頓，常常在回到棲息地之後，會大方把吸到的血再吐出來，和運氣不好的同伴分享。等到風水輪流轉，曾經表現利他行為、慷慨分享血液的蝙蝠，就可能有其他蝙蝠救牠一命。[25]

　　互惠利他主義之所以如此有效，核心在於一項簡單的經濟學原理。對於能夠成功蒐集食物的人來說，得到的食物量往往高於自己的生存所需，那些剩餘部分，多出的價值其實算不上太高。但對於還餓著肚子的人來說，多得到一單位的食物，有可能就是生與死的區別，可實在太寶貴了。所以，這時施恩者如果把部分剩餘，捐給有需要的人，對自己而言成本很低，卻能讓受益者得到巨大的好處。

　　就吸血蝙蝠而言，只要能在某隻獵物身上飽餐一頓，就能得

到超出自己生存所需的食物，因此成功覓食的蝙蝠就能把食物分給運氣不好的蝙蝠，讓牠們躲過餓死的命運。等到自己運氣不好的時候，很可能本來受惠的蝙蝠變成了運氣好的那隻，就能用這時的剩餘，回報當時的恩情，同樣是讓資源發揮了最大的效益。所以，互惠利他行為其實就是一種資產交換，能讓每位捐助者的投資，都得到可觀的報酬。

以這種方式，兩方都能從自己在不同時期所握有的剩餘資源當中，取得最大價值。因此，這種做法通常也稱為延遲利他行為（delayed altruism）。有人會說「競爭」就是零和遊戲：有人贏，就代表有人輸。但「合作」則不同：雙方都能從中獲利，而且常常還是巨大的利益。

除了吸血蝙蝠，早期人類也懂了這個道理，知道要分享食物和其他資源，或者互相幫助服務。正如《群居本能》的作者雷哈尼所指出：「互惠是推動合作的基本要件，許多大家朗朗上口的格言，講的都是這件事，譬如 quid pro quo（一物換一物）、『魚幫水、水幫魚』、『己所不欲、勿施於人』、『善有善報』。其他語言也有類似的說法和概念，像是義大利文就有 una mano lava l'altra，翻譯出來很可愛，是『一隻手洗另一隻手』，德文也有同樣的說法：ein Hand wäscht die andere。至於西班牙文則有 hoy por ti, mañana por mi，意思是『今天幫你，明天幫我』。」[26]

說到要義無反顧、慷慨提供資源或服務來利他，問題在於並無法確定未來他人會有所回報，有可能就是被占便宜。有些可惡的傢伙，只會利用你的大方吃乾抹淨，到頭來你付出了所有協助

時的成本，卻幾乎得不到什麼回報。如果這套合作體制要發揮作用，就不能讓這些貪小便宜的人為所欲為：有人不願意回饋，大家下次就不該再幫他，這樣才能鼓勵大家相互合作。

在風水轉流轉、輪到曾經的受助者得到好運的時候，如果這些人不願意回報當初得到的善意，那些原本的利他主義者也必須記住教訓，未來不能再幫這些人：上一次當，學一次乖。在其他一些動物，也能觀察到這種「以牙還牙」的行為策略，像是就有人發現，烏鴉會拒絕幫助過去曾經只想占便宜的其他烏鴉。[27]

友誼與銀行家悖論

然而，要把這些事情都一筆一筆記在心裡，會成為一種認知負擔；對這個問題，人類的演化找出了一種解決方案。如果和同一個人已經有了多次的互惠往來，我們就會放鬆戒備。換言之，我們開始對彼此產生信任，發展成一種更深的連結：友誼。

所謂的「朋友」，就是開始認定對方在其他的社交互動上，應該也值得信賴；我們會暫時不再一筆一筆把帳算得清清楚楚，不再明確期待或要求特定的回報。像這樣的關係，本身就等於一種互惠的保證、以及對未來的投資。[28] 當然，我們也知道友誼可能變質，但也只有在某方長期拿得多、給得少的情況才會發生。

友情的連結，生理上是透過催產素（oxytocin）來促成。所有哺乳動物都會分泌這種荷爾蒙，讓動物的母性爆發、想要照顧幼體。就人類而言，這種荷爾蒙也能讓性伴侶之間維持夠久的夫妻

關係，讓兩人好好一起把孩子養大（下一章會再談談這件事）。而說到人類之間的友情，其實也是父母與子女之間這種緊密關係的延伸：在那些互相有來有往的人之間，我們同樣建立了緊密的連結。但也因為彼此之間有這種神經化學的連結，比起被陌生人欺騙，遭親密朋友背叛的痛苦也會更加強烈。

很重要的一點是，友情連結能夠解決所謂「銀行家悖論」的問題。人在財務破產的時候，信用風險高到爆表，銀行不太可能願意貸款，但這常常又正是最需要借到錢的時候。相反的，要是你財務一片樂觀，銀行倒是非常樂意提供資金。人類祖先表現互惠利他行為的時候，也會遇上這樣讓人苦惱的問題。那些最不可能提供回報的人，常常正是最需要旁人伸出援手的人，但正因如此，這些人就很難得到幫助。在一個非親非故的人看來，如果你能提供回報的機會微乎其微，他為什麼要幫你？

這項難題可以從友情的演化找出答案：催產素在朋友之間建立起的連結，讓雙方對彼此來說都是無可取代的。所以在朋友生重病的時候，你並不會無情的拋下他們、找個別人來互惠利他，而是在情感上真心希望他們健康幸福，於是願意伸出援手，幫他們度過難關。雪中送炭的，才是真朋友。從這個觀點來看，人類之所以演化出「友情」這件事，很可能是用來協助應對絕望情境的保險機制。[29]

雖然動物界也確實看得到一些互惠利他行為（像是吸血蝙蝠的例子），但這種行為在人類之間實在是普遍到了異常的程度。人類互動表現出的慷慨與合作，很多都是出於互惠利他，特別是

在一些規模小、關係緊密的社會，再次碰面的機會很高，利他能夠得到回報的機率也就大增。但人類還是有一個其他動物都沒有的特徵：就算覺得未來不會再有頻繁的互動，我們還是很願意幫彼此一把，也就是「對陌生人的善意」。人們遇上那些過去沒見過、以後大概也不會再遇見的人，還是常常毫不吝惜提供協助。像這種不會有往後互動的善意善行，又該怎麼解釋？

對陌生人也能展現善意

光是親擇與互惠利他，並無法解釋這種行為。在人類物種的演化過程當中，肯定還有其他因素介入。

其中一種解釋，就是演化上的未適應（evolutionary mismatch，又稱演化錯配）。人類祖先活在一個又一個的小遊群（band）當中，個體之間多半有親緣關係。這種時候，從親擇與互惠利他，已經很能解釋為何遊群的成員會對彼此慷慨大方：一方面是能夠直接幫到自己基因的複本，二方面也在於能有頻繁的互動、未來可能得到回報。但等到人類開始生活在一個又一個更大、更複雜的社會裡，特別是愈來愈多人搬進了城市，市民之間並沒有家族的連結，常常只是點頭之交、萍水相逢，過去這種簡單的演化策略也就沒了效用。光是在我早上走路上班的路上碰到的陌生人，人數就可能比狩獵採集者祖先一輩子會碰到的更多。然而整體而言，雖然這裡已經再也談不上有利於基因遺傳的好處，我們還是繼續和身邊的人合作。

　　人類之所以會演化成現在這樣的心智，是當初為了讓祖先的行為能夠適應非洲大草原上、由親屬組成的小型遊群環境。但在後續社會環境急速轉變之後，這套認知作業系統的軟體卻還沒有更新。於是，對於這個演化上的新世界，人類的利他傾向還處於一個尚未適應的狀態，結果也就是產生了明顯適應不良的行為：就算陌生人永遠不會給予回報，我們還是願意幫助陌生人。[30]

　　然而，想解釋人類到底為什麼常常合作、又不求得到直接回報，還有一個更好的理由。對於這種表面看來矛盾的行為，與其說這是演化程式寫得太糟糕，其實還有更正面的解釋觀點。

間接互惠的要件之一：聊八卦

　　間接互惠（indirect reciprocity）的概念認為，受益者並不是直接回報給同一位利他的施恩者，而是會把恩惠轉給其他人。A幫助B，B再幫助C，C再幫助D，依此類推。於是，恩惠就能在社群裡傳出去，遲早也能回到A身上。種下的因，總有一天能得到最後的果。

　　而且這還能談到下一個層次：如果有個Z，在A幫助B時，親眼見證了這件事，發現A是個慷慨的好人，他也會因為想和A建立關係，所以願意幫助A。於是，就算這兩個人無法符合直接互惠所需要的「後會有期」條件，也能因為整個群體的利他行為而受益。樂於助人，自己就更可能得到幫助，至於那些不想幫助別人、只想貪小便宜的人，則是可能遭到懲罰或受到排擠。[31]

像這樣的間接互惠，是人類一種格外複雜的合作形式，[32] 需要兩項其他動物都辦不到的條件。

第一項條件是，不管互動雙方的行為是慷慨是自私，除了需要有目擊者親眼看到，還必須能把這項寶貴的資訊，分享到整個群體共有的資料池。也就是說，社群成員得愛聊八卦才行。如果大家都能知道某個人不值得信任、總是只接受別人幫助卻都不回報，等到下次這個人又碰上麻煩，社群成員就不會再伸出援手。

英文有句諺語說「騙子發不了財」（cheats never prosper），但不能說完全正確：騙子常常在短時間內還是能得逞，特別是在那些規模比較大、大家彼此比較不認識的社群；只是遲早仍然會東窗事發，讓自己名聲掃地。所以，想讓間接互惠的機制不被那些只想貪小便宜的人搞垮，聊八卦就是一個關鍵的必備條件，而且無論是營火旁、或是茶水間，人類實在是哪裡都能聊。事實上，相較於其他靈長類動物是用理毛之類的活動來建立關係，人類是以閒嗑牙、聊八卦取代了這些活動。

像這樣把個別成員的行為，拿來在社群裡大談特談（就像是一個由閒聊建立起的社群網路），就會打造出一套名聲系統，可用來判斷適不適合試著和某個人合作。某人對待他人慷慨大方，就能建立良好的名聲；老愛占別人便宜，也就會惡名遠揚，讓人知道以後可得敬而遠之。行為友善的人，其他人在未來幫助他們的機率也會比較高，於是在天擇的機制裡就能占點上風。所以說到頭來，仍是演化塑造了人類的心理，讓我們在意自己的名聲，聊八卦就成了確保大家別心存僥倖的機制。

在一個會聊八卦的社會裡，生活的第一守則就是要小心自己做的事；或者更重要的是，要小心自己做的事給別人的觀感。[33]於是，人類社會也就成了一個人人都在猜測別人想法的社會——須推斷別人的動機與態度，評估自己的行為在他人眼中的樣貌，好維護自己在外的名聲。我們所謂的「良心」就是這樣的產物之一：內在的這股聲音，警告我們可能有人在看，要我們想想別人可能的觀感，好讓自己免受社會的制裁。[34]

間接互惠的要件之二：懲罰機制

間接互惠的第二項關鍵條件，在於對貪小便宜的懲罰。前面談到的直接互惠，是在一對一的頻繁互動當中，A 可以記得 B 之前是不是貪小便宜、得了好處卻不回報，下次就能選擇不再幫助對方。而我們也知道，黑猩猩在個體的互動中如果吃了虧，後續也會採取報復行動。[35]但是人類還有一種獨特的行為：就算被占便宜的不是自己，還是願意參與懲罰那些貪小便宜的人，即使這麼做對自己沒有實質的好處。這種行為稱為第三方懲罰（third-party punishment），又稱為利他懲罰。[36]

用簡單的經濟賽局例子，就能說明人類的利他懲罰行為。我想談的例子，是要一群人共同合作，達成對大家都好的成果，也就是要追求所謂的公共財（public good）。像這樣的合作，在人類社會處處可見，從捕獵大型獵物、挖掘並維護農田的灌溉系統，再到建造城市基礎設施等等。文明的歷史，談的就是人類如何讓

公共財日益壯大，並且隨著文明進步，公共財也愈來愈多、愈來愈複雜。[37] 城市與國家提供各種服務，包括良好的道路、清潔的用水、緊急服務、公共教育、健康照護、國防、法律與秩序等。這些成果都能由整體社群共享，但先決條件就是參與者必須承擔成本。

公共財會面臨的一種困境，就是有些人想貪小便宜，對這些公共事業幾乎沒有付出或完全沒有付出，卻依然能夠得到好處。這場公共財的遊戲，常常可以想像成每位玩家都有一筆經費，能夠選擇要投入多少到公共資金池當中。結束之後，除了玩家自己手上還有剩下的經費，公共池裡的資金也會在乘上某個係數之後（係數從 1 到玩家總人數之間），再平均分配給所有玩家。對於整體來說，最好的結果就是：所有玩家都投入自己手中的所有經費，這樣一來，所有人都能讓整體資金得到最大的增幅，理論上最後每個人能分到的收益也會最高。然而，如果出現只想搭便車的玩家，就可能在過程裡貪小便宜，自己的錢一毛都不拿出來，卻還能瓜分其他人好心投資滾出來的報酬。

常常有的狀況，就是大多數玩家會選擇把自己經費的一半，丟進公共資金池。這是很合理、謹慎的做法。但只要玩家一發現有些人放進資金池的金額很少、甚至根本就是零，所有人願意放進的金額就會一輪一輪愈來愈少。[38] 於是，就因為有些人只想搭便車的行為，這項合作事業也無以為繼。

但只要簡單修改一下遊戲規則，就能強化合作，讓所有人都從中受益。這項修改就是給遊戲加入「制裁系統」：玩家可以選

擇運用自己的遊戲經費，懲罰那些他們覺得在貪小便宜的玩家。舉例來說，只要花 1 英鎊，就能讓某個貪小便宜的人最後少領 3 英鎊。只要加入這項鼓勵利他的懲罰機制，就能讓整場遊戲玩起來大不相同。現在，每個人願意投入公共資金池的比例往往都會上升，有時候甚至高達個人經費的 70% 以上，而且每一輪都維持在這個水準。

看起來，其實人類並不反對自己多出點錢，來懲罰那些貪小便宜的人。這種利他的懲罰機制能夠有效嚇阻貪小便宜，並鼓勵整體加強合作。而在現實生活也是如此，要是有人老愛貪便宜，總是自私或表現反社會行為，對整體社群造成不利，就可能遭到各種懲罰，像是不能享受某些福利、在社交上被排斥或排擠，甚至可能遭到暴力相向等等。

合作是人的天性

人類似乎是與生俱來，從情感上就有這種利他懲罰機制：玩家表示，看到那些想占便宜的搭便車者，自己就是會感覺憤慨或憤怒，想讓他們得到一點教訓。[39]

研究發現，對貪小便宜的人施以正義的懲罰，能觸發大腦報償中心（reward centre）大量分泌多巴胺（dopamine）這種神經化學物質，且分泌程度不下於其他重要生物行為，像是性愛、照顧後代、飢餓或口渴時的欲望得到滿足等等。（第六章〈操弄精神意識的四種物質〉會再回來談多巴胺系統。）正是多巴胺激增給人

的快感，讓我們願意不計自身成本，就是想讓占便宜的人受到應有的懲罰。[40]而對人類而言，可以說是我們的生理機制自然就會鼓勵合作，展現利社會行為（prosocial behaviour）。[41]所以，人類除了有關於生存與繁殖的原始欲望，其實還有一些近來才演化出的神經衝動，推動著人類獨樹一格的利社會行為。人類似乎天生就認為應該要互相合作，也要求互動時必須公平。合作是人的天性，利他懲罰就像是黏合劑，能讓社會團結在一起。[42]

想讓間接利他行為在社會上好好運作，所有人都必須共同擔起責任，發動相關懲罰。所以這裡也得更進一步，懲罰那些逃避「制裁違規者」責任的人；因為如果逃避這種責任，其實也等於在這套名聲系統裡搭了便車。[43]人類不能只是抱持利他主義，而是得要仔細確保利他主義運作順利。[44]於是，利他懲罰就成了一項必要條件，除了能夠避免體制遭到搭便車者破壞，也能夠解釋間接互惠行為究竟是從何而生。[45]

間接利他要能成功，需要的認知能力可不低。除了需要有語言，需要有人聊八卦來讓大家知道在合作的時候誰可不可靠，還需要群體的每個人都記住其他所有人的名聲。

然而，人類要能記住這一切社交資料，能力實在有限。就長期社交關係而言，一般認為個人腦中能夠清楚記得的人數，是有上限的（進而限制了群體的平均規模），這稱為鄧巴數（Dunbar's number），是以提出這項概念的英國人類學家鄧巴（Robin Dunbar）為名，[46]一般認為這個數字就在 150 上下（也有人認為最大的人際網路規模應該在兩倍[47]或是兩倍以上[48]）：我們會有一些很親

近且信賴的親友，形成一個核心；外圍則是愈來愈大的幾層同心圓，愈往外，熟識的程度也愈低，最後是一些很少互動的點頭之交。每個同心圓裡的人數，似乎會維持得相當穩定，所以如果交到新朋友，常常就會和某個一段時間沒見的老朋友失聯。

各種現代社會都能觀察到社群網路出現這樣的分層結構，[49]像是我們會打電話或發簡訊給誰、頻率又有多高；[50]在社群媒體怎樣互動；[51]甚至是如何組隊打線上遊戲。[52]雖然新科技改變了人類的溝通方式，但大腦還是停留在舊石器時代。

在一些規模較大的社會當中，也正是因為每個人的社群網路之間，總有些邊緣模糊而重疊的範圍，才讓這個由陌生人組成的世界裡，還能夠有許多推動利他與合作的空間。

敏於找出貪小便宜的行為

人類除了天生就想懲罰那些拿了好處卻不回饋、說要合作卻不配合的人，對於這樣的行為還特別敏感易覺。為了要維護講求合作的社群生活，我們確實很需要逮出那些想玩花樣的人，於是我們也發展出一種特別敏感的能力，能夠察覺那些不乖乖照規則走的現象。

對於一些得應用邏輯規則的任務，人類的表現常常是差強人意。有一道稱為華森選擇題（Wason selection task）的經典難題，[53]就很能說明這種情形。

想像你坐在一張桌子前，桌上放了四張牌，如右圖所示。每

張牌都有一面印了一個數字，另一面則是黑色或白色。有人告訴你，如果某張牌的數字是偶數，背面就會是白色。

這樣一來，你必須翻開哪一張、或是哪幾張牌，才能確定這條規則是真是假？這裡必須應用所謂的證偽邏輯（falsification-based logic）：為了找出真相，你得試著去證明某個條件命題（若 p 則 q）為偽。

這裡的正確答案是：該翻開的是 4 號牌和黑色牌。至於剩下的 7 號牌和白色牌，其實並不會對答案有任何影響——就算這些牌的背面是錯的，也不會推翻規則，因為規則可沒說「奇數牌的背面不能是白色的」。

就算你答錯了，別擔心，大多數人肯定都跟你站在同一邊。碰上這個華森選擇題，能答對的人大約只有 10% 到 25%。[54] 大多數人都能知道，在有「p」的時候該去確認一下有沒有「q」，也就是該去確認 4 號牌的背面是否真的是白色；但卻會忽略該把黑色牌翻過來，以確定規則是否為偽——也就是雖然有「p」（偶數），卻沒有得出「q」（牌面為白色）。

　　但讓人意外的是，如果是在社會交換（social exchange）的場景，把同樣一套邏輯拿來問是不是有人想貪小便宜——若「p」（拿了好處）則應該要「q」（支付成本），答錯的人可就少得多了！[55]

　　假設有個地方農場，在路邊的桌子上，擺了一些南瓜，標示每顆售價 1 英鎊；桌上還設了一個誠實箱，讓人可以自行投幣購買。關於這道華森選擇題的牌面，請見下圖：一面寫的是某位買家付的金額，另一面寫的是他們有沒有拿南瓜。你要翻開哪張或哪幾張牌，才能確定這些牌所代表的個人有沒有貪小便宜？

　　這個時候，這道華森選擇題看起來再直接不過，甚至是想都不用想。然而，這裡處理條件命題所需要用到的證偽邏輯，其實和前一道題完全相同。我覺得你應該會跟我一樣，直覺就知道要翻「沒付錢」那張牌，看看這個人是不是貪小便宜拿了南瓜，也要翻開「拿了一顆南瓜」那張牌，看看這個人是不是付了該付的錢。對於「如果你拿了好處（p），就該支付應付的成本（q）」

這項命題，我們似乎憑直覺就知道該怎樣做出確認。把華森選擇題放在社會交換的情境，就會有高達 75% 的人能夠答對，比起只有顏色和數字的抽象版本，足足高出三倍有餘。[56]

人類在現實而熟悉的場景裡，會更懂得怎麼解這道題，似乎並不讓人意外。但就算華森選擇題用的都是很日常的概念，只要過程沒談到有沒有人想作弊占便宜，人類答對的機率就不高。而只要涉及社會交換，說到可能有人違反規則、拿了好處卻不想支付成本，就連三歲小孩也能正確回答簡圖版的華森選擇題，找出有沒有誰「不乖」。[57]

有些心理學者與人類學者認為，這顯示人類大腦有一些與生俱來專門「抓貪小便宜」的模組，經過演化的磨練，很能逮到是不是有人的做法不公平、不合作。[58] 雖然這項主張仍有爭議、也難以證實，[59] 但很清楚的一點在於：人類確實很能逮到那些想搭便車貪小便宜的人，這也是大型社會得以廣泛合作的關鍵。

己所不欲，勿施於人

演化賦予人類各種內在驅力，能促使我們做出一些有益的行為：感覺愈來愈餓，才會去吃東西；感受到性慾、渴望高潮，才會去繁衍後代。同樣的，演化也塑造了我們的一些傾向，讓我們表現出適合群體生活的行為。

我們把這些已經編寫在人類生物本能裡的反應，稱為情感，包括對家人朋友的喜愛、對受苦者的同情、對欺騙的憤怒憤慨，

以及在做出利他行為或懲罰不義時感受到溫暖的滿足感。也有一些能促進社會合作的情感是針對我們自己，譬如：感覺內疚或悔恨，代表我們可能做了某些不好的事；而讓眾人知道自己有這些感受，就可能換來減輕的社會懲罰，也有助於修補關係、取得寬恕。[60] 這些情感深植於我們的認知軟體，有可能早在人類與黑猩猩譜系出現分化之前，就已經以某種形式存在了；這些情感促成了利他、互惠、合作、公平，成為人類道德的基石。[61]

社會群體要能生活和諧，「道德」會是個重要架構。全世界大多數人都會同意，幫助他人、信守承諾、對配偶忠誠，都算是道德的行為，至於謀殺、強姦、欺騙則算是不道德的行為。[62] 廣義來說，所謂不道德的行為，就是以犧牲他人利益為代價，來謀求自身利益，包括未經他人同意就做出某些行為，又或者讓人無法自主做出自由選擇。而我們認為道德的行為，則多半是抱持無私的精神，在社會交換時合乎公平與合作的原則，不破壞社會的穩定。[63] 道德行為的核心就是「己所不欲，勿施於人」這條黃金守則，要人能從其他人的觀點來思考自己的行為。

「神」登場了

在小社群裡，就是靠著這些人類天生就想促進利他與合作行為的衝動，加上由此而生的道德感，維持著各種利社會行為。但是隨著社群規模愈來愈大，要維持合作的狀況也就變得不那麼簡單。直接互惠機制的效率降低了，因為貪小便宜的人總能找到新

的對象來占便宜，而且也能躲開頻繁互動時會受到的懲罰。間接
互惠機制也會崩潰，因為在社群變大之後，資訊可能傳得很慢，
也更難追蹤每個人的行為。社群變大，匿名性也相對變高，讓貪
小便宜的人比較不用擔心自己惡名在外。

　　社會只要到了一定規模，人類天生促進利社會行為的機制就
會變得有所不足，一旦無法再承擔太多人想搭便車、貪小便宜的
成本，整套生物演化出的合作機制也會轟然崩潰。[64] 為了讓各個
城市與文明的大量人口還能夠和平共存，此時也就開始浮現各種
文化構念（cultural construct），協助促進合作，以補生物機制的不
足。

　　例如宗教以及對神明的信仰，就是這樣的一種文化創新，從
文明肇始以來，就有著巨大的影響力。在人類文化裡，很多事情
都能扯上「神」的概念：神創造了地球和宇宙、引發各種自然現
象、讓各種好事或壞事發生、還能決定個人的財富與命運。但也
正是靠著把神塑造成一種全知的觀察者、全能的懲罰者（還兼任
寬恕者），才能大力鼓勵大型社群的成員做出利社會行為，否則
想在大型社群裡偷雞摸狗不被發現，實在太簡單了。

　　無所不在、無所不知、無所不能的神，正是種種不道德行為
最終的第三方懲罰者。雖然並不是一定要相信超自然生命與宗教
才能塑造出龐大而複雜的社會與文明，但是這樣的信仰絕對有幫
助。〔我自己是個無神論者，但身為科學家與歷史學家，就算我
個人沒有什麼心靈宗教上的信仰，也能肯定宗教做為一種社會構
念的好處。確實，不管究竟有沒有神，單單是「相信」這件事，

就能帶來正面（或負面）的影響。然而，雖然宗教信仰常常鼓勵各種有益社會的行為，但人並不是先有宗教、才有道德感，道德感似乎是人類與生俱來。[65]〕

法治社會與名聲系統

　　文字的發明，似乎是與最早的城邦同時出現。文字書寫是一種技術，希望能夠打破人類記憶與口頭交流的限制，將知識世世代代傳播給整個社會。目前所知，最早的文字系統出現在美索不達米亞，是在西元前 4000 年左右，用來記錄各種民事行政與貿易的細節；而在埃及與中美洲，也用文字來寫下重大事件一覽，記錄政治與環境事件的歷史。

　　很重要的是，國家也會用文字來制定法律。目前已知最早的書面法典出現在西元前 3000 年的美索不達米亞，當時的蘇美城邦烏爾（Ur）留下的法典殘片，以「若……應……」的格式，列出各種不同罪行會受到怎樣的懲罰，像是農業上的犯罪得要賠大麥、身體上的傷害得要賠銀子，至於若犯下搶劫、強姦或謀殺，則得償命。古巴比倫國王漢摩拉比所頒布的《漢摩拉比法典》，則可以追溯到大約西元前 1750 年，保存特別完整，由超過四千行的楔形文字組成，刻在一塊石碑上公開展示，涵蓋了家族、財產、貿易、傷害、奴役等法律領域，同樣是以「若……應……」的格式寫成。這些法規包括：「若某人使另一人眼瞎，應弄瞎他的眼」，以及「若某人闖入房屋，應在該屋前處死他」。[66]

　　古今中外法律體系會禁止的，多半都是人類經過演化之後、集體的道德感會予以譴責的行為。舉例來說，有些是對於人身及財產的罪行，像是傷害、謀殺、強姦、竊盜或損害他人財物。另外也禁止誹謗（也就是誤傷他人名譽），以及各種放任與過失的行為。像是《漢摩拉比法典》有一條法令頗為嚴酷：如果建築工人蓋的房子不夠堅固，倒塌而造成居民死亡，就該將建築工人處死。近來也有一些禁止的行為是「不遵從法規」，例如不繳稅，這種行為所傷害的公共財，正是社會本身。這種行為有時也稱為「無被害人犯罪」：雖然沒有特定的個人被害，卻可能傷害社會上所有的人。

　　所以從根本來說，法律制度之所以要規範及改變社會環境，其實是為了要改變人類的行為。而且，在主要是由陌生人組成的龐大社會裡，法律也讓那些想要作弊、貪小便宜的人更容易被逮到並受懲罰，於是進一步鼓勵眾人培養利社會行為與態度。有些行為，要是我們相信不會有人管，就會懶得去做，而這需要運用法律，才能鼓勵我們去做出這些行為。[67] 之所以要有法院，就是為了要決定罪責，判處罰款、監禁等懲罰，以及在出現最嚴重的踰矩行為時，判處死刑。近代開始建立了警力，負責偵查不當行為、執行法律。想要抓到惡人、並予以懲罰，是需要付出集體成本的，如今社會上的每一份子就是透過納稅，來為公共財做出貢獻，用稅金來支付警察、司法人員、獄警等人的薪資。

　　至於在法治不可靠的時候，古老的那套個人名聲信任系統也會延伸成為各種制度化的名聲系統。雷哈尼在《群居本能》就舉

過一個例子:「十一世紀的商人想把貨物銷往海外,會面臨一項兩難:是要自己帶著貨物到外國市場銷售,還是要委託外國代理來做這件事?委託代理人會是個更有效率的選項,但就會遇上信任的問題:商人要怎麼知道那位外國代理不會捲貨潛逃?解決方案就是商人行會,像是馬格里比商人行會(Maghribi traders),只有社會上最受信任的人可以加入。於是,如果和馬格里比商人行會的成員做生意,就不用擔心對方會耍不正當的手段。而要是馬格里比商人行會的成員居然不守規矩,代價就是會被踢出行會,可說是損失慘重。我們也是出於同樣的原因,直覺就願意信任倫敦著名的黑色計程車司機。」[68] 一旦被吊銷這種享有盛名的執照,失去的絕對遠遠超過從某個顧客身上騙到幾英鎊這種短期利益。

如今,我們更開始使用數位化的名聲系統,來輔助陌生人之間的交易。點對點經濟(peer-to-peer economy)已蓬勃發展,這些網路商城與服務平臺,像是 AirBnB、Uber、Lyft、TaskRabbit,都會搭配大眾評價與星等評分的機制。[69]

大腦中不斷演化的社交軟體

本章探討的關鍵問題,是關於人性本質的面向:人類天生究竟是和平還是暴力?對於這個議題,霍布斯(Thomas Hobbes)與盧梭(Jean-Jacques Rousseau)這兩位大哲學家有截然不同的想法。他們分別活在十七世紀中葉與十八世紀中葉,當時並沒有今日的考古學證據或人類學證據,讓他們瞭解人類祖先在遙遠的過去是

如何生活，所以他們只能靠著假設，想像古代人類在文明到來之前是如何生活。

霍布斯相信人類的自然狀態就是處於生存與否的危險邊緣，不斷互相爭鬥，也總是面臨著死於暴力的風險；直到出現了一個強大的國家——霍布斯稱之為利維坦（Leviathan），才讓這種野蠻狀態受到控制。相較之下，盧梭認為暴力並不是人類行為固有的本質，他認為人類祖先過著恬靜、和諧、富足的生活，沒有衝突的必要。盧梭認為人性本來善良，但是龐大而組織複雜的社會讓人腐化了。

事情常常是這樣：真相就位於這兩種極端的中間。如我們所見，人類在這整段演化史上慢慢馴化了自己，也發展出反制反應性攻擊的機制。許多個人組成聯盟，並威脅（或在必要時）運用主動性攻擊，推翻獨裁者。最早的狩獵採集者，活在基本上堪稱平等的社群之中，只是群體之間也經常發生暴力衝突。等到農業出現，定居者開始能夠累積財產，很快就導致財富與權力落差日益擴大，出現階級森嚴的社會結構，讓強者得以剝削弱者。然而新興的邦國這種由上而下的控制以及對暴力的壟斷，也讓更多人得以活在和平之中；雖然邦國之間會有戰爭，但若結合成更大的政體或帝國，就能維護更大規模的秩序，也減少內部的衝突。[70]

人類之所以能在規模更大、更複雜的社會裡合作無間，進而建立了百花齊放的文明，關鍵推力就在於有著愈來愈複雜的各種系統，能夠促進個人之間的利他行為與合作，也阻擋貪小便宜的搭便車行為。最早的親擇機制，在彼此有親屬關係的家庭所形成

的小群體中，可完美發揮作用。接著是直接互惠機制，能夠擴大範圍，輔助非親屬之間的合作。再者是間接互惠機制，讓更大的群體也得以合作，這靠的就是名聲系統、第三方懲罰者、以及在更廣泛族群的社交網路中所建立的信任。

　　以上種種，靠的都是大腦中不斷演化的社交軟體。然而這些人類天生的社會性與合作本能，在規模更大的社會裡就會有所不足，必須再仰賴一些文化上的發明，像是宗教、成文的法規、由國家對違法犯紀者實施的監督與懲罰，以及將名聲系統落實成各種制度，例如商人行會。

　　雖然在人類歷史早期，是靠著同儕合作組成聯盟，才得以推翻暴君，但等到形成文明，又讓社會結構變得愈來愈階級森嚴，個人開始累積物質財富、掌控重要的農業基礎設施與資源分配，於是得以買到一群人為之效力、鎮壓起義。原本微小的地位差異隨之不斷放大、難以撼動。再加上其他的文化發展，像是能夠鍛造金屬武器與盔甲，於是使得武力進一步集中，各個國家得以在國界之內壟斷暴力、控制子民。社會金字塔頂端的人，地位也就更為鞏固，領導者先成了統治者，接著又成了專制者。而隨著物質財富與社會地位在家族中代代相傳，特權與權力的分配也就這樣代代不變。

　　我們接下來要談的，就是家庭家族對人類歷史的影響。

第二章

——

家庭、家族與權位傳承

〔我們應該要把〕家庭……
視為人類社會自然且最基本的單位。

——教宗若望二十三世

黑猩猩與巴諾布猿是現存與人類最接近的動物，生活方式可能和我們共同的祖先極為相似。牠們生活在森林環境裡，多半是四肢並用，在樹上盪來盪去，或者在地上跑來跑去。而隨著人類這個譜系逐漸分化而自成一格，我們也愈來愈善於用兩腳直立行走——也就是雙足步行（bipedalism）。後來，東非這個人類演化搖籃的森林群落逐漸乾枯，被草原取代，雙足步行也讓人類祖先得以成功適應莽原環境，並且最終開枝散葉到世界各地。

除了雙足步行，人類祖先也迎來了第二項重大變化：變得愈來愈聰明。慢慢的，古人類物種的大腦愈來愈大（我們可以觀察到頭骨化石的顱腔不斷增加），也就能逐漸提高智力，讓「智人」這個物種得以發展出各種卓越的才能，包括語言、合作、問題解決、工具使用等等能力。

但這裡有個問題：「雙足步行」和「大腦變大」兩者有所衝突。哺乳動物分娩的時候，需要將胎兒從骨盆中間的洞，推出子宮。大腦變大，產道就該更寬，才方便通過；但這又會和直立行走所適合的骨骼與骨盆需求，背道而馳。如今的人類，正是在這兩種互斥的設計原則中間，左右為難。[1]

因此，人的大腦可以長到多大，就受限於分娩的機制。透過天擇找到的解決方案，是讓人類的發育過程很大一段是在離開子宮之後才開始。相較於其他哺乳動物（包括其他大猿），人類嬰兒出生時的狀態，實在是發育不全、極為脆弱。像是斑馬，出生幾分鐘就能站起來，走在媽媽旁邊；人類卻得花上好幾年，才能學會走路、自己吃東西、好好照顧自己。所有新生的哺乳動物都

會由母親哺乳——哺乳動物（mammal）的拉丁語源 mamma 也正是「乳房」的意思，但人類嬰兒需要依賴的可不只有哺乳而已。人類的大腦是過了出生這個環節，才得以自由成長，我們也是在脆弱的幼年時期，才能開始學習各種動作協調、走路、說話的能力，以及運用細膩的種種社交互動技巧。

在這段漫長的成長期，人類幼兒需要完全依賴他人來移動、餵食、保暖、保護。這對於母親的時間來說是很大的負擔，除了要覓食、照顧嬰兒，還得同時保護自己和其他子女；所以對於人類祖先而言，如果只有母親一人，照顧嬰兒會是個巨大的挑戰。於是，隨著人類愈來愈聰明、而在嬰兒時期也愈來愈需要依賴他人，就會出現強大的天擇壓力，希望能讓雙親都主動擔任育兒的角色。（當然，這裡絕不是說今天的單親媽媽或單親爸爸沒辦法扮演好這個角色。但是育兒確實需要投入大量的時間與資源，也總是需要有親近的親戚朋友、或是更廣泛的社會支持或國家福利來提供協助，而這些多半是人類祖先無法獲得的。）

配偶結合

要是父母能夠好好合作、共同撫養，小寶寶就最有機會活過脆弱的童年。但父母雙方都會希望能夠確保對方好好遵守承諾。女性得要能確定，有了性關係之後，男性至少在女性懷孕期間與嬰兒出生後的頭幾年（她和孩子最需要協助的時期），不會突然消失。至於男性，也得確定自己沒被戴綠帽。畢竟，雖然我們

都很確定誰是孩子的媽，卻很難確定誰是孩子的爸。雙方到底要怎樣，才能知道自己的另一半對這段關係（以及可能由此而生的孩子）是認真的？

面對這項難題，天擇演化找到的解決方案是配偶結合（pair-bonding）。要是雙方能夠對彼此有強烈的依附依戀，就會不由自主的，在養育小孩這件事上攜手合作。而人類之間的配偶結合，是由催產素這種荷爾蒙控制的。

催產素在許多面向上，影響著哺乳動物的生育繁殖，除了在分娩期間刺激子宮收縮、在哺乳期間讓乳汁分泌，另一大重要功能是刺激母親與寶寶之間的情感依附。所有哺乳動物的母親都會撫育自己的寶寶：哺乳、保護幼兒免受捕食者攻擊、教導幼兒各種重要的生存技能。根據實驗顯示，如果在大鼠產後阻斷牠的催產素，大鼠就不會對幼鼠提供任何照護或關注。[2] 另一方面，如果為從未生育的母羊注射催產素，這些母羊也會對並非自己所生的羔羊，展現出母性的行為。[3]

所有哺乳動物都會有這種母親與後代之間的情感連結機制，人類更加以調整延伸，在伴侶之間也能創造出深深的依附依戀。如今，浪漫的愛情就能帶給我們這樣的體驗。無論男女，在性交過程（特別是性高潮時）都會釋放催產素，因此性行為先是有助於建立親密關係，再來是有助於維持情侶或夫妻關係。[4] 而浪漫愛情的各個階段（從互相吸引到相互依附依戀），還牽涉到大腦報償反應的另一種關鍵調節物質：多巴胺。我們在第六章〈操弄精神意識的四種物質〉就會談到，咖啡因、尼古丁與海洛因等物

質都會刺激大腦中同樣的快樂中樞。愛情的神經化學作用與成癮非常類似；或者可以說，愛就像在吸毒。[5]所以，演化就是用一種彼此之間的荷爾蒙連結，確保可能一起生孩子的伴侶會繼續依附在一起。

（哺乳動物通常是由母親提供照護，至於雌雄之間的配偶結合、以及雄性對後代的投入，都極為罕見。哺乳動物物種只有不到5%會在配偶之間形成穩定的配偶關係，至於父親會投入心力來照護後代的哺乳動物物種，也不到10%。相較之下，鳥類有大約90%會遵守一夫一妻制——雖然多半只會維持單一繁殖季，但有些鳥類確實會相守一生，例如天鵝或白頭海鵰。不論如何，任何物種只要會在交配的夥伴之間形成配偶關係，以提高繁殖成功率，背後都是靠著催產素來形成這樣的依戀。[6]）

四年之癢

男性看到女性愛著自己，就能確定她沒跟別人上床、生下的孩子也應該是自己的。相對的，女性看到男性愛著自己，等於是一個可靠的保證，知道他會留在自己身邊，幫忙撫養孩子。[7]用粗略的演化術語來說，在一段配偶結合的關係之中，雙方就是用父親身分的確定程度，換取對資源的保證。

雖然長期的配偶結合關係是人類繁衍不可或缺的條件，但並不代表雙方就要永遠忠誠，也不代表這樣的關係能夠千秋萬世。在許多關係裡，一開始愛得轟轟烈烈，但很快就會趨於平靜，甚

至最後隨風而逝。研究發現，從依戀開始減弱，直到配偶結合關係確實畫上句點（至少對其中一方而言），時間大約是四年。耐人尋味的是，幼兒大概也是過了這段時間之後，就能發展到一定程度，不再必然需要依賴父母雙方都提供支持。[8]

統計研究顯示，在許多社會，離婚率都會在婚後第四年到第六年間，出現一次高峰[9]，這大略能證明「七年之癢」這種流行說法。看起來，是演化發明了浪漫的愛情，好確保雙親遵守撫養孩子的承諾，但這件事有個有效期限：就只到能夠繁衍成功所需的時間。

這個由催產素推動的關係網路，讓父母與後代緊緊相連，創造出人類歷史上十分特殊的一項產物：家庭與家族。許多靈長類動物都會形成社會群體，但人類在大猿之中獨一無二的一點，就是有著穩定的家庭結構。[10]

而且正如我們在上一章所見，人類除了會與後代和性伴侶有強烈的依附依戀，也會和關係較遠的親屬、甚至是沒有血緣關係的人（像是好朋友與社群網路）建立感情。縱觀人類的演化史，能與人類有深度情感連結的物種不斷增加、範圍愈來愈廣。像是在我們馴化了野狼與野貓成為人類寵物的時候，這套催產素系統甚至已經延伸適用到其他動物了。人類就是一種喜愛建立情感連結的物種。

性伴侶之間的配偶結合關係，基本上就是透過荷爾蒙，簽下一紙關於生育的雙方專屬生物合約。因此，婚姻制度其實是一套背後有著演化基礎的社會習俗，落實了人類與生俱來的配偶結合

關係。分析全球一百六十六個社會的結論發現，不分天南地北，人類社會都有著浪漫的愛情，且所有已知文化也都有一男一女結合的婚姻制度；全球的人有 90% 這輩子會結婚至少一次。[11]

從兩人婚約、到兩家族的交易

圍繞著婚姻，出現了各種文化規範，或是成為宗教教條或法律規定，其中就會列出我們對這種結合關係的各種期許：新娘或新郎婚後是要搬進對方的家庭，還是兩個人自己搬出去成立一個新的小家庭？兩人分開或有一方死亡的時候，財產的繼承與分割該遵守怎樣的規則？是否要以嫁妝或聘金的形式進行財富轉移？這就使得婚姻不但是新郎新娘之間的契約，還是兩個家族之間的交易。

在坦尚尼亞北部，過著狩獵採集生活的哈扎人（Hadza）訂婚儀式再簡單不過；希臘東正教的婚禮充滿聖歌與儀禮；印度教婚禮更要歡慶熱鬧長達三天。但不論世上的哪個文化，婚姻的本質就是夫妻雙方公開聲明，確認彼此的承諾（一夫多妻制則是多位配偶間的承諾）。婚禮習俗在各個文化各有不同，也會隨著時間而有改變，但說到伴侶要公開互相承諾只屬於對方、好讓彼此別在外面亂搞亂生，這種做法肯定與人類的語言一樣古老，甚至是更為古老。

人類物種誕生以來，生存的一大要點就是生活在家庭與家族群體裡，有近親彼此支持。家庭的形式很多，從多代同堂的大家

庭到後工業化西方國家常見的核心家庭（一夫一妻加上孩子；單親家庭也算是核心家庭的一種）。[12] 在人類歷史上，通常並不會期待有國家制度能提供支援，人如果生病或年老，家庭家族就是唯一的指望。

農業發展、文明興起後，家庭家族生活也有了另一個重要面向。人類祖先從狩獵採集轉向農業、放棄不斷遷移的生活方式，就讓累積財產的能力顯著提升。這裡的財產可能是陶器、金屬工具、一群山羊，又或是一堆貴金屬貨幣。農業也創造出土地所有權的概念：家庭家族能夠擁有某片特定土地的專有權利，由家人（或農奴）來耕作或畜牧。

父母可以把這些財產傳給孩子，讓利益保留在同一個家庭的手中（可說是上一章所談親擇概念的延伸）。某些特別受到重視的物品，更是會好好的傳過一代又一代；英文 heirloom（傳家寶）這個字的語源，講的就是傳給繼承人的珍貴工具或器具。[13]

世襲制度誕生

人類過去只能繼承父母的身體特徵，但到了這時候，物質財富也開始能夠代代相傳。而且這裡的重點除了資產或土地本身，還包括隨之而來的地位與影響力。對於社會頂層的人來說，整片領地（以及領地上的人民與資源）的控制權，也是這樣一代傳一代。於是，社會開始出現狩獵採集祖先聞所未聞的情況：形成嚴重的不平等以及社會階級——富人與窮人、統治者與被統治者。

　　國王占據最顯赫的位子，是整個國家的最高統治者。能當上國王的人，都是因為能夠召集規模更大與武力更強的軍隊，掃蕩其他酋邦而併入自己的國土。於是，原本散落各處的獨立領土，慢慢落入單一最高統治者的霸權手中，這就出現了萬王之王，或稱為皇帝。

　　〔現代對於「皇帝」這種最高統治者，有幾個不同的英文名稱，典故都來自古羅馬帝國對皇帝的尊稱「凱撒」（Caesar），讓人回想起古羅馬帝國的輝煌壯闊、征服四方。中世紀的神聖羅馬帝國皇帝，從十世紀起就會自稱為 Kaiser（凱撒、皇帝），俄國的恐怖伊凡（Ivan the Terrible）則是在 1547 年開始使用 Tsar（沙皇）這個稱號；[14] 兩者都認定自己為古羅馬皇帝的繼承者。鄂圖曼帝國的蘇丹穆罕默德二世，於 1453 年消滅東羅馬帝國之後，歷任鄂圖曼蘇丹都以 Kayser-i Rum（羅馬皇帝）自稱。而追根究柢，古羅馬皇帝會以 Caesar 做為皇帝的頭銜，是源自人們給蓋烏斯・尤利烏斯（Gaius Julius，即後來的凱撒大帝）取的綽號。尤利烏斯既是將軍、也是政治家，是羅馬共和國在西元前一世紀畫下句點的關鍵人物。但他是個禿頭，當時的人開玩笑，稱他是 Caesar，意為毛髮茂密。只不過這個綽號就這樣一路傳了下來，成為歐亞大陸的皇帝們，得意洋洋採用的稱號。[15]〕

　　菁英社會階級的孩子，能繼承父母的財富與地位，至於其他社會階級，傳承的則是家庭的職業。兒子們從小接觸學習父親的專業技能，通常也就克紹箕裘，接下父親的職業和社會角色（以及必要的工具）：麵包師、屠夫、磨坊主、石匠、鋸木工、木

匠、鐵匠（baker, butcher, miller, mason, sawyer, wright, smith）。中世紀的
英格蘭，許多常見的家族職業，後來就成了這些家族的姓氏。[16]

長子繼承制的興衰

說到繼承，每個社會各有不同的習俗與法律，但一般都會分
成不動產（土地、建物）與動產（家用設備、個人財物、牲畜、
現金）。[17] 立遺囑最大的難題，就是該用怎樣的繼承策略，才能
確保後代得到成功？在家庭家族當中，要把財富與土地傳下去，
最公平的辦法或許是分割繼承：把財產平均分配給所有孩子──
至少是所有兒子。

〔在大多數社會，都可以觀察到父權制度、以及權力與特權
集中於男性手中的現象。[18] 雖然在兩性之間是有一些生物學上的
差異，但並沒有什麼明確的人類學原因，能夠解釋為什麼社會普
遍存在著性別不平等與父權制的現象。但值得強調的一點是，就
算在父權社會，還是可以採用母系的傳統，由女性來繼承財產與
頭銜。舉例來說，非洲、東南亞與哥倫布之前的美洲部分地區，
都能找到母女承繼（matrilineal inheritance）的習俗。[19]〕

但就土地而言，有個問題：一代一代這樣傳下去，原本的土
地愈分愈小塊，最後就是每一塊都不足以養家活口。而對貴族來
說，領地分散，財富與影響力也會隨之分散。

另一種制度，則是將大部分的家庭財產傳給單一繼承人。從
中世紀歐洲的封建貴族（與後來的自耕農），以及在世界其他地

方，都開始出現這種長子繼承制（primogeniture）。長子繼承制能夠避免土地遺產的分割，也就無須擔心頭銜與特權隨之分散。

但是，家庭的財產都給了長子，代表後續的兒子們只能被迫去軍隊或教會找工作。就連維京時代（Viking Age）的興起，一般也認為長子繼承制是背後的一大原因。從八世紀末到十一世紀中葉，許多兇狠的水手乘著維京長船，從丹麥、挪威、瑞典與整個北歐蜂擁而出。起初五十年，斯堪地那維亞人襲擊不列顛群島沿岸，只是單純打砸搶掠那些毫無招架之力的修道院，但接著就開始慢慢定居。一般認為，會有這樣的轉變，正是因為斯堪地那維亞半島有愈來愈多年輕兒子沒有長子身分，分不到家族的財產，只能冒險前往海外，希望能搶到自己的農田。

這次的擴張，最後就在英格蘭、蘇格蘭北部、愛爾蘭南部，以及波羅的海、俄羅斯與諾曼第，建立了維京人的聚落。征服者威廉（William the Conqueror）本人，就是維京人領袖羅洛（Rollo）的後代。[20]

至於在十六世紀遠征中美與南美的征服者，也多是貴族世家的非長子，注定無法從富裕的家族繼承到龐大財富。[21] 同樣的，許多在十八世紀航向北美的殖民者（特別是到南方殖民地成立熱帶栽培園的人），也是英國貴族的非長子。雖然在家鄉無法繼承領地，但至少分到一些錢，能到其他地方立下根基。

十七世紀中葉，先是新英格蘭殖民地率先拋棄長子繼承制、改採分割繼承，美國獨立後不久，也跟進廢除長子繼承制。[22] 時間再過二十年，法國大革命推翻了舊制度（Ancien Régime），同時

也廢除長子繼承制。至於在其他地方，隨著社會進步、人口轉型
（這議題將在第五章〈農業、戰爭、奴隸與人口消長〉討論），
長子繼承制也逐漸式微；家庭生育數開始減少，擁有土地對經濟
上的成功，也不再那麼重要了。[23]

同姓王朝 ── 超生物

　　如今，多數民族國家屬於代議制民主政府（雖然仍有不同程
度的貪腐與政治壓迫）[24]，權力是透過選舉而取得。我們希望看
到領導者是確實有能力、有功績，不希望看到裙帶關係介入公共
事務。但這可是相對近代才出現的現象。自從文明肇始，幾千年
來通常就是有某位統治者占據著至高無上的地位，掌握著絕對的
權力，且這樣的權力又常常是在同個家族一代傳一代：王權與親
權的關係千絲萬縷，密不可分。[25]

　　結合了「家族血統」與「可繼承的地位」之後，得到的結果
就是王朝（dynasty）：由一個大家族組成，財富、領土與權力代
代相傳。這種同姓王朝就像一個超生物（superorganism），心心念
念著自己的生存與發展，要維持並擴張自己的領地、威望與影響
力，同時和其他家族競爭或通婚，以取得更多利益。

　　由家族形成的王朝，在人類文明當中如此常見，甚至常常可
以用來指稱某個國家、帝國或地區的特定歷史時期，像是英國的
都鐸王朝、中國的漢朝（以及唐、宋、明、清等朝代）、日本的
德川時期等等。這些簡稱背後，除了代表當時的統治家族，更涵

蓋了當時主導的文化、經濟、軍事或科技趨勢及事件。

　　因此，雖然婚姻這種社會概念是出於人類自然想要配偶結合的天性，但是對王朝來說，婚姻的重要性卻完全不同，絕不只是兩個人的結合，而是兩個強大家族的連手；策略上的聯姻，就是為了鞏固政治上的聯盟。透過這些婚姻生下的孩子，讓兩個王朝血脈交織，實際體現了兩個強大家族的合作。人類的配偶結合與繁衍天性，成了治國之道的工具。

　　對王室家族而言，出生、死亡、婚姻都是政治事件，深深影響著王國或帝國內的所有子民，甚至還會主導國際關係。在歐洲歷史上，某個王朝的歷任國王都可說是深諳此道、掌握全局。

哈布斯堡王朝

　　如果要提及西方歷史上偉大的王室家族，我們先想到的可能是查理曼大帝統治下的中世紀加洛林王朝、法國的波旁王朝、或是英國的都鐸王朝。但要說到對歐洲、乃至全球的影響力，沒有任何王朝比得上哈布斯堡王朝（Haus Habsburg，奧地利王朝）。哈布斯堡王朝獨領風騷約五百年，龐大的帝國版圖不但橫跨歐陸、更來到世界各地。整體而言，哈布斯堡王朝之所以能讓領土緩慢但持續擴張，靠的並非大舉軍事征服，而是精心策劃戰略性的王室聯姻，蒐集了一個又一個皇冠。[26]

　　哈布斯堡家族最早只是今日瑞士北部施瓦本的小家族，但在十五世紀中葉，靠著高明的手腕，讓自己在選任神聖羅馬帝國皇

帝的諸侯當中,掌握有利局勢。西元 800 年,法蘭克國王查理曼得到教皇加冕成為「羅馬人的皇帝」,神聖羅馬帝國就此成立,理論上延續著原本的羅馬帝國。從十世紀開始,神聖羅馬帝國主要算是一個日耳曼帝國,但轄下仍有許多其他王國,從中歐一直到地中海與波羅的海沿岸。[27] 雖然皇帝形式上是由選舉產生,但現任皇帝通常握有足夠的影響力,能確保兒子獲選為繼承人,帝位事實上也就成了世襲制。從 1438 年到 1740 年這三個世紀,神聖羅馬帝國皇帝都來自哈布斯堡王朝,[28] 讓哈布斯堡王朝得以將「神聖羅馬帝國」這個中歐王國聯合集團,納入自己的領土。

政治聯姻,擴大版圖

哈布斯堡王朝之所以能在十五世紀一飛衝天,奠基者是馬克西米利安一世(Maximilian I),積極推動家族與歐洲其他顯赫王室的政治聯姻。[29] 他自己在 1477 年迎娶勃艮地公爵之女,得到的領地除了位於法國東部邊界一帶,還包括了北邊的低地國(盧森堡、比利時與荷蘭),得以從當地港口流通的財富分一杯羹。

西元 1496 年,馬克西米利安一世讓兒子菲利普一世迎娶胡安娜(Juana la Loca)為妻,胡安娜的母親是卡斯提亞王國的伊莎貝拉(Isabella of Castile),父親則是阿拉貢王國的斐迪南(Ferdinand of Aragon)。在胡安娜的兄姊與外甥去世後,她繼承了卡斯提亞王國與阿拉貢王國,也讓她與菲利普一世的兒子查理五世即位後,得到一個統一的西班牙。

〔附注：卡斯提亞王國與阿拉貢王國的結合，創造了我們如今所知的西班牙。但也有一些情況剛好相反，是因為帝國被繼承人瓜分，才形成現代的歐洲政治版圖。像是加洛林帝國，在九世紀初期、查理曼大帝統治時，達到鼎盛，疆域橫跨今日的法國、低地國、義大利北部、奧地利與德國。但在查理曼與兒子路易一世去世後，三個孫子為了爭奪遺產而掀起一場血腥的內戰。經過三年殺戮，幾位兄弟在西元 843 年簽下《凡爾登條約》，將帝國一分為三：西法蘭克王國成為現代法國的基礎；東法蘭克王國成為神聖羅馬帝國，後來成為德國；還有狹長的中法蘭克王國，從義大利北部一直延伸到北海的低地國。到了十世紀初，中法蘭克王國的北部領土大部分已經併入東法蘭克王國。至此，三位兄弟鬩牆的查理曼帝國分裂事件，如今在地圖上留下永恆的印記，成為邊界，分隔著兩個最強大的歐陸國家：法國和德國。二十世紀的幾場大戰，數百萬年輕人戰死沙場，為的就是一條千年之前、王室家族吵架留下的邊線。[30]〕

繼承西班牙的領土之後，哈布斯堡王朝又逐漸取得義大利南部、薩丁尼亞島、西西里島、以及北非沿岸的領地。[31] 而且事後看來，時機實在正好。就在菲利普一世與胡安娜成婚的四年前，哥倫布橫渡大西洋，發現了「新大陸」。隨著征服者與殖民者搶占了美洲各處的大片土地，這個哈布斯堡王朝西班牙分支所統治的領土，開始遠遠超越歐洲半島。再到 1521 年，海軍探險家麥哲倫也為西班牙占下菲律賓群島（Philippine islands）——這個命名是在致敬查理五世之子，菲利普二世。[32]

　　然而，馬克西米利安一世的野心還不止於此。1526 年，他
安排孫子查理五世，迎娶葡萄牙的伊莎貝拉（Isabella of Portugal），
哈布斯堡王朝至此完整吞併了整個伊比利半島，也把葡萄牙征服
的巴西、印度與香料群島納入版圖。馬克西米利安一世還安排了
另一個孫子（查理五世的弟弟斐迪南一世），迎娶匈牙利的皇室
成員。1526 年，匈牙利國王迎戰鄂圖曼帝國時意外陣亡，身後
並無子嗣，於是匈牙利、波希米亞與克羅埃西亞的王位也落入哈
布斯堡家族手中，在接下來四個世紀，成了哈布斯堡家族的中歐
帝國核心。[33]

　　〔有一陣子，甚至連英格蘭王位也握在哈布斯堡王朝手中。
1554 年，神聖羅馬帝國皇帝查理五世，為兒子菲利普二世安排與
女王瑪麗一世（血腥瑪麗）再婚，而使菲利普二世「依據妻子的
權利」（jure uxoris）成為英格蘭與愛爾蘭國王。[34] 但等到四年後，
血腥瑪麗去世，英格蘭王位傳給同父異母的妹妹伊莉莎白一世，
於是回歸新教。〕

權力遊戲的真正大師

　　就這樣，哈布斯堡王朝從原本只是施瓦本的中階貴族，一躍
成為歐洲的重要王朝，短短五十年，便靠著精心策劃的聯姻，將
超過半數的歐陸收歸旗下，[35] 而且或多或少是不流血就實現了這
個目標。一句十七世紀的諺語就說：「其他人靠的是發動戰爭，
歡樂奧地利靠的是去結婚！」[36]

　　雖然哈布斯堡王朝還是得動用武力來捍衛一些領地（西班牙和葡萄牙侵略新大陸與東南亞的手段，極其殘酷），但其影響力的亮眼成長，多半靠的還是策略性的王室聯姻，以及逐步蒐集愈來愈多的皇冠、繼承愈來愈大的領土。[37] 哈布斯堡王朝可說是這場權力遊戲的真正大師。（就哈布斯堡家族在歐洲的版圖擴張而言，近代只有十九世紀的拿破崙、二十世紀的希特勒，在規模上得以比擬，[38] 但是相較於哈布斯堡家族得以世世代代固守版圖，這些靠著閃電戰擴張版圖的帝國，都只能維持短短數年，可說是轉瞬即逝。）

　　而且，哈布斯堡王朝在生育子嗣上，也可說是十分幸運。在這種繼承制度當中，如果王室沒有存活的子嗣（至少是沒有男性繼承人），領地與頭銜就可能落到遠親或姻親手中。但在這幾個世紀，哈布斯堡王朝一直都能有男性繼承人，或者至少有些侄子或堂兄弟，而且一旦迎娶對象的家族男丁不繼，就能順理成章，接手對方的王國。

　　靠著這種族譜上的強韌，哈布斯堡王朝只要能活得比敵對家族更久，就能拿下對方的領地與財富——我們可以稱之為「看誰撐得久」的領土擴張方法。[39] 歷史學家拉迪（Martyn Rady）將這稱為福廷布拉斯效應（Fortinbras effect）。福廷布拉斯是莎士比亞《哈姆雷特》劇中的挪威王子，劇末才出場，卻發現所有競爭對手都已經過世，他就這樣登上了王位。[40]

　　到了十六世紀中葉，哈布斯堡王朝運籌帷幄，不只是在歐洲內部，而是在整個大西洋與太平洋成了主導強權——單單一個家

族，世界就盡在臂彎之中。[41] 而且這整片廣袤的領地還只在一人手裡：神聖羅馬帝國的皇帝查理五世，統治著史上第一個日不落帝國。但是查理五世很清楚，自己的弟弟與兒子彼此都不願意向對方讓步，因此不能把整個帝國都傳給其中一人。

於是，在整個哈布斯堡帝國版圖來到巔峰的時候，查理五世開創了哈布斯堡王朝的兩個分支，整個帝國也一分為二：查理五世將西班牙哈布斯堡王朝的領地（包括低地國與西班牙在世界各地的領土）傳給兒子菲利普二世，至於奧地利的家族領地則傳給弟弟斐迪南一世，並讓斐迪南一世的中歐後裔繼續統治神聖羅馬帝國。[42]

到了十八世紀初期，哈布斯堡王朝失去西班牙分支，全球勢力大受打擊，然而位於中歐的王朝依然是歐洲的重要強權，並在1867年成為奧匈帝國。就算到了二十世紀，哈布斯堡家族仍然是全球事務的要角。而在1914年6月28日，奧匈帝國皇儲斐迪南大公（Archduke Franz Ferdinand）在塞拉耶佛遇刺，不到一個月，全球就捲入了有史以來最具破壞性的戰爭：第一次世界大戰。在第一次世界大戰戰敗，是讓哈布斯堡王朝倒下的最後一擊，奧匈帝國崩潰了，家族也失去手中所有剩餘的領土。但是家族本身依然存在：如今仍活躍於奧地利政壇的卡爾・馮・哈布斯堡（Karl von Habsburg，曾任歐洲議會議員），正是奧匈帝國最後一任皇帝查理一世的孫子。

長達四百多年，這個大家庭一直都在歐洲與全球事務上，扮演著重要角色。

單配偶制與多配偶制

不論是哈布斯堡王朝，又或是整個歐洲、以及歐洲國家位於世界各地的殖民地，都奉行單配偶制（monogamy）的文化規範。但縱觀世界歷史，多配偶制（polygamy）其實十分普遍。

有一項民族誌研究，調查了八百四十九種人類文化（包括狩獵採集社會與農業社會），發現多配偶制的比例竟高達83%，但幾乎都是一夫多妻，而非一妻多夫。[43] 雖然一夫多妻更常見，也在許多文化得到允許，但還是必須強調：就算在這些社會，通常也只有地位最高、能夠養活多位妻子的男性，才有這種現象，大多數男男女女還是過著一夫一妻的生活。[44]

至於一妻多夫制的社會，在有案可查的人類學紀錄中，還不到1%。[45] 雖然確實有例子是大權在握的女王擁有許多丈夫，例如十七世紀的戰士女王恩津加（Nzinga），領導著位於今日安哥拉的恩東戈（Ndongo）王國與馬塔姆巴（Matamba）王國，[46] 但是一妻多夫制通常是出於地方環境因素，由一家兄弟娶了同一位女性。[47] 像是在西藏高原與印度北部山麓地區，窮山惡水讓土地收成難以養家活口，要是一再分家，土地切得太零碎，生計就會更困難。如果是兄弟間一妻多夫，大家娶同一位女性、一起耕作，土地就能維持完整，[48] 等於是以另一種方式解決了長子繼承制的問題。而這種多夫一妻的狀態，也會讓人口成長呈現緩慢而可永續的趨勢，以此應對生態限制的問題。

目前相信，人類的狩獵採集祖先多半屬於單配偶制。如今生

活在坦尚尼亞北部莽原林地的哈扎人，過的是相當典型的狩獵採集生活，能讓我們一窺數萬年前，人類可能的生活樣貌。

　　哈扎人會組成大約三十人的小型覓食遊群，大約每兩個月、把附近的食物吃光之後，就會移動到下一個居住地。這些遊群的流動性很高，有時候會看到某幾個人往來於附近的居住地之間，遊群也可能分裂或合併。食物帶回來之後，都是由居住地的所有人共享。由於哈扎人並沒有保存食物的方法，也就無法累積多餘的儲糧；流動不居的生活方式也代表他們不會保留太多物品，只會帶著生存所需。

　　哈扎人的社會非常平等，成年人沒有明顯的資源落差或階級制度，而且男女平等。哈扎人的社會規範也屬於單配偶制，男性很少同時擁有兩位妻子；就算出現一夫多妻關係，常常就會有其中一位女性感到不滿而離開。由於女性通常能夠自己蒐集到足夠的食物，或者也能分享其他人帶回居住地的食物，既然可以自給自足，也就能夠無所顧忌的離開丈夫。[49] 人類學家認為，人類的狩獵採集祖先應該也是過著類似的生活。

　　前面已經提過，隨著農業出現，個人開始累積財富與地位，也發展出階級分明的社會。處於社會金字塔頂端的男性，有能力養活多位妻子，這就讓一夫多妻制成為常態，而非例外。[50] 像是如今位於哈扎人東南方的農業民族卡古魯人（Kaguru），就實行一夫多妻制。[51] 而在過去的亞洲與哥倫布之前的美洲，統治菁英也多半是一夫多妻。[52] 另一方面，全球各地的男性如果沒錢，則都是單配偶制。[53]

雖然一夫多妻制顯然有利於有權有勢的男性，方便他們多子多孫，但這種制度對妻子也可能有好處。對女性來說，如果是個平等社會、每個人得到的資源大致相同（像是狩獵採集社會），當然最好就是有一名男性全心全意，一同撫養兩人投入大量心力的後代，無須和其他女性共享。但如果是個較不平等的社會，每個男人擁有的地位、財富或其他資源可能有巨大落差，女性就算只是從某個有錢有權的男性那裡得到一小部分的資源，也可能勝過某位貧窮男性能給出的全部。[54]

當今西方盛行的一夫一妻制，是起源於地中海地區的古代文明。從西元前 1000 年到西元前 600 年左右，希臘城邦為了建立更平等、更民主的社會，決定讓所有男性公民都有機會能找到老婆，於是頒布了關於一夫一妻制的法令。[55]

後來，羅馬也接受了這樣的文化規範，還進一步通過新的法令來限制一夫多妻制，並強化一夫一妻制的婚姻。例如從西元前 18 年到西元 9 年，羅馬皇帝奧古斯都眼看當時政治敗壞、道德淪喪，就決定限縮未婚男子能得到的繼承權，還正式規定了離婚所需的程序，希望讓民眾不要嘴上說是單配偶制，其實是不斷離了又結、結了又離。此外，法令也不再允許已婚男子納妾。（但羅馬仍然允許男性與妓女發生婚外性行為，女奴也常常遭到欺負而產下私生子。[56]）

雖然古希臘和古羅馬已經正式認定一夫多妻制是野蠻未開化的墮落習俗，也認定一夫一妻制才是社會合法的規範，但就實際情形而言，許多男性還是過著一夫多妻制的生活。[57]

　　羅馬帝國的軍國主義擴張，讓歐洲大部分地區被迫接受了單配偶制，就算在西羅馬帝國崩潰之後，基督教會也還是繼續宣揚這種文化規範。[58] 在原本猶太教與基督教共有的傳統中，並沒有單配偶制的規範。像是在《舊約》裡的族長與國王，就不只有一位妻子，最有名的是所羅門王，據說有妃七百、嬪三百。[59] 就算在基督教歐洲，只要有錢有勢，就沒把一夫一妻認真當一回事；雖然常常只有一位妻子，能為他們生下合法的繼承者，但在外面還有許許多多的情婦或小妾。

　　隨著歐洲基督教國家在十六世紀初期開始殖民擴張，這些一夫一妻制的文化規範與法律體系，也隨之輸出到世界各地，逼迫原住民社會接受。如今雖然一夫一妻制蔚為全球主流，但主權國家仍有 28% 認定多配偶制合法，這些多半是以穆斯林為主的國家，位於北非、阿拉伯半島與南亞等地。[60]

　　所以事情實在很清楚：人類其實傾向多配偶制，只是在遠古的狩獵採集社群資源有限，才讓單配偶制盛行。等到農業發展而造成社會不平等，有權有勢的男性也就開始表現出追求一夫多妻的衝動。但歐洲發展出法律體系，讓單配偶制重新成為文化上的規範，並隨著殖民主義而強制推向世界各地。事實上，如果人類天性並沒有一夫多妻制的傾向，又哪會有禁止的必要？

　　史上就是有這麼多國王皇帝允許自己妃嬪無數，或是有著龐大的後宮。一如我們所見，多配偶制是社會階級帶出的結果。而如今，美國的貧富差距絲毫不下於過往任何時期，極端富有的企業家與網路創業者擁有的財富，與貧困人口之間的差距不可以道

里計。要不是單配偶制仍為主流文化規範、還有著由上而下的法律要求，美國很有可能會變成史上最極端的一夫多妻制國家。直至本書寫作期間，馬斯克（Elon Musk）的個人淨資產已來到將近二千五百億美元。以這樣的財力，他完全有能力在物質上撫養幾十萬個妻子，就算是史上最大暴君的後宮，也只會黯然失色。

王朝的繁衍

人類的繁衍行為，揉雜而豐富，縱觀歷史，既能看到像是黑猩猩的亂交、長臂猿的一夫一妻，也能看到如同大猩猩的一夫多妻。雖然人類對多配偶制的偏好無可否認，但是單配偶制已經在過去這段時間成為主流，無論在文化或法律上，在歐洲實行已經長達數個世紀了（只不過在許多社會與文化中，也總能看到位高權重、家財萬貫的人，坐享齊人之福）。單配偶制與多配偶制這兩套體系，也就深深影響著世界的歷史，特別是政治權力如何代代相傳。

中世紀晚期的歐洲，王室（與貴族）多半採用長子繼承制，長子就是王國的唯一繼承人。中世紀早期的加洛林帝國，疆域大約是在法國、低地國、義大利北部、奧地利與德國一帶。加洛林帝國的繼承國還更進一步，不但明文禁止女性加冕為王，甚至還不承認女性的繼承權——稱為《薩利克法》（Salic law）。[61] 歐洲君主國也常常將私生子（國王與王后以外的女性所生的兒子）排除在繼承權之外。這樣一來，要談有沒有權力繼承王位，看的還

不只是王室血脈，更得看國王與孩子母親的婚姻狀況。[62]

把繼承規則訂得如此詳盡，優點在於能夠把不確定性降到最低，清楚界定國王駕崩時會由誰成為合法繼承人、以及王位的繼承順位，於是讓王朝權力得以順利交接，國家維持穩定。[63] 正如法國政治哲學家孟德斯鳩 1748 年在《論法的精神》所言：「之所以要訂定繼承順位，並非為了王室家族的私利，而是因為這有益於由王室掌權的國家。」[64] 至於皇儲也能好好準備，在未來扮演好專制統治者的角色。

然而，雖然明文訂出繼承順位能讓一切清楚明白，但這種看血統而不看功績的制度，卻有著君主軟弱或無能的風險，因為最適合領導國家的人選，實在不一定那麼剛好就是前任統治者的長子（特別是如果這位皇儲體弱多病、或者仍然年幼無知）。[65]

單配偶制長子繼承權還有另一個問題：讓國王心裡有壓力，可得在自己去世前，至少有一位合法的男性皇儲。人類和其他任何物種一樣，本來就會有生育繁衍的衝動，但對於需要傳承統治權的家族來說，血脈的延續絕不是那麼簡單。國王必須負責生出「一位皇儲，加上一位備位皇儲」（避免長子早逝），才能維持傳承，並使王朝威望不墜。一旦失敗，可是茲事體大——繼承危機可能導致內戰而禍延全國，權力可能旁落至另一個家族、甚至是敵對的王國。

然而，特別是在單配偶制之下，皇儲的產生難以擺脫生物機制的限制。像是女王，一次就是只能懷上一個孩子（姑且不論機率只有百分之幾的雙胞胎），而且在現代之前，兒童死亡率居高

不下，很有可能在國王駕崩時就是只有公主，甚至是完全沒有任何兒女存活。這種時候，整個王朝的未來也就岌岌可危。也正是這種必須有皇儲的壓力，讓亨利八世覺得自己不得不與一位又一位的妻子離婚或將之斬首。所以也可以說，亨利八世之所以要脫離教廷、另創英國國教，正是為了讓自己能採取接力式的一夫一妻制——其實就是一夫多妻制，只是分散在不同的時期。[66]（在亨利八世的父親登基建立都鐸王朝之前，英國才剛經歷「玫瑰戰爭」這場長達三十年的王位爭奪內戰，讓亨利八世一心避免繼承危機再次上演。）

宋徽宗子女最多

　　但在允許一夫多妻制的社會，就無須擔心只有一位王后能夠生下皇儲。例如與亨利八世同時代的鄂圖曼帝國蘇丹蘇萊曼大帝（Suleiman the Magnificent），後宮就有十幾個「合法」皇儲，[67] 而且一般帝國後宮的孩子還遠遠超過這個數字。（「後宮」的阿拉伯文 harim 指的是房屋中禁止進入的區域，是專屬於皇帝的內殿與私人寢宮，宮殿的執事、侍衛與訪賓均不得進入。後宮裡住的不是只有滿足皇帝性慾的女性，[68] 而是還有照顧眾多皇室子女的保母，以及皇帝的女性親屬及其侍女。[69]）

　　一般而言，一位女性一輩子頂多順利產下十幾位後代（就可信的紀錄而言，一位女性生下最多子女的紀錄為六十九人，那是一位十八世紀的俄羅斯媽媽，但這絕對是個異常值），[70] 但如果

是有著龐大後宮妃嬪的國王，就能夠兒女繁多。像是十二世紀初的宋徽宗，就是中國的紀錄保持人：徽宗在正史《宋史》裡記錄在案的兒女就高達六十五名，其中有十二位妃嬪為他產下三十一個兒子，其他沒有留下紀錄的可能還更多，因為徽宗至少每週寵幸一名新的處女。[71] 至於鄂圖曼蘇丹穆拉德三世（Murad III），在十六世紀末去世時，共有子女四十九人，還有七位妃嬪正有孕在身。[72] 日本的紀錄保持人則是十八世紀末的幕府將軍德川家齊，正室側室十六人，加上未冊封的妾共四十一人，為他生下五十二名子女。[73]

〔皇帝所生下的大批子女，在人類族群留下了長長的基因足跡。在當今所有東亞男性中，約有 3% 的 Y 染色體（也就只與男性有關）帶有某種特殊的基因連結，相信是來自十七世紀中葉之後統治中國的清朝歷代皇帝。[74] 至於在亞洲廣大地區，也有大約 8% 的男性帶有另一種 Y 染色體連結（在全球男性占約 1/200），相信是源自於成吉思汗一家兄弟；成吉思汗等人在十三世紀席捲歐亞大陸，建立了蒙古帝國。[75]〕

王位繼承權之爭

一夫多妻制的王室家族很少需要擔心王朝無人繼承，但若是沒有訂出明確的繼承規則（例如長子繼承制），繼承人之間就有可能迅速演變成流血鬥爭。[76] 像是在早期的鄂圖曼帝國，蘇丹過世就像發出起跑信號，讓王子之間開始暴力競爭，如同電影《大

逃殺》真實上演——勝出者不是在過程中殺光所有競爭者，就是在坐上王位後斬草除根。[77] 例如，穆罕默德三世在 1595 年即位後，就出手殺光了自己的十九個弟弟，以及父親後宮裡所有懷有身孕的妃嬪。

將競爭者從王室家譜樹上剪除，就不會有王位遭到挑戰的風險。像這樣因為王位繼承模式不明，讓繼承人之間兄弟鬩牆的情形，往往會在統治者過世後，掀起一段時間的動蕩。只不過，像這樣的競爭，至少還稱得上是一種明確的選任過程。一位王子如果能得到最多人的支持，或者在戰場上展現最高的謀略與勇氣，倒也能說是展現了最高統治者所必備的特質。[78]

到了十七世紀初，鄂圖曼帝國找出了另一種可以少流點血的方案，來解決家族王朝繁衍的生物學問題。現任蘇丹會將自己所有的男性親戚都鎖進宮中（印度的蒙兀兒帝國與伊朗的薩非王朝也有樣學樣），[79] 這些人雖然可以活得舒適自在，但不准有自己的孩子，[80] 等於是被關在一個真正的鍍金牢籠。此外，鄂圖曼帝國也開始採用父系長者繼承制（agnatic seniority，兄終弟及制）：在蘇丹過世時，頭銜會傳給自己最年長的弟弟、依此類推，直到所有弟弟都已過世，頭銜才傳給原先最年長蘇丹的長子。而且，只有蘇丹有權生下皇儲——靠著這樣的生育控制，就能維持繼承的穩定。[81]

出於這樣的後宮制度，鄂圖曼王朝的壽命長得驚人——每位蘇丹都能有弟弟、先前某位兄長的兒子、或自己的兒子來繼承，讓鄂圖曼帝國國祚超過六百年。[82]

　　後宮制度讓統治者得以發揮自己最大的生育潛能（事實上，光是擁有一個龐大的後宮，就是一種地位的象徵），所以不管是托普卡匹皇宮裡的鄂圖曼蘇丹、或是紫禁城裡的中國皇帝，雖然在這裡坐擁著無比的財富，但背後的基本生物學動機，仍是就像一隻大猩猩首領讓自己身邊圍繞著一群母大猩猩，還敲打自己的胸膛，想趕走所有的競爭者。

宦官 —— 後宮看守者

　　然而，用後宮制度來處理王室生育繁衍的問題，卻有一個潛藏的危機。像大猩猩或獅子這種一夫多妻制的物種，雄性首領會仔細看管好自己的後宮，隨時趕走任何潛在的競爭對手。但在宮廷，皇帝無法親自看守後宮，必須另外派人進入內廷監控。但這樣一來，又怎麼能確定不會有人受到誘惑、而與這些女性有染？怎樣才能確定，後宮出生的孩子、特別是可能的皇儲，都肯定是他的血脈？

　　皇帝當然可以同時派出多人來互相監視，但是這無法解決這些人可能相互勾結的問題。終極的解決辦法，就是只選擇那些天生或人為不孕的男性：太監、宦官，或稱閹人。追溯到人類最早的文明，就已經有透過閹割來創造一群不孕者的做法：移除兩個睪丸，有時連陰莖也不放過；[83] 閹人的英文 eunuch 是源自希臘語 εὐνοῦχο，意思是守床者，描述的正是他們做為私僕的工作內容。這種做法可能最早是用在奴隸身上，畢竟他們對這件事幾乎沒得

選擇（就如同後宮的許多女性，也沒得選擇）。然而在中國某些朝代，宦官太監卻成了受人尊敬的職位，會有男性自願得到這樣的榮譽。[84]

這些失去睪丸的男性，在宮廷扮演著各種角色，除了負責看守後宮，也是宮裡的總管、內侍與掌事，又或者是宮外的知州、提督或士兵。[85] 正因為宦官沒有生育能力、常常也不得成婚，也就代表他們不會為自己的後代或家族打算。[86] 因此大家認為宦官不太可能別有居心，也讓他們成了宮廷中備受信任的僕人。能進到內廷的宦官，與皇帝的關係非比尋常，既是心腹、也是謀士。而且有些時候內外廷分隔森嚴，皇帝與宰相大臣等人可能無法直接溝通，就由宦官居中聯絡。

到了十世紀的拜占庭帝國，君士坦丁堡有一半的行政職務唯有宦官能夠擔任，級別也往往高於那些「有鬍子」的公僕。[87] 而在中國，1520 年代，紫禁城內外的宦官人數已有大約一萬人，還不斷增加；到了十七世紀初的明朝末期，北京的宦官人數來到驚人的七萬，還有三萬人在各地擔任各級行政長官。[88]

這些宮廷很像蜜蜂或螞蟻等真社會性昆蟲（eusocial insect）的巢穴。在皇宮內廷，皇帝得以主導繁衍生育，整個後宮的妃嬪盡為己有，其他的就是一群沒有生育能力的成員，負責處理宮殿與整片帝國領土的事務，能當隨從、守衛、掌事，還能領兵。但這與蜜蜂的性別角色正好相反：這種真社會性昆蟲的群體是以蜂后為中心，與一群雄蜂完成繁殖任務，至於其他事務都由沒有生育能力的雌性工蜂來處理。

現在，讓我們再談回遵守單配偶制文化規範的歐洲君主國。這些想把權力都抓在自己家族手中的王朝，到頭來才發現遇到一個生物遺傳上的大問題。

西班牙哈布斯堡王朝的詛咒

前面提過，哈布斯堡王朝靠著巧妙的策略聯姻，打造出與歐洲其他顯赫家族之間的關係網。哈布斯堡家族在生育方面也十分強運，除了能不斷生下男性繼承人（或者至少是繼承順位高的姪子與堂兄弟），確保血統得以延續，且往往也比聯姻的家族活得更久，得以繼承姻親的領土。但在這之後，哈布斯堡王朝也開始風雨飄搖。一般大概會猜想，這個王朝就是遲早碰上了那些機率問題：國王未有子嗣就英年早逝，又或者國王或王后不孕之類。但哈布斯堡王朝的問題，是在無意間不斷累積了不利自己的遺傳因素。

雖然哈布斯堡家族一開始是靠著和其他統治王朝聯姻，讓自己的影響力迅速擴張，但接下來為了維護帝國完整、避免大權旁落，就不斷只與近親成婚（堂表親之間、又或者叔叔和姪女），特別是對國王的血統格外在意，程度遠超過其他家族。然而，這樣的近親婚姻雖然能夠強化政治權力，卻也讓家庭內部的基因缺陷愈來愈嚴重。經過幾個世代，哈布斯堡王朝給自己帶來的遺傳負擔愈來愈重。他們賴以崛起的手段，也埋下了災難的種子，讓由菲利普二世開始的西班牙哈布斯堡王朝終於崩潰。

　　這個問題就在於遺傳變異。母親懷孕時，孩子的每個基因都會獲得兩份複本，分別來自母親的卵子與父親的精子。有時候，會遇到某方的基因複本——這稱為等位基因（allele），出現了有缺陷的突變，而製造出讓身體機能異常的蛋白質。突變本來並不常見，且就算孩子遺傳了某一方有缺陷的等位基因，通常靠著另一方的正常等位基因，還是能夠得到補償，在表面上表現正常。像這種暗藏的基因突變，稱為隱性致病突變。然而，如果父母是近親，就可能擁有許多共同的隱性致病突變，孩子的兩個基因複本都有同樣缺陷的機率也高得多。這樣一來，突變的影響無法再被掩蓋，就會表現出遺傳性疾病或先天性缺陷。

　　近親配對會使雙方的家譜樹重疊，使某些人在家族中扮演著通常該由兩個人分別扮演的角色。舉例來說，如果堂表親結婚，孩子們的曾祖輩就只會有三組人、而非四組人。像這樣有著共同的祖先，代表孩子的基因組合裡能夠出現的等位基因形式較少，更有可能讓某個基因位置同時得到兩個有缺陷的等位基因，於是出現問題。

　　在堂表親成婚的時候，孩子的特定基因得到兩個相同等位基因的機率是 $1/4 \times 1/4 = 1/16$（$= 0.0625$），也就是這裡的近親係數（inbreeding coefficient）為 0.0625。

　　一對配偶的親緣關係最接近的情況，就是彼此有一半的基因相同，例如是兄弟姊妹、或是父母與孩子。因此在單一世代裡，近親係數的最高值（兄弟姊妹配對、或是親子配對）為 $1/2 \times 1/2 = 1/4$，亦即 0.25。雖然歷史上很少看到如此極端的近親配對，但

亂倫之事確實曾經一再上演，包括印加王室、西元前 3000 年到
西元前 2000 年的埃及法老王室、以及西元前 210 年之後的托勒密
王朝。在西元前大約 1550 年，內芙塔莉（Ahmose Nefertari）就是
兄妹間結合所生，她的木乃伊下巴明顯突出，讓人聯想到哈布斯
堡家族的下巴特色。[89] 我們等一下會談到。

　　如果是較遠的親戚成婚，例如五親等的從堂表親，近親係數
就會比較小；話雖如此，要是一代一代不斷有這樣的近親結合，
近親係數仍然會大大提高。（就遺傳相似度而言，如果想讓後代
有最高的存活率，夫妻應該要是「再從堂表親」或是「三從堂表
親」。若是親緣關係比這更近，近親繁殖的不利影響就會開始發
揮作用；若是親緣關係太遠，則可能會拆散那些已經互相適應、
合作良好的基因組合。[90]）

　　對一個孩子來說，所謂良好的遠親繁殖（相對於近親繁殖）
家譜樹，應該是在樹頂分散出八位曾祖父母。但哈布斯堡王朝的
家譜樹簡直成了糾結的灌木叢，樹枝互相交叉、甚至是融合（例
如叔叔娶侄女，或舅舅娶外甥女）。到 1750 年為止，西班牙與
中歐哈布斯堡王朝內部的婚事總共有七十三件，有四件是叔侄
婚，十一件是堂表親成婚，四件是隔代堂表親成婚，八件是從堂
表親成婚，其他則是關係較遠的親戚成婚。而近親婚姻在西班牙
哈布斯堡王朝又特別常見：國王世系共有十一次婚姻，其中九次
都是近親成婚（再從堂表親或更近），包括兩次叔侄婚、一次堂
表親成婚。[91]

　　於是，從菲利普二世開創西班牙哈布斯堡王朝這個分支，到

最後一位國王卡洛斯二世（Charles II，又稱查理二世）畫下句點，近親繁殖的程度在短短兩個世紀，就翻了十倍。卡洛斯二世本人的近親係數高達 0.254，甚至比直接親子亂倫、或是兄弟姊妹亂倫成婚的近親係數還要高。

〔附注：這些君王的名號，可能會讓人看得一頭霧水。哈布斯堡的國王查理二世，也就是卡洛斯二世，其實比查理五世（他的曾曾祖父）晚了一百五十年。所謂二世或五世，是要看他們統治的地方來計算：查理二世是西班牙王國的第二位查理，而查理五世則是神聖羅馬帝國的第五位查理，但同時他也是西班牙王國的查理一世！〕

哈布斯堡畸形下巴

哈布斯堡王朝最醒目的特徵，從臉上就看得一清二楚。早在十六世紀初，神聖羅馬帝國皇帝查理五世的臉部特徵已經極為顯著了，但接下來幾個世代，還愈演愈烈：鷹勾鼻長而隆起，下唇厚而突出外翻。[92] 十七世紀下半葉的神聖羅馬帝國皇帝利奧波德一世，就因為嘴唇太過腫脹畸形，被維也納人叫做 Fotzenpoidl。[93]（Fotze 是德文對陰道的粗俗說法，因此 Fotzenpoidl 的直譯是「膣屄臉的利奧波德」。）但哈布斯堡王朝成員最為人所知的特色，就是下顎格外突出，甚至讓上下排牙齒無法咬合，而被稱為哈布斯堡下巴（Habsburg jaw）。[94]

有一項研究，找出了六十六幅哈布斯堡王朝成員的肖像，確

83

認畫家在當時曾經親眼見過本人,描繪應屬可靠。研究人員再請顏面外科醫師加以分析,評估這些成員下顎骨的畸形程度。將評分結果與研究計算出的王朝成員近親係數,詳加比較之後,確認他們的下巴突出確實與近親係數增高有關聯,並且是出於隱性基因的影響。[95]

哈布斯堡王朝遇上的問題,可不只有下巴畸形而已。王朝成員愈來愈常出現癲癇和其他精神症狀,孩童多半體弱多病,流產和死產屢見不鮮。[96] 從查理五世到卡洛斯二世,西班牙哈布斯堡

左圖是神聖羅馬帝國皇帝馬克西米利安一世,繪於 1508 年,他一手策劃了哈布斯堡王朝在十五世紀末的策略性王室聯姻網。右圖是馬克西米利安一世的舅孫(也就是曾曾曾曾孫)西班牙國王卡洛斯二世,繪於 1685 年,可以看到明顯突出的哈布斯堡下巴。

王朝總共有三十四個孩子出生，其中有十個孩子沒活過一歲，十七個孩子活不到十歲生日，夭折率竟然高達 80%。[97] 而這可是當時全球最有權勢、最受呵護的家族，享受著時下頂尖的營養、生活與醫療照護，但他們的兒童死亡率卻比住在鄉間的西班牙農民家庭，還高出四倍。[98] 就算成功活過童年的成員，許多人除了有廣受譏嘲的厚嘴唇、格外突出的哈布斯堡下巴，也還有其他畸形之苦。

1665 年，卡洛斯二世即位，但是身體極差，諸多病痛纏身，還讓他有了 El Hechizado（被下咒者）的稱號。[99] 根據當時的報導，卡洛斯二世出生時，就有體弱但頭部巨大的現象，要到四歲才學會說話、八歲才學會走路，身體太過虛弱，行動都得靠人協助。他的腳、腿、腹部與臉部腫脹，舌頭大到塞滿口腔。他對四周環境幾乎沒有興趣——這種疾病稱為喪志症（abulia），而且他還經常癲癇發作，時不時就會尿血，腸道也有問題，長期有腹瀉與嘔吐症狀。[100]

英國特使斯坦霍普（Alexander Stanhope）就寫道：卡洛斯二世「一直很饑餓，吃什麼都是整個直接吞，因為他的下巴太突出，讓上下兩排牙齒無法咬合……而他的喉嚨極寬，就連雞胗或雞肝都能完整吞下去，但胃又太弱，無法消化，最後也是原原本本排出來。」[101] 在他生命的最後幾年，連站都站不太起來，還出現了幻覺與抽搐的症狀。[102]

卡洛斯二世受到的病痛實在太多，幾乎可以肯定，絕不只是單一遺傳疾病所引起，而是因為一代又一代的近親結合，讓他承

受了大全套的遺傳疾病。一般人的曾祖輩與高祖輩加起來最多會有二十四人，但卡洛斯二世只有十六人。[103] 在他的親戚長輩當中，有幾個人的身分不斷重疊。像他的母親是他父親的外甥女，所以他的外婆其實也是他的姑姑。哈布斯堡王朝的基因池實在變得太淺了，也毫無流動。

在父王去世時，卡洛斯二世年僅三歲，由寡母在近臣協助下攝政。等到卡洛斯二世合法成年，大家卻發現他實在沒有治國的能力，於是由母親再次攝政到她 1696 年去世為止；接著則由卡洛斯二世續弦的第二位王后掌政。[104] 這位可憐的國王唯一重要的任務，就是人類最自然、與生俱來的功能：生育繁殖。但他雖然有了兩次婚姻，卻未能產下任何孩子。他的第一位王后談過他早洩，第二位王后則抱怨他陽痿，[105] 看來他天生便已不孕。

經過世世代代的近親結婚、隱性遺傳疾病不斷累積，西班牙哈布斯堡王朝至此終於崩潰。早在末代國王出生前，西班牙哈布斯堡王朝便已注定滅亡。

十七世紀末，卡洛斯二世已如風中殘燭，但仍無子嗣，西班牙哈布斯堡王朝即將絕後，結束對西班牙及廣闊海外領地長達兩世紀的統治。英法兩國原本希望協商將西班牙帝國分割，以維持地區的穩定與權力平衡，但哈布斯堡王朝一心維護帝國的完整，悍然拒絕。卡洛斯二世態度強硬，堅持帝國必須繼續傳承下去，「先祖如此榮光赫赫建起的君主國，不容許有一星半點的減損或削弱」。[106]

於是，等到卡洛斯二世在西元 1700 年駕崩，西班牙王位繼承

戰爭在幾個月內，便席捲整個歐洲大陸，也肆虐了西印度群島與法屬加拿大等地的殖民地。[107] 衝突直到 1714 年才畫下句點，並且從根本上，改變了歐洲和整個世界的政治版圖。法國安茹公爵菲利普（Philip of Anjou）加冕成為西班牙國王菲利普五世，得以保留帝國大部分的領土；荷蘭共和國在此戰過後，可說破產；英國則是確立了海軍的優勢，開始崛起成為商業強權。

西班牙哈布斯堡王朝絕嗣的教訓，讓中歐哈布斯堡王朝心生警惕，希望確保自己的血脈得以延續。當時，神聖羅馬帝國皇帝查理六世發現，自己已成為哈布斯堡王朝最後在世的男性成員，於是謹慎安排了預防措施，確保權力能繼續在家族中傳承下去。他在 1713 年頒布《國事詔書》，宣布哈布斯堡帝國也能由女兒繼承（這不同與前面提過、行之有年的《薩利克法》）。事後證實這項決定深具遠見：查理六世在三十年後去世時，只有三位女兒還在世，最後就由其中年紀最長的女兒特蕾莎（Maria Theresia）在 1740 年即位，成為神聖羅馬帝國女王。

政治家族大權在握

過去兩百年間，國族國家愈來愈從君主制，轉向共和或代議民主。權力的轉移有些是循序漸進，也有些是透過暴力革命而完成。如今在全球將近兩百個獨立國家中，君主制國家只剩下大約二十個，而且多半也只是形式上的君主國。[108]

王權統治曾經與血緣關係密不可分。如今，基本上再也看不

到透過繼承來移交政權的做法;但即使是在現代的民主國家中,還是能看到家族的影響力。雖然政治職位不再世襲,但政治世家的後代還是比新人享有顯著的優勢,除了家族名聲顯赫而為選民所熟知,也能充分運用既有的人脈與金主網路,以及多半可觀的家族財富。[109]

目前,印度是全球最大的民主國家,但自從獨立以來,政權就一直掌握在幾個政治家族手中。在 2009 年當選的國會議員,將近三分之一有親戚是現任或剛卸任的公職人員。[110] 而在日、韓、泰等國政壇,也能見到格外強大的親戚關係。[111] 至於在美國,歷任總統就有兩對父子檔:約翰·亞當斯(John Adams, 1797-1801)與約翰·昆西·亞當斯(John Quincy Adams, 1825-1829)、老布希(George Bush, 1989-1993)與小布希(George W. Bush, 2001-2009)。塔夫脫(Taft)家族、羅斯福家族與甘迺迪家族,都有成員入主白宮、以及擔任重要的民選政府職位,影響力超過一個世紀。

此外,就算是現代民主國家,也不免出現裙帶關係的爭議。像是在川普總統任內(2017-2021),就任命女兒與女婿擔任政府要職。[112]

家族企業屢見不鮮

家族企業在歷史上也屢見不鮮,就算是現代經濟,代代相傳的家族企業依然占據了相當的比例。說到由同一家族代代擁有、或領導的大企業,就包括幾家大型銀行(巴林銀行、羅斯柴爾德

銀行、摩根銀行）、車廠（福特、豐田、米其林），以及許多大家朗朗上口的企業，像是海尼根、宜家、李維斯（Levi's）、萊雅（L'Oréal）集團。

而在世代交接的過程中，如果年長的執行長拒絕下臺，或是兄弟姊妹爭奪領導權，同樣會掀起一片驚濤駭浪，程度不下於歷史上的王室繼承。[113]

人類的家庭家族，雖然起源古老，但對於今日生活的影響，仍然一如既往的強烈。而人類生活的另一個常態，則是常常感染各種傳染病。下一章就要來談談這給歷史造成的影響。

第三章

地方病
—— 歷史場域的主場優勢

似乎是因為我們的罪，
或是上帝某種莫測高深的審判，
在我們所探索的這個偉大衣索比亞，
他在所有入口都安排了震懾人心的天使，
手持火焰劍，揮舞出致命的熱病，
不讓我們進入這個庭園而得享湧泉。

——巴羅斯（João de Barros），《亞洲旬年史》

病原體入侵

　　疾病的本質，就是人體各種正常、健康的功能遭到扭曲，使人體系統無法正常運作，導致失調、衰弱，甚至死亡。許多疾病的成因是 DNA 編碼出現突變，可能是遺傳自父母，也可能是在一生中自然出現，例如 DNA 複製錯誤，使細胞開始失控增殖，形成癌症。

　　也有許多疾病，是因為微生物侵入了我們的身體。像這樣的致病微生物有各式各樣的傳播方式，有些是直接接觸傳染，例如漢生病（麻風病）或愛滋病毒／愛滋病（HIV/AIDS）；有些是經過空氣傳播，入侵喉嚨與肺部，例如流感或新冠肺炎；也有一些是透過遭到人類排泄物汙染的飲用水，像是霍亂。此外，也有一些疾病是透過病媒中介傳播；病媒常常是一些寄生性的吸血昆蟲，像是蚊子（瘧疾、黃熱病、登革熱）、采采蠅（昏睡病）、跳蚤（腺鼠疫）、蝨子（斑疹傷寒），或是像蜱蟲這種會咬人的蛛形類動物（萊姆病）。[1]

　　但不管哪種傳播方式，這些病原體的共同點就在於都能存活於人體內部，運用宿主的某些生物特徵，完成自己的生命循環。有些病原體甚至能夠完全躲過人體免疫系統的監控與防禦機制，就像是詐騙份子穿上反光背心、拿著檔案夾，就假裝是工頭而順利從保全眼前走過。因此，病原體與宿主之間的生物機制常常關係密切，是經過長期演化不斷磨合，才讓病原體得以生養眾多。（導致新冠肺炎全球疫情的 SARS-CoV-2 病毒，就屬於這種例子。

這種冠狀病毒很像是一顆球，表面有許多突出的吸盤，稱為棘蛋白，形狀剛好能夠與呼吸道細胞表面的某種特定分子結合，把病毒帶入細胞內，進而破解細胞本身的建構資訊，顛覆遺傳機制，於是複製出大量新的病毒顆粒，直衝肺部。目前的各種新冠病毒變異株，往往正是棘蛋白在演化上發生突變，而讓病毒能夠更有效入侵細胞、以及傳向更多宿主。[2]）

正因為需要如此精準的調整適應，地球上的微生物其實只有極小部分能夠感染人體、成功繁殖：在超過數百萬種的微生物當中，[3] 能做到這點的只有 1,128 種。其中大約一半是細菌，五分之一是病毒，剩下的三分之一左右是真菌與原蟲。[4] 另外還有 287 種會讓人類致病的生物則並不屬於微生物，是寄生蟲。[5]

在這些致病微生物當中，大多數（約 60%）屬於人畜共通，是從動物傳播給人類。所以，說到從文明誕生以來就困擾著人類的各種疫病，根源其實就在於我們馴化了各種野獸成為家畜，且還跟牠們一起生活。

原本只會散居各地的狩獵採集遊群，大多身體健康，頂多就是有寄生蟲和寄生微生物的困擾，只要能撐過童年，多半就能活到六十歲以上，[6] 苦惱的也常常不是互相感染的傳染性疾病，而是各種長期折磨人的疾病，像是風溼症和關節炎。[7] 有些古老的傳染病，像是瘧疾和漢生病，早在農業發展之前就已經存在，[8] 就算當時的人類遊群規模小又分散，這些疾病還是得以傳播並維持生存；甚至在真的缺少能夠感染的人類族群時，這些疾病也能轉到動物宿主體內繼續撐下去。

　　但等到人類開始定居，形成人口更為稠密的農村與城鎮，就為傳染病創造了完美的繁殖條件，除了跨越物種障礙，還開始人傳人。從此，群聚疾病（crowd disease）開始激增。

　　人類族群首次遭到新的病原體入侵時，由於個體的免疫系統全無防備，可能迅速形成流行，並且初期死亡率極為驚人。但隨著時間過去，族群開始出現抵抗力、或是病原體發生突變，許多疾病的嚴重程度也會逐漸減弱。這時候，雖然疾病還是可能在族群當中持續存在，並且偶爾爆發一下，但就像是山林裡的小火悶燒，而不是凶猛的野火肆虐。

　　也有些疾病可以完全消失。在玫瑰戰爭結束的時候，佛蘭德斯傭兵協助亨利七世從理查三世手中奪得王位，但也可能帶來了英國汗熱病，在 1485 年首見於倫敦。這場疫情肆虐英國各地，似乎傾向在夏季優先攻擊鄉間較富裕階級的中年男性，[9] 發病極其突然，且死亡率極高（通常染病幾小時內便會過世）。這種神祕的傳染病在長達七十年間反覆爆發，但接著就在十六世紀中葉突然消聲匿跡，再也不曾出現。[10]

　　在過去的年代，只要某種疾病大規模爆發，大家都會稱之為瘟疫（plague 或 pestilence）。如今要形容這樣的疾病，比較專業的術語是 epidemic（流行病），源自希臘語的 epi（在……之間）與 demos（人民）；或者在流行病最極端的情況，則會形成 pandemic（大流行），指的是在極廣大的地區感染了許多人。至於 endemic（地方性）一詞，則是形容某種疾病只發生在特定地區，源自希臘文「在人民之內」的意思。

不論地方病或流行病，對人類社會和文明整體都有著深遠的影響，因此我會用兩章的篇幅，分別探討兩者對於人類歷史的影響。但這兩者之間的區別絕不是那麼非黑即白：就算是同一種病原體，可能有某個族群特別有抵抗力而沒受到太大影響，但來到另一個族群時，就引發了毀滅性的致命疫情。某地區的地方病，可能到了另一個族群就成了流行病。但我相信，有鑑於這兩種疾病模式對人類歷史的影響，分開來談，仍然是很合理的做法。

首先就讓我們看看，人類對地方病的易感性（susceptibility）是怎樣影響了世界歷史。

達連計畫雄心萬丈

蘇格蘭在十七世紀末陷入慘境，連年歉收與饑荒，讓幾乎完全以農業為基礎的經濟大受打擊。雖然英格蘭與蘇格蘭從 1603 年以來，就是由同一位君主統治（在英格蘭女王伊莉莎白一世駕崩後，由於沒有留下子嗣，就讓遠房表侄蘇格蘭國王詹姆士六世繼承了英格蘭王位），但蘇格蘭仍然與這個強大的南方鄰國壁壘分明。英格蘭也對蘇格蘭施加各種暴虐的經濟限制，包括蘇格蘭與法國及各北美殖民地之間的保護主義貿易禁令。

蘇格蘭為了鞏固自己的經濟基礎，避免被迫與英格蘭結盟、卻又輸人一截，開始把目光投向更遠的地方。當時英格蘭已經因為對外貿易而國富民強，蘇格蘭也想有樣學樣，在獲利如此豐厚的商業大餅當中，分上一塊。過去蘇格蘭試過殖民新斯科舍、東

紐澤西與南卡羅萊納，結果並不成功。但此時蘇格蘭全國仍然認為，要想扭轉自己的經濟前途與政治命運，還是得在海外建立殖民地，善用各種海上貿易。

於是，蘇格蘭出生的金融家帕特森（William Paterson，他也是英格蘭銀行的創始人之一）策劃了一項理想遠大的計畫，準備在連接南北美兩塊大陸的巴拿馬地峽，建立殖民地。在他們看來，如果能在這裡建起港口與貿易據點，就能讓他們參與整個加勒比海島嶼、乃至跨大西洋到非洲的蓬勃商業網路。然而，帕特森的殖民行動背後，還有一套更進一步、也更具野心的計畫。

當時從歐洲或北美大西洋沿岸出發的船隻，如果想要往西前往中國與香料群島，就必須沿著南美洲海岸一路往南，繞過合恩角，再回頭往北，越過太平洋。這等於是繞了一整個美洲大陸。所以，既然巴拿馬地峽東西兩側不過相距八十公里，何不興建一條通道，連接兩側航運？這不就成了全球最大的兩個海洋之間的捷徑，方便運送貨物？一旦成功，抵達東方所需的時間、以及所需的成本，就能減少一半以上。[11]

到頭來，帕特森的理想就是要挖出一條人工水路，讓航運得以直接貫通兩大洋——也就是挖出一條巴拿馬運河。要是蘇格蘭能夠控制這個大西洋與太平洋之間的門戶，光是貨物通行所徵收的關稅，就肯定極為可觀。為此，帕特森精心選定了一個小半島做為貿易殖民地據點，就位於巴拿馬地峽的達連地區，旁邊是個地形十分安全的海灣。這項希望能扭轉蘇格蘭命運的大膽計畫，就稱為達連計畫（Darien Scheme）。

當時，這項殖民大業是由新成立的「蘇格蘭對非洲及印度貿易公司」精心策劃，大家也希望這家公司未來能與英格蘭的東印度公司一較高下。這家公司很快就吸引到大約一千四百名蘇格蘭投資人，來自各個社會階層，從議員到農民都有。據估計，當時蘇格蘭大概有四分之一到半數的流動資金，都湧進了這項大膽而冒險進取的事業。

歡迎來到蚊子海岸

1698 年 7 月，五艘船載著一千兩百名殖民者以及蘇格蘭全國的希望，從愛丁堡啟航。貨艙裡裝滿各種材料、設備和工具，準備用來從頭打造全新的殖民地，另外也裝載著航程中與抵達後幾個月的生活所需。這批殖民者經過精挑細選，具備殖民地所需的各種不同技能。他們在 10 月底抵達，建立了新喀里多尼亞殖民地，首都為新愛丁堡，並在地勢優良的半島上修建防禦工事。

消息傳回蘇格蘭，聲稱該殖民地已成功建立、蓬勃發展，且和原住民關係融洽。但這些最早的信件其實是在粉飾太平，只為了讓國內後續還願意來更多人、送來更多物資。事實上，新喀里多尼亞根本是一片水深火熱。

移民者很快就發現，這裡內陸的地形太崎嶇，絕不可能開出從東岸到西岸的陸地通道，也肯定無法開鑿出一條連接兩大洋的運河。話雖如此，畢竟這個區域有許多繁忙的貿易路線經過，當時覺得應該仍有機會打造一座有利可圖的轉口港。但有個更嚴重

的問題：移民者幾乎是在一抵達之後，就開始染上該地區肆虐的各種疾病。1502 年，哥倫布與船員第四次、也是最後一次前往美洲，就曾在地峽一帶，被蚊蟲咬得痛苦不堪，讓他們把這區叫做「蚊子海岸」。[12] 至於這批蘇格蘭人抵達的季節，更是正值蚊蟲肆虐的高峰，蘇格蘭人很快就染上了各種蚊媒疾病，像是瘧疾與黃熱病。

　　瘧疾可能是史上伴隨人類最久、造成死亡人數最多的疾病。感染瘧疾的特徵是發燒，先是大打寒顫、抖得無法控制，再者體溫大幅升高，接著大量出汗、虛弱無力，症狀每幾天就會循環一次。瘧疾是由一種單細胞寄生物（瘧原蟲）引起，透過蚊類叮咬而從帶原者的血液轉移到另一個人的血液中。由於瘧疾是透過會飛的蟲媒傳播，也就代表它不像是一般的群聚疾病，不需要密集的人口，也能持續傳播，所以一般認為，可能早在農業時代之前便已出現。事實上，瘧疾的根源可能極為古老——感染我們的瘧原蟲，演化上的祖先或許曾經在非洲熱帶雨林裡，折磨著與人類親緣上最接近的各種大猿。[13] 有很長一段時間，瘧疾都是撒哈拉以南非洲許多地區的地方病，後來才透過歐洲人傳向美洲，推測可能是搭著從非洲出發的早期奴隸船，飄洋過海。[14]

　　黃熱病是由病毒引起的疾病，同樣源自非洲，大約在一千五百年前，由靈長類傳給人類。[15] 史上首次確定的黃熱病流行，是在 1647 年爆發於美洲的瓜地洛普島，[16] 只不過黃熱病毒早在前一世紀，便已經搭上非洲出發的奴隸船，向外遠傳加勒比海與歐美兩洲，最北來到魁北克。[17]

黃熱病早期的症狀，包括發燒、肌肉痠痛、頭痛，病情更嚴重則會導致肝腎受損，死亡率極高。之所以稱為黃熱病，是因為肝衰竭會導致黃疸；至於在西班牙文，則因為病人在內出血之後會嘔出瀝青色的嘔吐物，於是把黃熱病稱為 vomito negro（黑色嘔吐物）。[18] 病人如果經歷這種出血熱而能保住一命，除了能完全康復，還能終身免疫。[19]

蘇格蘭人受挫於瘧疾與黃熱病

因此，新喀里多尼亞可說是受到兩種致命疾病的雙重打擊，短短六個月，人數幾乎就只剩下最初的一半。在這個小小的殖民地，每天都可能有高達十多人死亡。[20] 整場遠征毀滅收場，倖存者在 1699 年 7 月放棄整個殖民地，逃回船上，而已經虛弱到無法移動的人就這樣被拋下。但就算是那些逃離的人，還是在海上大批大批過世：最初的一千兩百名殖民者，最後只有三百人得以倖存。

然而，新喀里多尼亞殖民地被放棄的消息，還來不及傳回蘇格蘭，國內已經派出第二波補給船，載著額外的補給品、以及另外三百名殖民者。等他們到了達連，看到的只有一座鬼城，四處都是空蕩蕩的小屋、雜草叢生的農地。他們立刻轉頭，駛回蘇格蘭。但這次的消息還是沒能及時傳回蘇格蘭，又已經有另一支大型船隊，載著超過一千兩百名殖民者，航向達連。[21] 這批殖民者選擇留下，但也沒比第一批殖民者更成功。不到幾個月，每週都

有大約一百人死於瘧疾和黃熱病，還得面對西班牙軍隊一波又一波的襲擊。1700 年 4 月，倖存者向西班牙投降。在這第二波的殖民者當中，最後能返回家園的不到一百人。新喀里多尼亞就此永遠畫下句點，蘇格蘭想要建立美洲殖民地、大發海外貿易財的夢想，也隨之破滅。

達連計畫慘敗收場。兩千七百名蘇格蘭殖民者，大老遠坐船來到新喀里多尼亞，卻可能有高達 80% 被瘧疾與黃熱病奪去性命（熱帶疾病也不是特別欺負蘇格蘭人，這個地區的西班牙殖民地同樣死傷慘重，從 1510 年到 1540 年間，估計高達四萬名西班牙移居者喪命於蚊子海岸，多半就是死於這兩種熱帶疾病，[22] 但西班牙人還能有足夠的人力補充，來承受損失）；加上蘇格蘭殖民者被英格蘭殖民地視為外人，西班牙更展現公然的敵意，使情況雪上加霜。

要是這個蘇格蘭殖民地真的能夠成功連結大西洋與太平洋，又或者至少維持住占據重要戰略位置的轉口港，挑戰英格蘭與西班牙的區域貿易霸主地位，歷史就可能澈底重寫。但是就結果看來，在新喀里多尼亞殖民地失敗之後，還得再等上兩個世紀，以人工水道連結兩大洋的夢想才真正得以實現。

（事實上，史上有過好幾次關於修建巴拿馬運河的提案。西班牙在 1530 年代，就想過以此來加速從西班牙馬拉加港到祕魯之間的交通、並打敗葡萄牙，而且在 1780 年代也曾舊事重提。英國則是在 1843 年也曾有相關計畫。至於法國，則是受到蘇伊士運河大獲成功的鼓舞，開始在 1881 年用蒸汽挖土機開挖巴拿馬地峽。

但甚至還沒到 1880 年代結束，這次的努力就在高達大約兩萬兩千名工人死亡的情況下，失敗收場，其中絕大多數是死於瘧疾、黃熱病和其他熱帶疾病。[23] 法國遇到最大的問題，並不是地理障礙或工程問題真的無法克服，他們之所以被迫放棄這項運河計畫，原因與新喀里多尼亞失敗的因素如出一轍：這個沼澤地區的疾病和環境實在太過惡劣了。巴拿馬運河最後是由美國在 1904 年到 1914 年間完工，距離新愛丁堡遺址只有二百公里。最後之所以能成功，是因為終於瞭解黃熱病與瘧疾的傳播方式，於是在開挖沿線採取了積極的病媒蚊防控措施，包括土地排水，以及在水面噴灑煤油。[24]）

失去了新喀里多尼亞殖民地，蘇格蘭為這項事業所投下的巨資也化為烏有。事實上，正是達連計畫的失敗，讓蘇格蘭來到財政崩潰邊緣，也成了迫使蘇格蘭與英格蘭結為政治聯盟的決定性因素。

在 1603 年「王冠聯合」（Union of the Crowns）之後的一個世紀裡，蘇格蘭依然是個獨立的王國，有自己的國會。但此時蘇格蘭落入嚴峻的財政困境，已經威脅到這樣的自主權。而英格蘭則承諾向蘇格蘭公司股東提供補償，並終止貿易上的經濟限制。[25] 對於蘇格蘭菁英階級來說（正是那些因為達連計畫失敗而損失慘重的貴族和商業階級），這種條件實在誘人到難以抗拒。在他們看來，依附英格蘭這個規模與國際實力不斷壯大的貿易帝國，已經是自身未來最佳的選擇。失去新喀里多尼亞六年後，蘇格蘭議會別無選擇，只能同意與英格蘭合併。

　　所以，蘇格蘭之所以放棄主權、大不列顛之所以由此誕生，說到底就是因為巴拿馬某個偏遠地區的蚊媒疾病。[26]

熱病協助美國獨立革命

　　歐洲人在十六世紀初攻向新世界，流行病一開始確實幫了大忙：下一章就會提到，歐洲帶來的病原體簡直讓美洲原住民族群慘遭滅絕。但在接下來的幾個世紀，就看到了風水輪流轉。

　　在一般人眼中，常常覺得地方病像是個詛咒。某種避無可避又揮之不去的疾病，如惡靈一般長期在某片土地作祟，嚴重影響人民、特別是幼兒的健康。但就許多地方病而言，只要能夠活到成年，就能得到終生免疫，或者至少是更有抵抗力。這時候，地方病反而成了一種保護，能夠協助已經適應的當地人抵禦外來者入侵。在這種當地原生的疾病環境裡，相較於容易染上疾病的入侵者，當地人就有著主場優勢。像是來到美洲殖民地鎮壓起義的歐洲軍隊，就發現情勢不妙，特別是在開闢了許多經濟作物栽培園的熱帶地區，歐洲人因為地方病而病倒的比例遠高於當地人。這種疾病生物學的影響，深深影響了歷史的走向。

　　美洲大西洋沿岸的英屬殖民地，在大英帝國國會當中沒有代表，於是自治權受到限制，也常常遭到強行徵稅；長年累積的壓力與不滿，就引發了美國獨立革命。1774 年底，北美十三州組成「大陸會議」，協調反抗英國統治，並在隔年春天爆發了公開衝突。這些殖民地同聲一氣，反對英國統治，很快就宣布獨立；現

在殖民地人所需要的，就是贏得戰爭。

　　美國獨立戰爭開打的時候，英軍可說是全世界訓練最精良、裝備最先進的戰鬥部隊。許多英國紅衫軍身經百戰，曾在上個十年參與「七年戰爭」，在全球各地對抗法軍與西軍。雖然英國財政經過這場全球帝國霸權之戰而大感困窘，但經濟實力還是遠高於北美十三州。英國皇家海軍控制了大西洋，能夠從北美沿岸發動攻擊，也能將美洲殖民地相形見絀的艦隊，封鎖在港內，阻止進口食品與戰爭物資。相較之下，各殖民地在開打時的軍隊就只是一些土法煉鋼的平民，過了幾個月才終於組成「大陸軍」。

　　戰事初期，英軍的軍事優勢展露無遺，迅速攻占波士頓與紐約這兩大港，但始終無法對大陸軍取得足以結束叛亂的決定性勝利。革命份子在鄉村發動游擊戰，巧妙的避免形成大型會戰而遭到殲滅，並爭取時間，取得美洲當地和其他外國勢力的支持。要到戰爭開打兩年半之後，革命份子才終於在 1777 年 10 月，於紐約州的薩拉托加戰役贏下第一場重大勝利，讓世界知道他們確實有能力一戰，讓法國與西班牙也加入了他們這一方。接下來，法國軍艦突破皇家海軍的封鎖，西班牙也從紐奧良港送來武器與補給；法國職業軍隊在戰爭後半加入戰局，也讓勝利的天平終於傾向了革命份子這一方。

　　北方戰事陷入僵局時，英國在 1778 年底曾想另闢蹊徑，從南方下手。他們打算在喬治亞與卡羅萊納這幾個新的殖民地，招募大批有志之士，希望既能保住賺錢的熱帶栽培園，還能將叛亂一舉鎮壓。

英軍取得初步勝利後，總司令亨利·柯林頓（Henry Clinton）將南方軍團的九千名士兵，交給康沃利斯（Charles Cornwallis）指揮，自己回防紐約，抵抗預料中的反擊。雖然英軍勝仗連連，局勢卻開始朝向對英軍不利的方向發展。這套南方策略把大批兵力部署在蚊蟲肆虐的亞熱帶，讓士兵慘遭瘧疾與黃熱病荼毒——英國對這些「敵軍」可說毫無防備。[27]

雖然長年接觸瘧疾與黃熱病等疾病，能得到一定程度的免疫力，但也能靠著藥物來治療或預防感染。當時已經知道，金雞納樹的樹皮能夠有效對抗瘧疾，問題在於供不應求。〔金雞納樹也有發燒樹（fever tree）之稱，只生長在南美洲安地斯山脈某些偏遠孤立的小塊地區，樹皮含有奎寧（quinine）這種活性化合物。[28] 當地的原住民克丘亞族（Quechua）會將樹皮搗磨，做為草藥，但主要是用來治療嚴重感冒時的發抖症狀。[29] 耶穌會傳教士在十七世紀中葉，將金雞納樹皮帶回歐洲，治療瘧疾病人，受惠者還包括當時的羅馬教皇（在羅馬東南方的沿海一帶，沖積平原形成蓬廷沼澤，孳生了大量蚊蟲）。在這之後，所有受到瘧疾所苦的歐洲殖民地，都開始使用金雞納樹皮粉，但供給量仍然有限。現在我們知道，奎寧之所以能夠預防瘧疾或治療瘧疾，是因為對致病的單細胞瘧原蟲有毒性。[30]〕

戰爭一開打，大陸軍司令喬治·華盛頓（George Washington）就呼籲大陸會議應全力購置這項藥品。[31] 相較之下，這種重要的預防藥物在英軍一方則是嚴重不足。當時，金雞納樹的唯一產地在西班牙控制的祕魯安地斯山脈，在 1778 年、西班牙與法國參戰

支持美國獨立前夕，西班牙已經完全停止供貨給英國。此外，英國大部分的奎寧存貨也都撥給了在印度維持秩序、或在加勒比海地區對抗各大帝國的軍隊，於是在南方戰場，康沃利斯的官兵一直飽受瘧疾之苦。[32] 雖然大陸軍的士兵算不上對瘧疾免疫，但畢竟早就曾與當地的瘧原蟲共存，因此影響較小。大陸軍等於對這種地方病擁有主場優勢。

康沃利斯指揮軍隊在卡羅萊納不停移動，希望找到能夠躲過這種「瘴氣病」的地點，特別是蚊子最猖獗的 6 月下旬至 10 月中旬。[33] 在康沃利斯領軍於 1780 年 8 月中旬贏下康登戰役的時候，許多士兵都已經因為「發燒與瘧熱」而不支倒地，虛弱到無法打仗。[34]

1781 年初的幾個月，康沃利斯還在追擊卡羅萊納周遭的革命份子。革命份子撤退前，不斷發動小規模攻擊，讓英國南方軍團無法休息而疲憊不堪。而且在革命份子發動這場打了就跑的遊擊戰同時，當地的蚊子同樣持續猛攻缺乏免疫力的英國軍隊。時至4 月，康沃利斯手上還能上戰場的人數，已經幾乎少了一半。[35]

1781 年夏末，法美聯軍主力揮軍維吉尼亞，柯林頓命令康沃利斯將南方軍團撤到切薩皮克灣旁的約克鎮，構築防禦陣地，等待皇家海軍協助撤離。柯林頓仍然認定華盛頓打算進攻紐約，因此希望南方軍團不要離海軍太遠，以便隨時重新部署至北方。康沃利斯則一再質疑，看著這個地點周遭都是沼澤河口，而且因熱病而倒下的士兵愈來愈多，命令他們「在這個海灣死守一座疾病肆虐的防禦陣地」到底是不是好主意。[36]

法美聯軍後來全力圍攻約克鎮，從紐約派出的皇家海軍艦隊在 1781 年 9 月初抵達時，又不幸遭到守在切薩皮克灣口的法國艦隊擊退。康沃利斯就這樣落入雙重困境：在蚊子最猖獗的季節，他的軍隊就這樣受困在岸上，無法得到皇家海軍的接應。[37] 這時他手裡剩下的軍隊，又有超過三分之一病倒，無法上陣，[38] 康沃利斯在 1781 年 10 月 19 日決定投降，這也讓戰爭畫下句點。美國贏得了獨立！

要是沒有法國與西班牙介入協助，革命份子不可能勝出。兩國提供的武器、補給與援軍，加上法西艦隊挑戰皇家海軍、突破封鎖，都是美國獨立革命成功的關鍵。然而，英軍在南方戰場受到地方病削弱的影響，也不容小覷。英國南方軍團對瘧疾沒有抵抗力，再加上欠缺奎寧，只能說是雙重不幸。至於美國革命軍，則是因為長期與地方病共存，而享有主場優勢。[39]

海地革命

因為地方病而成功的，還不只有爭取獨立的十三州。不久之後，在加勒比海的法屬殖民地聖多明哥，伊斯巴紐拉島的奴隸也上演類似的情節，起義反抗他們的主人。[40]

伊斯巴紐拉島是加勒比海僅次於古巴的第二大島，也是哥倫布在那場改變世界的航程之中，為歐洲在美洲建立的第一個殖民地。但在西班牙發現這個島既無黃金、也無白銀之後，基本上就顯得興致缺缺。法國則是慢慢在島上建立勢力，並在 1697 年結束

「九年戰爭」的和約中，正式獲得該島西部三分之一的領土。法國將這塊殖民地命名為聖多明哥，即現在的海地；時至 1775 年，這已經是全球獲利最豐的殖民地，[41] 不但有八千個熱帶栽培園，足足產出全球半數的咖啡，同時也是全球最大的蔗糖產地，就連棉花、菸草、可可與靛藍染料的出口量，也名列前茅。單單這個殖民地，就占了法國貿易總額超過三分之一，經濟產出甚至超越英國在北美十三個殖民地的總和。[42]

話雖如此，聖多明哥的經濟需要靠著跨大西洋的奴隸貿易，才能夠維繫。在熱帶高溫下種植經濟作物，十分耗體力，奴隸的死亡率高得驚人，需要不斷補充。到了十八世紀末，每年需要引進大約三萬名新奴隸，才能把奴隸總人數維持在五十萬左右，占殖民地居民人數的 90%。

1791 年 8 月，一群奴隸起身抵抗栽培園主的殘酷壓迫，暴力起義迅速蔓延到整個殖民地。短短幾週，起義人數就增加到十萬人；再了隔年，殖民地面積已有三分之一在反抗者手中。

英國對這場奴隸起義深感不安：要是起義真的成功，可能讓其他殖民地的奴隸有樣學樣，在加勒比海地區引發骨牌效應，掀起一波反抗潮。當時英法兩國也正在交戰，讓英國覺得這是個大好機會，或許能夠搶下這個肥到流油的法國殖民地。然而事實證明，這場衝突就是個災難。英軍來到島上的時候，既沒接觸過熱帶疾病，也不具備抵抗力，紛紛倒地不起。在派往聖多明哥的兩萬三千名英國士兵當中，大約有 65% 因為黃熱病或瘧疾，而客死異鄉。[43]

英國與西班牙前後出兵未果，奴隸出身的盧維杜爾（Toussaint L'Ouverture）成為這場「海地革命」最知名的領導者，將聖多明哥這個殖民地團結起來，並頒布憲法，要求讓聖多明哥成為獨立的黑人國家。「盧維杜爾」其實是他給自己贏得的另一個名字，意為「破口」，指的是他總是能在敵陣中找到破口，殺出重圍；而無論友軍或敵軍，也給了他「黑斯巴達克斯」與「黑拿破崙」等稱號。

1801 年，正宗的拿破崙派遣妹夫勒克萊爾（Leclerc）將軍，率領超過兩萬五千名士兵大軍壓境，鎮壓這場奴隸起義，重新掌控了這個利潤豐厚的殖民地。[44] 一開始，法軍訓練有素、裝備精良，一交手便取得勝利，成功俘虜盧維杜爾。但就像二十年前的美國獨立革命一樣，起義軍從內陸山區發動打了就跑的遊擊戰，使法軍疲於應對，一直只能待在低窪的沿海地區。[45] 而島上的蚊子大軍、以及所傳播的瘧疾和黃熱病等地方病，也成為這些自由鬥士的一大助力。更重要的是，在生物學上，這些起義的非洲奴隸與歐洲士兵還有一項關鍵差異，此時開始發揮作用。

那些殺不死我的，將使我更強大

前面提過，人體在反覆感染瘧疾之後，能對瘧原蟲產生抵抗力（前提是要能活下來），在瘧疾肆虐的地區，倖存的兒童到了五歲就能有顯著的後天免疫力，稱為免疫適應。[46] 這裡可以挪用一下尼采的名言：「那些殺不死我的，將使我更強大。」[47]

　　然而，瘧疾實在給各個人類族群造成太龐大的負擔，於是有些族群就各自演化出不同的基因突變，讓自己能對這種疾病有先天抵抗力。這些防禦機制主要影響的是紅血球，正是瘧原蟲寄生和成長的位置。[48] 或許不難想像，這些演化主要出現在非洲，畢竟這裡瘧疾橫行，而且人類演化史也有一大部分時間是在這地方度過。在這些抗瘧疾的突變當中，最重要的一項是能夠導致鐮形血球貧血症（sickle cell anaemia）的突變。

　　〔附注：其他能夠抵抗瘧疾的基因防衛機制，還有 Duffy 陰性血型、地中海型貧血、蠶豆症。Duffy 抗原是紅血球表面的一種受體分子，瘧原蟲能夠以此做為入侵紅血球的門戶；因此，如果在基因突變之後缺少這種抗原，就能阻止瘧原蟲進入紅血球。在西非與中非西部人口族群當中，約有 97% 都屬於 Duffy 陰性血型（也就是沒有 Duffy 抗原），讓他們對某些形式的瘧疾能有抵抗力（然而研究顯示，Duffy 陰性血型反而會讓某種較晚近的疾病更容易侵襲非洲，那就是愛滋病）。[49] 地中海型貧血在中東、北非與南歐特別普遍，會影響血紅素的製造。蠶豆症又稱為 G6PD 缺乏症，常見於地中海和中東地區，病人體內缺乏 G6PD 這種酶，這種酶能協助紅血球清除有害的氧化物。蠶豆症病人平常並不會感受到任何特別的負面影響，然而一旦受到某些因素觸發，就會讓紅血球突然遭到破壞。某些食物裡的化合物就可能成為這樣的觸發因素，蠶豆正是其中之一。或許正因如此，希臘哲學家畢達哥拉斯，才會在西元前六世紀特別警告別吃蠶豆。[50] 目前還不完全清楚地中海型貧血與蠶豆症為何有助於抵禦瘧疾，但一般認為是

由於這些疾病能夠阻礙瘧原蟲生長或感染更多紅血球，又或者是能讓免疫系統更快清除那些受感染的血球。[51]）

　　血紅素是人體紅血球裡的重要成分，負責將氧氣帶到身體各處，這也是紅血球看起來是紅色的原因。一旦製造血紅素的基因出現某種突變，就會讓紅血球呈現鐮刀型。每個人的這基因都會有兩個複本（等位基因），分別遺傳自父母雙方。如果在兩個複本當中一個正常、一個有鐮形血球突變，就會成為鐮形血球貧血症的帶因者；而這種兩個等位基因不同的基因型，稱為異型合子（heterozygous）。

　　正常的紅血球，形狀像是一個中間被壓得比較扁的厚圓盤。但要是在低氧的環境下，突變基因所產生的血紅素分子就會聚在一起，讓某些紅血球變得像是鐮刀的形狀。這些鐮形血球可能會堵塞狹窄的血管，使血流遭到阻礙。但除非是在嚴重缺氧的情形（例如劇烈運動，或是現代搭乘飛機時沒有機艙加壓），否則有鐮形血球特質的病人一般也不會感受到太多不良影響。（因此，對於非裔人士而言，在從事軍事訓練或體育運動的過程中，特別會因為鐮形血球特質而有突然劇烈疼痛、甚至猝死的風險。[52] 在某些黑人於拘留期間死亡的案件中，也有人以鐮形血球特質來為警方開脫，理由是警方壓制犯人的方式會影響呼吸，而在無意間引發鐮形血球危機。[53]）

　　然而，來自父母的兩個等位基因當中，只要其中一個帶有突變的鐮狀血球特質，就能有效避免瘧疾重症。原因有可能是阻礙了瘧原蟲在紅血球內的成長，也有可能是讓受感染的血球更容易

被免疫系統清理掉。[54]

　　但問題在於，要是來自父母的兩個等位基因都帶有突變的特質，也就是兩個複本都相同，屬於同型合子（homozygous），那就會產生嚴重的後果。這種人的紅血球變形更常見，已經罹患鐮形血球貧血症，不但貧血，還會阻礙血流流向器官。要不是有現代醫學，同型合子的人絕對不可能活到成年。因此，鐮形血球突變就是一把雙面刃：對異型合子的人來說，能夠得到對抗瘧疾的保護；但對同型合子的人來說，這帶來的病痛絲毫不下於瘧疾，甚至是更為嚴重，會讓他們早早夭折。

　　於是，在瘧疾肆虐的撒哈拉以南的非洲，就形成兩股天擇的拉力，一邊是鐮形血球貧血症，另一邊則是瘧疾。這場演化拉鋸戰，最後在人口族群當中形成一種平衡：在瘧疾肆虐的非洲，大約有 20% 到 30% 的人口帶有鐮形血球的特質。[55] 鐮形血球疾病本身就是一種很可怕的疾病，但這種基因突變居然受到天擇的青睞，可見這是與瘧疾之間一場你死我活的達爾文戰爭。[56] 如今每年約有三十萬名新生兒患有鐮形血球貧血症[57]（這些新生兒大多數都有非裔父母），可說是為了保護我們對抗人類史上最凶殘的疾病，所付出的演化代價。

　　〔附注：還有一些其他的例子，可以看出各種遺傳或細胞上的差異，如何對應到一些已經為害人類數千年的疾病。例如 O 型血的人比較容易感染嚴重的霍亂，所以在孟加拉，由於霍亂在此地的河水流域流行了幾千年，孟加拉 O 型血人口的比例是全球最低。[58] 也有些案例，是某些基因差異曾經能對抗過去的流行病，

如今剛好也有助於預防一些新的疾病。像是在白血球表面有一種蛋白質，負責接收免疫系統的訊號傳遞分子，而少數歐洲人的這種蛋白質經過突變，能夠抵抗愛滋病與愛滋病毒；目前相信這種特質也曾在過去的天擇過程中，大占優勢，原因在於有助於抵禦天花或腺鼠疫。[59] 此外，囊腫纖維化（cystic fibrosis）背後的遺傳學機制與鐮形血球貧血症非常相似。有一種運輸蛋白，負責調節鹽分與水分進出細胞，而在合成這種運輸蛋白的基因出現缺陷的時候，如果是異型合子（只有一個等位基因有缺陷），人體多半還能維持健康；但如果是同型合子（兩個等位基因都有缺陷），就會出現嚴重的囊腫纖維化疾病，會有黏液累積在肺部與腸道。若不是靠著現代醫療，患有這種疾病的寶寶很難活過一歲。像這樣致命的突變，理論上很快就會遭到淘汰，但奇怪的是，到現在還有大約 2% 的歐洲人有這種基因。似乎近代史上有某些天擇壓力有助於讓這種突變代代相傳。目前最好的解釋認為，囊腫纖維化突變在過去能在一定程度上抵禦傷寒與肺結核，而這兩種疾病都是有細菌攻擊消化系統或肺部所致。[60]〕

天生的基因盾牌

讓我們再回到海地革命，談談那些奴隸相對於歐洲壓迫者的生物優勢。

經過在非洲漫長的演化史，聖多明哥的許多奴隸天生就有一面基因盾牌，能夠抵抗瘧疾。更重要的是，每年都有大量新奴隸

被送到聖多明哥，這些人多半出生於非洲，很可能從小就接觸過
瘧疾和黃熱病。所以簡單說來，他們除了早就對瘧疾有充分的免
疫力，還很可能在童年就曾得過黃熱病而終生免疫。

　　相對的，法軍就少了這樣的生物盾牌，一旦碰上瘧疾和黃熱
病，死傷也就嚴重得多。沒過多久，法國士兵就有超過三分之一
病倒。而看起來，許多人就算活過了黃熱病，之後還是難逃瘧疾
之手。就連拿破崙的妹夫勒克萊爾將軍，也被黃熱病奪去性命。
法國雖然派人增援，但是援軍也紛紛不敵這些蚊媒疾病，命喪異
鄉。[61] 總計在這場遠征當中，法軍大約有高達五萬人在聖多明哥
喪生，多半死於瘧疾與黃熱病。等到拿破崙在 1803 年終於放棄
奪回這塊殖民地，返鄉時只剩下幾千名士兵倖存。[62]

　　所以，這些得到解放的奴隸，就是搭配著蚊子的空中支援，
擊敗了全世界無論在訓練或裝備都屬頂尖的兩支軍隊。[63]

　　聖多明哥在 1804 年宣布獨立，並將這個自由國度更名為海
地。[64] 雖然擺脫了奴隸制的枷鎖與帝國的束縛，但海地接下來卻
成了一個彷彿遭到放逐的國家。歐洲帝國列強竭盡全力，從外交
上孤立、從經濟上扼殺這個新獨立國家的發展。各國對海地的出
口貨物實施貿易禁運，法國更發動砲艦外交，以此彌補自己的收
入損失。海地的奴隸雖然得到解放，卻被迫向前奴隸主支付賠償
金。這些「債」要到 1950 年代才還清。海地曾經是全球最繁榮
的殖民地，現在卻成了地球上最貧窮的國家之一。

　　然而，這次成功的奴隸起義，開始引發全球廢奴運動：在海
地獨立時，美國北部各州已經禁止奴隸制；再過三年，英國也禁

止了跨大西洋奴隸貿易。[65] 此外，這場靠著黃熱病與瘧疾等地方病而大功告成的海地奴隸起義，還有其他深遠的影響。

聖多明哥這個可說日進斗金的加勒比海殖民地，當時不但是法國國庫的重要收入來源，也是拿破崙意圖揮軍北美的重要中繼站。早在十七世紀末，法國探險家就已聲稱，整個密西西比河谷屬於法國所有，並將這個殖民地以國王路易十四的名字，命名為路易斯安那，首府為紐奧良。但如今失去聖多明哥，既沒了貿易收入來源、又沒了戰略海軍據點，拿破崙只能打消對北美的一切企圖與妄想，轉而專注歐洲戰場。於是拿破崙不但打算賣出紐奧良港，甚至是打算賣掉整個法屬路易斯安那，好為歐洲戰事籌措資金。[66]

當時，密西西比河與紐奧良已經是美國的重要貿易管道，貨物有超過三分之一都是由墨西哥灣出口。[67] 美國總統傑佛遜與法國接洽時，原本只打算以最高一千萬美元買下紐奧良一帶，卻完全沒意料到法國開價只要一千五百萬美元（相當於今天的三億六千六百萬美元），就能把整個法屬路易斯安那，打包帶走。[68] 這件路易斯安那購地案在 1803 年 5 月成交，[69] 美國獲得了從密西西比河到洛磯山脈、從墨西哥灣遠至加拿大的大片領土。大筆一揮，美國的國土面積就擴大了一倍，每平方公里以今天的幣值計算，只賣一百七十美元。

所以在講到世界歷史進程的時候，聖多明哥的流行病、以及黑人革命份子的生物抵抗力，影響可絕對不小。

地方病左右殖民地的未來

歐洲人雖然從十六世紀就開始殖民熱帶地區與亞熱帶地區，卻因為地方病，一直無法形成大規模的定居點。歐洲人在當地的死亡率實在太高，導致殖民國只把榨取當成主要目標，一心生產蔗糖、咖啡、菸草等賺錢的商品，出口獲利，速度愈快愈好。這樣一來，除了掠奪自然資源所需的最基本要求，自然不會去考慮長期的發展與基礎建設。勞力就靠奴隸，另外用鐵腕鎮壓來避免利潤流失。

歐洲人在這些殖民地的人數不多，主要擔任管理者或士兵，監督所有榨取的運作，鎮壓任何反抗行為。所以到後來，就算這些地區早已獨立而脫離殖民統治，卻仍然缺乏基礎建設，也沒有完善的法律與政府制度，財產沒有保障，國家權力遭到濫用。在非洲、亞洲和拉丁美洲，許多現代國家在過去曾經做為殖民地而慘遭榨取，如今的發展與經濟穩定也依然敬陪末座。

另一方面，有些殖民地的氣候較溫和，致命的地方病較少，讓歐洲殖民者得以安然落腳，並吸引大批新移民到此，為自己和家人打造新的人生。這些人接著就會期許要有公正的政府，也希望得到法治的保護。財產法能夠保障個人，讓人可以透過貿易、耕作自有土地、或是主張礦權或採礦權來謀生。這些定居下來的人嚴拒政府權力過度擴張，以代議制民主打造出更公平的社會，並且複製了祖國各種重要的行政、立法、司法與教育體制。

簡言之，這些定居者努力在偏遠的殖民地，重新創造一個又

一個小歐洲。在那些殖民者能夠生存發展的殖民地，也就建立起可長可久的體制（雖然照顧的只有殖民者和殖民者的後代）。而就算等到這些殖民地已經從帝國手中獨立，這些既有體制依然能讓社會更加穩定，促成持續的投資、基礎建設與經濟成長，成為今日的美國、加拿大、紐西蘭與澳洲。這實在多虧了歐洲移民在這些地區並未遭受地方病的嚴重蹂躪。

　　所以，全球的各個殖民地之所以走向榨取或是定居，有很大程度其實是由生物因素決定：得看歐洲人對當地地方病的易感性是高或低。這些初始條件會導致不同的發展模式，協助或阻礙長期的經濟成長，就算這些殖民地早已獨立成為自己的民族國家，昔日的苦果在今日依然存在。如今，許多國家彼此之間的經濟差距，根源都在於：歐洲殖民者當初是否出於自身利益考量，而打造了健全強大的制度。這些國家如今的 GDP，也與當初歐洲移民的死亡率，有顯著的負相關性。[70]

黑暗大陸 —— 白人的墳墓

　　在歐洲征服與殖民時代，首當其衝的是十六世紀初的中美洲文明與南美洲文明。從十七世紀到十九世紀，歐洲人來到北美大陸定居，一心認定是在實現他們的天命，過程中就讓當地原住民族群遭到滅絕。而西方帝國的利益在十八、十九世紀轉向印度，十九世紀中葉瞄準中國，但要直到十九世紀末，才開始長驅直入廣袤的非洲內陸。

　　前面已經提到,美洲的殖民(與歷史)深受當地盛行疾病的影響。但在歐洲探險者首次接觸這個新世界的時候,這裡其實稱得上是很和善的疾病環境。我們不能忘記,雖然瘧疾與黃熱病對殖民者造成毀滅性的影響,但這些疾病並非原生於美洲,而是透過歐洲的接觸與來自非洲的奴隸船,才抵達美洲。出於一些下一章才會談到的歷史因素,美洲原住民社會幾乎沒有什麼自己的群聚疾病,而且首批殖民者也幾乎沒有受到什麼地方病的阻撓。反而是歐洲人無意間帶來的傳染病,對原住民造成了宛如世界末日的災難,許多古文明都在舊世界疾病的致命攻擊下崩潰,造成的死傷與破壞遠遠超過入侵軍隊的武器。等到後面的定居者前來,基本上面對的已經是一片空曠的土地。

　　但是歐洲列強來到印度、中國和其他亞洲社會的時候,並未享有這般的流行病學優勢。千年以來,貿易網路在歐亞大陸縱橫交錯,各種傳染病早已經澈底融合散播,形成單一而共有的疾病庫。歐洲與亞洲族群都對同樣的一批疾病擁有抵抗力,於是在歐洲列強與印度和中國發生衝突的時候,靠的不是歐洲的傳染病,而是優越的武器、以及強大的陸海軍。

　　再到非洲,情勢則是剛好逆轉。非洲人口族群經過幾千年來忍受各種致命的熱帶疾病,不但有更優越的遺傳抗性(例如擁有鐮刀型貧血特質),也能在一生當中逐漸調整適應。因此,就算是像瘧疾與黃熱病這些對外來者最為致命的非洲疾病,在非洲成年人當中的致死率也相對較低。歐亞大陸流行的群聚疾病,例如天花、流感與麻疹,常常是直接人傳人,但熱帶疾病則多半透過

蟲媒傳播。而因為這些關鍵的蟲媒並無法適應較冷的環境，也就讓這些疾病只限於特定的氣候帶。[71]

　　歐洲人來到非洲之後，既對瘧疾沒有遺傳抗性或適應力，對於黃熱病也沒有任何免疫力，很快就大批丟了小命。事實上，如果成年人從未接觸黃熱病，一旦染病，死亡率可能高達九成。[72]雖然歐洲人或許軍事力量贏了非洲人一大截，但面對非洲的微生物，始終都是敗下陣來。至少在一開始，地方病似乎為非洲創造了公平的競爭環境，成為一種非常有效的生物威懾力量，阻止歐洲人的入侵。

　　但這並未讓歐洲列強打消念頭，放棄在非洲發展出最惡劣的榨取模式。從現在的地名，仍然能看出當時歐洲列強認為哪些事物具有價值：胡椒海岸（西非沿岸）、象牙海岸、黃金海岸（幾內亞灣）、奴隸海岸（貝寧灣岸）。但其實當時歐洲會真正來到非洲的人數非常少，這些軍隊與商人只會待在沿海要塞（英文把這種地點稱為 factory），與當地酋長談判交易，並從這些要塞監控遠方內陸的資源開採；這還包括一種最令人憎惡的榨取形式，也就是擄人為奴。[73]

　　所以，非洲的地方病環境就像是一道有效的防火牆，阻擋了絕大多數的歐洲入侵者，也避免了像在美洲與大洋洲那樣的廣泛殖民。歐洲殖民者的立足之處，就只有沿海的那些小要塞，而且就算在這些地方，歐洲人的年死亡率也超過 50%。[74]雖然早在十五世紀末，葡萄牙就已經來到西非沿岸建立貿易據點，但在接下來四個世紀左右，非洲仍然是一片「黑暗大陸」，歐洲對非洲內

陸一無所知。在歐洲人看來，要去非洲等於是被判死刑：[75] 英國曾經把非洲稱為「白人的墳墓」。[76] 直到 1870 年，都還很少有歐洲人膽敢從海岸往非洲內陸走上一兩天。[77] 唯有在某些疾病環境異常和善的地區，像是非洲大陸最南端的開普敦附近，才會形成歐洲人的永久聚落。[78]

歐洲列強瓜分非洲

　　這一切在十九世紀下半葉，開始有了改變。這時候的西方醫學已經能夠辨別各種微生物，瞭解各種傳染病的病因，也就更有能力予以治療或預防。實驗室先是研發出新的疫苗，後來抗生素也堂堂問世。原本人類只知道有哪些天然的植物製品能夠治病，如今不但能夠增加產量，化學家還學會了如何從植物當中，萃取純化那些活性成分，人工大量合成。這些發展澈底扭轉了人類與疾病之間的古老關係，也讓無數人的生活得以改善。但殖民列強也靠著這些新穎的醫療能力，將勢力範圍擴張到全世界。

　　從十九世紀初期開始，奎寧就用來協助大英帝國掌控印度的瘧疾肆虐地區。1860 年代，英國從南美走私金雞納樹與種子，開始在英屬印度與斯里蘭卡栽種，以供應自身所需。由於粉末狀的奎寧味道極苦，英國人會把奎寧溶到加了糖的碳酸水裡飲用，稱為印度通寧水（Indian tonic water）。而這又常常會再和琴酒混合，進一步掩蓋苦味，也讓這藥物變得更可口──琴通寧（Gin Tonic）這種經典調酒就此誕生。[79]（另外，現在真正的通寧水也含有奎

寧，這種成分在紫外線照射下，會在黑暗中發光；那些在夜店點過琴通寧的人，肯定知道。）但要到 1880 年代，荷蘭在印尼生產出大批高品質的金雞納樹皮，奎寧的價格才大幅下降。[80]

　　全球的奎寧供應問題就此解決。過去曾經保護非洲大陸的疾病防線被打破了，殖民擴張向著廣闊的非洲內陸長驅直入，不再擔心致命的疾病如影隨形。[81]

　　1880 年代初，英國已經在幾內亞海岸與南非站穩腳步，並聲稱擁有東非蒙巴薩港與柏培拉港一帶的土地（分別位於今日的肯亞與索馬利亞），得到能夠通往印度的海上航線。法國則占領剛果北岸之地，德國聲稱擁有三蘭港（位於現在的坦尚尼亞）、以及多哥、喀麥隆、坦噶尼喀與納米比亞的部分地區。[82]

　　1884 年，曾於 1870 年代統一德國的政治家俾斯麥，在柏林召開一場會議，調解帝國列強的非洲領土爭議——就是一群國際外交紳士，協商如何土地分贓。一般認為，正是這場會議鳴起了「瓜分非洲」的起跑槍。列強之間的競爭更加劇了這場瓜分非洲的狂熱，各國都想超越對方，取得戰略優勢，一邊剝削著這片黑暗大陸的人口與資源，一邊還講得義正辭嚴，說這是在實踐啟蒙與人道主義的文明使命。[83]

　　才短短一個世代，幾乎整個非洲都遭到英國、法國、德國、義大利、比利時、葡萄牙、西班牙等國瓜分，所畫出的邊界完全不考慮任何地理或種族上的差異。（唯二得以不受歐洲統治的國家是賴比瑞亞與衣索比亞。賴比瑞亞這個小國是把在美國與加勒

比海地區解放的黑奴遷回非洲而立國；衣索比亞則是在 1896 年擊退入侵的義大利軍隊而立國。）

瓜分非洲的行動雖然也得益於交通與通訊技術的進步（包括輪船、鐵路與電報），但是真正讓歐洲得以探索並剝削非洲大陸的關鍵，還是因為發展出了針對熱帶地方病的醫療方式。在這之前，進入非洲就像是踏進了死亡的陷阱。

從地方病到流行病

到目前為止，我們已經談過了世界不同區域地方病的影響。接下來則要把注意力轉向流行病在整個人口族群的肆虐蔓延，看看這些突如其來的災難性死亡衝擊，怎樣給各個社會帶來長遠的影響。

第四章

流行病
── 改變歷史走向的瘟疫

何時曾有這樣的目睹或聽聞，
哪部年史曾讀到這樣的記載：
屋舍空空蕩蕩、城市杳無人煙、
鄉村荒蕪一片、田間屍橫遍野，
大地籠罩著駭人的無邊孤獨。
未來那些幸福的人呀，不曾見識此般苦難，
或許還會以為我們的證詞只是傳言。

── 佩脫拉克（Petrarch），1348 年；

　　當時瘟疫肆虐歐洲，他收到心愛的勞拉去世的消息。

　　大約一萬年前，在全球幾個獨立的地點，開始發展出農業，常有人說這是人類史上犯下最嚴重的錯誤。[1] 在永久的定居聚落以農為生，確實能夠生產出糧食剩餘，也能提高女性的生育力，兩者都有益於人口成長，卻也都肯定不利於人類健康。從狩獵採集轉向種植作物和飼養牲畜，當然讓飲食多樣性減少、營養不良的發生率提高；人類也需要花費更多時間精力，來產生他們需要的那些熱量。而且，轉型至農業也帶來另一個意想不到的後果：瘟疫。

病原體跨越物種藩籬，躍進人群

　　過去的狩獵採集者只能在野外碰運氣，看看能抓到什麼，立即屠宰、享用肉類。牧民就不同了，肉類和獸皮的來源都更為可靠。當然，牧場動物也能非常有效的將人類無法食用的植物原料轉化成有豐富蛋白質的肉類。畜牧業還能提供許多過去靠狩獵難以獲得的寶貴副產品，像是營養豐富的奶類、保暖的羊毛、以及獸力——馱獸能夠運送沉重的物品、拉犁、拉貨車和戰車。

　　這一切都讓人類與動物的關係更為親密，常常為了取暖而同住一處，也就讓病原體得到絕佳的演化契機，能夠跨越物種，感染人類。人類的一般感冒是來自於馬；水痘與帶狀疱疹來自於家禽；流感來自豬或鴨；天花和結核病來自於牛；麻疹則是來自狗或牛。[2] 而腮腺炎、白喉、百日咳與猩紅熱，一開始也都是動物的疾病，後來才一躍進入人類族群。[3] 還有一些疾病，似乎是源

自於受到人類食物與住所吸引的害蟲害獸，像是漢生病就來自於家鼠。[4]〔另外，在人類族群不斷擴大、侵犯野生動物自然棲地的時候，也會讓疾病跨越物種障礙，從野生動物傳染給人。這種情況稱為「溢出」（spill over）事件，如今許多影響人類的新傳染病，都是源自於此，包括愛滋病、伊波拉病毒感染、拉薩熱、茲卡病毒感染，以及新冠肺炎。[5]〕

　　雖然有些人類疾病應該是歷史久遠（例如瘧疾，前面已經提過，人類與瘧疾有著長期的演化關係），但大多數疾病是在人類有了農業、與家禽家畜共居之後，才開始感染人類。

　　農業讓人能夠在一地定居，人口也愈來愈密集。這等於是一群潛在宿主就這樣聚在一起，對病原體來說簡直完美，能夠成為群聚疾病而迅速傳播。更重要的是，綜觀歷史，城鎮多半環境極不衛生，生活周遭就是各種腐爛的垃圾與汙物，用水遭到嚴重汙染。（相對的，狩獵採集者或游牧社會不用擔心這樣的問題。地方髒了，離開就是。）這一切的發展，就讓大批傳染病開始入侵人類。

　　所以，雖然農業讓人類有了光輝耀眼的城鎮、繁榮熱絡的商業，以及像是文字等等文明成果，但是這些珍貴的禮物需要付出代價。這好比是在遠古的史前時代，人類如浮士德一般，與魔鬼簽下了契約，想得到農業和文明，代價之一就是瘟疫。

　　人類最早的文明出現在美索不達米亞、埃及、印度北部等地區，在這些文明的城鎮當中，應該每隔一段時間，都會爆發大規模疾病，只是這些最早的疫情並未有文字紀錄留存至今。後續隨

著歐亞大陸人口增加，城鎮與都市愈來愈密集，不同地區也就會發展出各自的地方傳染病。但要等到貿易網路開始擴張，連接起各個主要人口中心、港口與轉口港，病原體才終於不乏新的宿主得以感染，能夠傳得又遠又廣。

瘟疫隨著戰火與貿易擴散

而在戰火蔓延時，疾病也總是跟著傳開。從各地徵召來的士兵，一群人全部塞在骯髒簡陋的軍營，等於是給他們身上帶著的病原體一個絕佳良機，得以恣意混合與傳播。遠征四方的時候，士兵既會接觸到新的當地疾病，也會把自己家鄉的疾病帶給當地平民；等到戰後歸國，又把新的疾病帶回故土。[6]

不論是在行軍或是圍城，軍隊除了多半是兵疲馬困、營養不良，還總是會因為疾病而蒙受重大損失。相關數字是到了十九世紀，才有準確的紀錄。在 1850 年代中期的克里米亞戰爭（第八章〈心智的弱點〉會再回來談），比起真正和俄軍對戰陣亡的人數，英軍死於痢疾和斑疹傷寒的人數要高出十倍。而在十九世紀末的波耳戰爭（Boer War，與荷蘭殖民者爭奪南非的控制權），英軍死於微生物的人數也足足是死於敵軍手中人數的五倍。[7]

事實上，要說哪場重大衝突真的是戰死的比病死的多，史上的第一例還得等到 1904 年至 1905 年的日俄戰爭，而且還僅限日方。就算到了第一次世界大戰，幾百萬年輕人在西線戰場喪命於工業化的屠殺絞肉機，但在東線戰場，雙方死於敵手的人數依然

不及死於疾病的人數。得等到第二次世界大戰期間，有了廣泛的衛生措施、感染控制、疫苗接種與抗生素，戰場上最大的威脅才終於是其他人類，不再是小小的微生物。[8]

　　一般認為所謂的「天啟四騎士」是上帝降下的懲罰，分別是瘟疫、戰爭、饑荒與死亡。戰爭破壞了社會現狀，年輕人被逐出農田、死在偏遠的彼方，入侵的軍隊掠奪存糧與牲口，於是常常導致糧食短缺與饑荒。流離失所的人營養不良、身體虛弱，也就更容易感染疾病。因此縱觀歷史，戰爭不但常常讓整支軍隊戰死沙場，還會在平民當中傳播疫病，掀起各種疾病流行。

　　例如十七世紀上半葉的三十年戰爭，主要就是神聖羅馬帝國的一場內戰，軍隊死傷人數略高於五十萬，就有高達三分之二是由疾病造成。[9]但這場衝突真正令人震驚到無法反應的悲劇，或許也是人類史上最大的醫療災難，則是有高達八百萬的平民因而喪生。這些平民同樣只有一小部分是死於直接的軍事行動，絕大多數是因為戰火波及，而死於飢餓（12%）或疾病（75%）。[10]

　　但要說到傳播疾病與引發流行病，貿易所扮演的角色並不下於戰爭與四處征伐的軍隊。[11]在西元前的千年，歐亞大陸文明經歷了一次關鍵轉型：眾多人口稠密的城市，開始透過綿密的貿易網路，彼此相連。[12]隨之而來的就是毀滅性的群聚疾病，以及各種肆虐人間的流行疫情。

　　西元前430年的雅典大瘟疫是史上第一次已知的流行疫病，當時雅典與斯巴達的伯羅奔尼撒戰爭，戰火才剛點燃。雖然這場雅典大瘟疫也蔓延到地中海東部，但造成的傷害遠遠低於在雅典

這座過度擁擠的城市——當時全城居民有四分之一到三分之一,
不幸喪生。[13]

　　希臘歷史學家修昔底德,也被瘟疫波及,但得以倖存。他記
錄了這次疫情,描述的症狀包括:高燒、皮膚出現青斑、嘔吐、
嚴重腹瀉與抽搐。雅典社會在大瘟疫中,已然分崩離析,因為民
眾「變得對任何宗教或法律的規範都不放在眼裡」,[14]民眾覺得
自己彷彿已經被判死刑,於是普遍把倫理道德拋在腦後,犯罪處
處可見。[15]

　　瘟疫也就此成為歷史上一再出現的主題。

賽普勒斯大瘟疫與基督教興起

　　羅馬帝國從地中海沿岸向外延伸,幅員遼闊。羅馬這個首都
就位於帝國的中心,也格外容易爆發流行病。雖然羅馬有著當時
第一流的衛生設施,公共供水的汙染防治也堪稱典範,但怎樣都
還是個極其擁擠的城市,人口上看百萬,是當時全球第一大城。
羅馬商人自由通商的地域廣大,羅馬軍隊更征伐到已知世界的所
有角落,這些都彷彿為微生物開出了高速公路網,條條大路通往
羅馬。[16]不僅病原體有可能從四面八方進入這個首都,這座城市
的擁擠也提供了完美的條件,讓病原體迅速傳播,達到流行病的
等級。

　　西元 165 年底,羅馬軍隊在美索不達米亞,與宿敵帕提亞人
作戰,遭到所謂的安東尼瘟疫(Antonine Plague)襲擊,並在隔年

將疫情帶回了羅馬。[17] 瘟疫迅速席捲整個歐亞大陸，遠至印度和中國，一直到西元 190 年代早期，疫情都還在一波一波反覆。[18] 根據當時的醫師蓋倫（Galen）的描述，這場瘟疫的症狀包括：結痂的皮疹、發燒、血便、嘔吐。[19] 但現在我們並無法準確判斷這究竟是哪種疾病，有可能是天花、麻疹，也可能是斑疹傷寒。[20] 但可以確定的是，這場疫情確實要命。據信，安東尼瘟疫讓羅馬 10% 到 30% 的人口就此身亡。[21]

接下來爆發的是賽普勒斯大瘟疫——以目擊並描述了這場瘟疫的基督教迦太基主教聖賽普勒斯（St. Cyprian）為名。這場瘟疫從西元 249 年自衣索比亞爆發，蔓延到整個北非，席捲整個羅馬帝國，再進入北歐，並在接下來二十年間，一波一波捲土重來。同樣的，如今也無法確切判斷罪魁禍首的病原體，但就像安東尼瘟疫一樣，可能是天花或麻疹所致，也可能是類似伊波拉的出血性病毒。[22] 這場瘟疫除了奪去霍斯蒂利安（Hostilian）與克勞狄二世（Claudius II）兩位皇帝的性命，更讓當時羅馬帝國大約三分之一的人口（可能高達五百萬人）因此喪生。[23]

一般相信，賽普勒斯大瘟疫促成了所謂的「三世紀危機」，讓羅馬帝國在西元 250 年到 275 年之間風雲變色，[24] 金融體系崩潰，政治動盪也讓菁英統治階級為之動搖。軍隊戰力不但因瘟疫大打折扣，更因為邊境太長、兵力分散，既難以抵禦蠻族持續入侵，也無法擊退波斯薩珊王朝（波斯第二帝國）的進犯。然而，要說到賽普勒斯大瘟疫最重大的長遠影響，或許就是讓某個特定的宗教開始迅速傳播。

　　這場瘟疫造成的死亡與生存危機，讓許多羅馬人不再相信傳統的多神教、以及那些易怒又狡詐的眾神。[25] 在當時，基督教還是個相對沒沒無聞、看來有些極端的宗教信仰，[26] 但因為它宣揚以社群為中心的慈善精神、認為救死扶傷義不容辭，就讓它在一眾宗教當中脫穎而出。[27]

　　面對這場瘟疫，羅馬帝國各地的基督教會，積極鼓勵會眾照顧那些受苦難的人，冒著自己染疫的風險也在所不惜。而在現代醫療出現之前，光是基本的照護（保暖、協助飲水進食）就能大大提升個人康復存活的機率。於是，基督教社群在瘟疫中的存活率會稍高一點；更重要的是，只要受過基督教的慈善照護而得以康復，肯定都對這個救了自己一命的宗教無比感激，從此虔誠不疑。

　　而且根據基督教的說法，只要過著聖潔而仁愛的生活，來世就能進入天堂。這套說法在疫情肆虐、死亡如影隨形的時代，肯定格外中聽。[28] 所以，雖然許多其他宗教制度隨著疫情肆虐而紛紛不支崩潰，基督教會卻反而更為茁壯。

　　從這次事件開始，雖然基督教信眾仍然因為與當局的信仰不同而受到迫害，但基督教已經開始在整個羅馬帝國迅速傳播。到了西元 313 年，君士坦丁大帝頒布《米蘭敕令》，則是讓迫害畫下句點。西元 380 年，狄奧多西一世更宣布基督教為羅馬唯一的國教。接下來一千五百年間，基督教也就成了歐洲與西方的宗教主流。

查士丁尼大瘟疫 ── 腺鼠疫

西元五世紀末，西羅馬帝國在蠻族入侵的壓力下崩潰，東羅馬帝國則以拜占庭帝國的形式繼續存在，首都位於君士坦丁堡。在查士丁尼一世（527-565）統治下，拜占庭的文化、學術與建築發展蓬勃，也建起了雄偉的聖索菲亞大教堂（Hagia Sophia，現今稱為聖索菲亞大清真寺）。查士丁尼也重寫《羅馬法》，成為一千二百年後《拿破崙法典》（《法國民法典》）的基礎，對歐陸與世界各地的法律影響深遠。但要說到查士丁尼最大的雄心，或許就是要重新征服西羅馬帝國失土，重振完整羅馬帝國的榮耀。

就這項計畫而言，查士丁尼至少曾經有一段時間頗為成功：擊敗汪達爾王國，收復北非；收復伊比利半島南部，建立西班尼亞（Spania）行省；也征服了東哥德王國，讓達爾馬提亞海岸、西西里與義大利（包括羅馬城）重回帝國版圖。查士丁尼也多次向東方強大的波斯薩珊王朝發動戰役。[29]

但事實證明，等到生物災難來襲，這些成功也無以為繼。西元 541 年，迎來了人類史上最致命、也最令人恐懼的疾病：腺鼠疫（淋巴腺鼠疫）。[30]從該時期屍體骨骼提取的 DNA 顯示，查士丁尼大瘟疫的罪魁禍首是鼠疫耶氏桿菌（*Yersinia pestis*）。這種由跳蚤傳播的細菌，也是中世紀黑死病與十九世紀中葉鼠疫流行的幕後黑手。[31]

據信，第一波鼠疫疫情起源於青藏高原附近的中亞高地，可能是經由海上貿易，穿越印度洋，再向北來到紅海。[32]鼠疫來到

埃及的佩魯希姆港之後，立刻席捲了地中海周邊繁忙的貿易網路與整個拜占庭帝國，並在西元 542 年襲擊君士坦丁堡。[33] 即使是查士丁尼的敵人也無法倖免：波斯薩珊王朝也捲入這波疫情。[34] 目睹這場災難的歷史學者普羅科匹厄斯（Procopius）寫道：「這段時期發生了一場疫病，整個人類幾乎被消滅……疫病擁抱了整個世界，摧毀了所有人的生活。」[35]

才短短兩年，君士坦丁堡就有四分之一到二分之一的人口丟了性命，[36] 歐洲與地中海沿岸大約有二千五百萬人到五千萬人死亡。[37] 查士丁尼大瘟疫造成毀滅性的死亡人數，堪稱人類史上第三大瘟疫，僅次於 1340 年代的黑死病，以及 1918 年的流感大流行疫情。[38]

到了西元 550 年，最初一波疫情的高峰總算過去——經過一番肆虐，找不到更多能感染的人之後，疫情便隨之退去。但是在接下來許多年間，還會反覆爆發新的疫情。這正是流行病的一項共同特徵：一旦族群的後天免疫力消退，或是誕生了夠多新一代的易感者之後，疫情就會在一個地區捲土重來。這場瘟疫就這樣在歷史中反覆迴盪，直到八世紀中葉，才終於在歐洲、地中海與中東消聲匿跡。[39]

查士丁尼大瘟疫使人口大規模減少，震撼了整個拜占庭帝國的社會經濟。[40] 地中海周邊貿易不振，經濟長期不穩。[41] 瘟疫年間的財政紀錄顯示稅收急劇下降，[42] 擠壓了帝國的開支，特別是軍事方面。[43] 到了西元 588 年，軍餉已被砍了四分之一，東部邊界也爆發士兵叛亂。[44] 帝國財政與軍力所受到的損害，數個世代

無法復原，[45] 不久之後，西邊那些才剛收復的失土（北非、義大利大部分地區、希臘和巴爾幹半島）也再次陷落。[46]

隨著疫情一波一波反覆來襲，拜占庭帝國國力開始下滑，這也代表了古代世界（由輝煌的希臘羅馬文明所構成的古典時代）畫下句點，開始邁入中世紀。[47] 歐洲文明的中心，從地中海沿岸移向西歐與北歐。[48]

伊斯蘭帝國崛起

疫情反覆來襲，對拜占庭帝國與波斯薩珊王朝的打擊同樣沉重，雙方的衝突到了七世紀雖然仍未停歇，卻也讓彼此的國力都大受影響。於是開始有一股新興勢力，對這個地區虎視眈眈——伊斯蘭軍隊。[49]

穆罕默德是在西元 570 年前後，出生於麥加，在他六十二歲去世時，已經統一了阿拉伯半島的各個部落。拜占庭是在 620 年代後期，與進犯的伊斯蘭軍隊首次起了衝突，當時穆罕默德仍在世，拜占庭帝國與波斯薩珊王朝都已經沒有太多抵抗的能力。[50]

當時羅馬帝國與波斯帝國的人民，都住在人口密集的城鎮當中，阿拉伯人則是過著遊牧生活，人口密度低，受到疫情反覆爆發的影響也小得多。[51] 穆罕默德將各部落團結在一個新的宗教之後，於 632 年去世，但繼承者隨之征服拜占庭帝國的大片領土，也讓波斯薩珊王朝在 651 年徹底崩潰。

時間來到西元 750 年，經過正統哈里發（Rashidun）與倭馬

亞王朝的統治，伊斯蘭哈里發國的版圖從阿拉伯半島，向西橫跨
北非，來到伊比利半島，向東則是穿過波斯，來到印度河。在兩
大強權因為瘟疫與戰爭而走向衰微之後，伊斯蘭帝國很快就填補
了這場權力真空。[52]

黑死病 —— 史上最致命的疾病

在查士丁尼大瘟疫八百年後，鼠疫耶氏桿菌重返歐亞大陸西
部，成了我們所知的黑死病。

這次中世紀瘟疫的爆發，可能是由於蒙古人的征戰路線穿越
河西走廊（又稱「甘肅走廊」，即古代絲路，在山脈與沙漠之間
通往中國的平原），為了取得肉類與毛皮而獵殺囓齒動物。[53] 似
乎就是這樣，帶著鼠疫的跳蚤先是跟著蒙古軍隊，再跟著商人與
商品，沿絲路貿易網向西到達中東和黑海，進入歐洲。

當時也記錄到一場早期的生物戰。在那時候，蒙古可汗允許
熱那亞海上共和國，在蒙古帝國境內經商。克里米亞半島的卡法
（Caffa，現為烏克蘭的費奧多西亞）是熱那亞的重要貿易港。但後來
兩國關係生變，欽察汗國的蒙古軍隊於 1346 年圍攻卡法。在久
攻不下的情況下，蒙古就把自己軍營裡因為瘟疫而死的屍體，投
進卡法城內。卡法陷落之後，一般認為正是逃難的居民把瘟疫傳
進歐洲。[54]

不論具體是透過哪一條路線，總之瘟疫就在 1347 年的秋季
來到歐洲：西西里的港口裡停靠著東方來的船隻，船員因為一種

莫名的新疾病，不是已經喪生，就是命不久矣。這些水手的症狀包括高燒、嘔吐、譫妄、劇烈頭痛；脖子、腋下與鼠蹊部出現了突起的暗色腫脹膿包，[55] 不但極度敏感，還會有奇怪的液體流動聲。[56] 這些膿包是由於鼠疫桿菌感染了體內的淋巴結；事實上，腺鼠疫（bubonic plague）英文字裡的 bubonic，源自希臘文 boubôn，意思就是鼠蹊部。[57]（「黑死病」這個別稱，要到幾個世紀以後才出現，可能源自於誤譯了拉丁文的 atra mors；而 atra 同時有「可怕的」與「黑色的」這兩種意思。[58]）

這場瘟疫從西西里傳進義大利本土，然後沿著地中海沿岸，迅速傳播到法國與伊比利半島，同時也經由海路來到拜占庭。佛羅倫斯受災特別嚴重，全市有六成居民因此喪生。也一如其他流行病，疫情在骯髒而擁擠的城鎮中更為嚴重，老鼠身上帶了感染鼠疫的跳蚤（也有可能是虱子），迅速傳播；[59] 農村地區受到的打擊也絕對不輕。

到了 1348 年春天，黑死病疫情已經席捲整個南歐，並從陸路向北傳播。[60] 該年稍晚，黑死病越過英吉利海峽，來到倫敦，讓全城六萬居民近半死亡。[61] 只要不幸感染，多半幾天之內就會喪命。[62] 而且這場疫情不分男女老幼，不論貧富貴賤，下手同樣凶殘。死者人數多到從墓地滿了出來，最後只能挖出壕溝，將屍體一律堆進去集體掩埋。

時至 1353 年，黑死病終於開始退去，但是整個歐洲、北非和中東都已經籠罩在死神的陰影裡，[63] 人口足足減少了三分之一到三分之二。總之，不過短短數年，大約有五千萬人到一億人死

亡。後來要花上超過兩個世紀，人口才恢復到瘟疫前的數字。

　　黑死病是有史以來最嚴重的人口災難。1918 年的流感大流行疫情，雖然死亡人數更多，但當時全球人口也遠遠高於黑死病時期的人口數。如果單純看感染者的死亡率（50 到 60 ），黑死病絕對是史上最致命的疾病。[64]

　　黑死病的短期影響極其深遠。倖存者看著身邊一大部分的人如此殞落，多半還包括他們自己的家人，這給倖存者造成難以形容的心理創傷，宛如《啟示錄》上的末日，讓社會震驚而癱瘓。倖存者開始沉溺於俗世的享樂，再也不談未來，經濟活動也遭到嚴重破壞。

　　但就長遠來看，隨著歐洲從巨大的社經結構衝擊中恢復，還是有些好事發生。這場黑死病風暴的烏雲背後，仍然有著一線光明。

西歐封建制度開始瓦解

　　十四世紀歐洲社會普遍採行封建制度，許多土地屬於莊園領主，代代由家族傳承。鄉間的農民雖然可以徵求領主同意，在土地上種植自己的作物，但必須以各種勞務做為代價；而且國王也可以徵召農民成為士兵。但在黑死病使人口銳減之後，封建制度也就從根本上遭到動搖。

　　由於下層階級大批死亡，無論是莊園土地上的非技術勞工，或是鄉村與城鎮裡的技術工匠與商人，都面臨人力嚴重短缺。人

力的價值大幅提升，也就讓農民與工匠有了議價能力。農民可以離開原本的莊園，尋找更好的待遇。為了因應這種發展，貴族與政府曾祭出限制工資、禁止農奴流動等措施，但多半失敗收場。因為雖然這些措施理論上是為了封建領主好，但莊園實在太缺人手，所以如果有農民想從附近的莊園跳槽，領主只會欣然接受。而隨著人口四處流動、尋找更好的工作，勞工與莊園封建領主的連結也就愈來愈弱。[65]

死亡率如此之高，也代表出現了大片的閒置土地，一旦領主過世，所有權就會轉移到整個士紳家族裡依然存活的親戚手中。隨著愈來愈多的閒置土地集中到愈來愈少的地主手裡，土地價值也隨之下降，開始賣給過去不曾擁有財產的農民。

整體而言，只要有一段時期出現大量死亡，就有可能讓社會不平等的程度降低：隨著人力短缺，實質工資就會上漲，於是縮短了最貧與最富階級之間的收入差距。明確的證據顯示，黑死病之後的發展正是如此。[66] 在財富不均的情況大幅改善之後，由於社會上有一大群人既有能力（因為工資提高）、也有機會得到屬於自己的財產（因為釋出了更多、也更便宜的土地），於是資本收入不均的情況也得到改善。[67] 而且因為遷徙自由與工資提升，也讓整體生活水準隨之上揚。

封建制度開始瓦解。過去以提供勞務來換取土地使用權的制度，開始轉換成領取工資與支付租金──從約定農奴制轉為金錢交易制。這使得社會進一步走向市場經濟，[68] 變得更自由、更流動。不過，黑死病肆虐之後，領主與農奴這樣的封建制度並未立

刻消失,在英格蘭持續到十六世紀,在歐陸還要更久。但是人口如此大規模減少,無疑加速了封建制度在西歐和北歐部分地區的滅亡。[69]

〔附注:東歐是黑死病侵襲的最後一個地區,到1350、1351年間才遭波及,而且出於不明原因,黑死病在這個地區的死亡率只有大約歐陸其他地區的一半。[70] 雖然東歐躲過了人口大規模死亡這種最慘烈的直接影響,疫後的發展卻也大相徑庭,反而是在黑死病之後,看到封建制度站穩腳步。事實上,這場疫情甚至可能促成了「第二次農奴制」,也使農民處境長期惡化。由於黑死病導致西歐人口銳減,人口也就不再往人口稀少的東歐遷移。歷史學者認為,這讓中歐與東歐的貴族地主加強了對人民的控制,也讓農民難以離開莊園。[71] 在這些地區,農奴制一直要到十九世紀初,才得以廢除。而在俄羅斯,甚至還持續到1860年代。〕

西方跳出馬爾薩斯陷阱

人口減少不但讓個別農民掌握了更多權力,也改變了歐洲農業的整體樣貌。十四世紀初,歐洲人口雖然只有今日的十分之一左右,但用著中世紀的作物品種、工具與耕作技術,土地的承載能力已經來到極限。為了讓人民不至於餓死,大多數可用的土地都用來種植小麥之類的主要穀類作物。基本食物的市場價格居高不下,缺乏飲食多樣性也讓人民營養不良。一旦太過缺糧,農地常常被迫暫停輪耕,就連休耕的農地也得拿來耕作。這造成土壤

養分枯竭，作物產量也進一步減少。

在黑死病來襲的幾年前，可能是因為氣候轉為溼寒，農作物已連年歉收、並導致饑荒，愈演愈烈。[72] 這讓十四世紀的歐洲大部分地區陷入了所謂馬爾薩斯陷阱（Malthusian Trap）這樣的惡性循環[73]：人口不斷成長到農業生產能夠維持的極限，社會普遍貧窮，生活只夠餬口。在黑死病爆發前，歐洲大陸整個發展停滯，人滿為患。

黑死病打破了這個僵局。[74] 由於人口崩潰，耕地不再只能種植穀物來養活所有人，於是促成農產品的多樣化。對於一般農民與城鎮居民來說，食物變得更豐富，價格更便宜了，生活水準也得到提升。同樣重要的是，一些地力貧瘠的土地，原先硬被做為耕地使用，但現在就能成為林地或牧場。養羊雖然需要更大面積的土地，卻很省人力，剛好適合這種人口減少的情形——只要幾個牧羊人，就能顧好大批羊群。羊毛業的發展進一步活絡了地方經濟，[75] 在中世紀晚期，羊毛出口就讓英國經濟為之一新。

黑死病雖然帶來人口上的災難，但在歷史上的長期影響則是工資提高、食品成本降低、生活水準上升、社會流動性增加，在西歐使社會與經濟更加多元。這場瘟疫毀滅了十四世紀的歐洲，但重生的綠芽卻更為茁壯。

接下來三個世紀，進入了疫情的第二階段。鼠疫仍然不斷威脅歐亞大陸，要到十七世紀末，才終於再次退去。在這段期間，鼠疫在許多不同地區不定時爆發，嚴重程度也有所不同。像是在1629 年至 1631 年與 1656 年至 1657 年爆發的最後幾波重大瘟疫

事件中，南歐受到的影響就比北方嚴重得多，[76] 喪生人數在義大利高達四百萬，法國二百二十萬、西班牙一百二十五萬，英國的喪生人數則不到五十萬（然而 1665 年至 1666 年的倫敦大瘟疫，奪走倫敦近四分之一的人命）。[77]

　　有些歷史學者認為，西方世界之所以能在十六世紀出現所謂的大分流（great divergence），在經濟、技術與工業上得到長足的發展，而超越東方文明（例如印度，以及特別是中國），原因之一正在於黑死病以及後續的一波波瘟疫浪潮。該論點認為，在歐亞大陸西部，瘟疫讓社會維持著高死亡率、高收入的模式，成為有利於一系列社會經濟與政治改革的環境，於是使西方社會的發展加速，也讓西方得以迎頭趕上。至於中國，從十四世紀到十七世紀受瘟疫的影響較小，因而逃不出馬爾薩斯陷阱，人民受困於土地承載能力的極限，生活僅能餬口。[78]

　　話雖如此，中國同樣受到了鼠疫的影響，像是明朝之所以在統治中國近三個世紀之後，邁向滅亡，據信 1633 年至 1644 年的疫情也是原因之一。

　　雖然明朝在十七世紀初，已經開始走下坡，但瘟疫的衝擊可說是撞斷了最後一根搖搖欲墜的支柱。當時，北京與長江以北地區爆發了嚴重疫情，無人能夠耕作收成，導致糧食供應減少、糧價飆升。也因為無人納稅，造成國庫空虛，朝廷軍隊欠缺經費糧草，無力平息各地爆發的農民起義，也無法擊退兵臨長城的滿族入侵。1644 年 4 月，起義軍攻下北京，明朝末代皇帝在紫禁城外的一棵樹上自縊身亡，滿族隨後建立了清朝。[79]

哥倫布大交換

　　哥倫布於 1492 年航向美洲，開啟了歐洲在接下來幾個世紀對新世界的征服、殖民與剝削。西班牙與葡萄牙對南北美洲的探索也引發了全球自然資源的重新分配，這現象稱為哥倫布大交換。原產於美洲而經過馴化的動植物，像是玉米、馬鈴薯、番茄、辣椒、菸草、火雞，開始進入歐亞大陸的飲食，至於舊世界馴化的小麥、水稻、牛、豬、羊、雞和馬，也開始運向美洲。但是更重要的，哥倫布大交換也是人類歷史上，最重大的一場微生物重新分配。

　　在哥倫布第一次接觸新世界之後，西班牙繼續探索加勒比海島嶼和中南美的東部沿岸，也在新占領的領土各處建立聚落。當時傳言指稱，美洲內陸有龐大的帝國，不但文明繁盛，更有西班牙渴望的黃金寶藏，於是開始有私人雇傭的軍隊遠征美洲內陸。

　　科爾特斯（Hernán Cortés）在 1519 年登陸猶加敦海岸，只帶著十六名騎兵與大約六百名步兵，就前往阿茲特克帝國的首都特諾奇蒂特蘭（今日的墨西哥城）。[80] 西班牙人一開始受到和平的款待，但等他們挾持了阿茲特克的皇帝蒙提祖馬（Moctezuma）為人質，後來遭到阿茲特克人反擊，就被迫逃離城市，並在撤退途中折損許多兵力。

　　西班牙人寡不敵眾，已經做好了遭到最後一擊的準備；但一直等不到這一擊。由歐洲人帶到新世界的天花，已經開始在這個高度易感的族群中肆虐。於是西班牙人又回到特諾奇蒂特蘭，圍

城七十五天。[81] 等他們終於再進到這個阿茲特克的首都,所見是一座鬼城:柵欄、房屋與街道上散落著屍體,[82] 皆死於這場歐洲人帶來的疫病。[83]

疾病一村一村的,傳遍整個猶加敦地區,死傷慘重到已經沒有足夠的人能夠下田。饑荒隨之而來,阿茲特克文明也在不久之後崩潰,倖存者則落入西班牙的掌控。在阿茲特克於 1521 年崩潰時,天花已經順著貿易路線,傳到南美,迅速來到安地斯山脈與印加帝國的中心。[84]

過了十年,時間來到 1531 年,皮薩羅(Francisco Pizarro)率領另一支只有六十二名騎兵、一百零六名步兵的西班牙連隊,登陸祕魯,發動對印加帝國的入侵。[85] 當時天花已經在印加帝國造成嚴重死傷,有大約三分之一的人口死於非命,其中還包括印加帝國的皇帝,進而引發繼承危機與內戰。[86]

皮薩羅的入侵幾乎沒受到什麼抵抗,就俘虜了新即位的皇帝阿塔瓦爾帕(Atahualpa),將他扣為人質長達八個月,要求以黃金支付巨額的賠償,才肯安全放人。但等到印加帝國從各地徵集黃金、並交給西班牙人,阿塔瓦爾帕還是遭到處決。

粉與貼片的時代

美洲本土文明的戰士碰上歐洲征服者,在技術上完全居於劣勢。他們的青銅武器、弓箭與投石器,完全不敵西班牙的大砲、火槍、戰馬、以及鋒利的鋼劍。[87] 但真正決定新舊世界戰事勝敗

的因素並非軍事，而是流行病。[88] 並不是科爾特斯真正征服了人口估計已達六百萬的阿茲特克帝國，也不是皮薩羅真正擊敗了有一千萬人的印加帝國，[89] 兩個帝國其實都是敗在新的疾病之下。

天花在舊世界已經存在了數千年，可能早在三千五百年前，就曾在埃及、印度與中國爆發。[90] 雖然美洲人民碰上天花是毫無招架之力，但就算是抵抗力較強的歐洲人，歷史也是深深被天花左右。

年輕的女王伊莉莎白一世即位短短四年，就染上天花，留下半邊禿頭與一臉疤痕，不得不戴上假髮，塗上厚厚的白粉。[91] 十七世紀的歐洲之所以又稱為「粉與貼片的時代」（age of powder and patch），正是因為當時普遍使用白粉與黑色的假美人痣貼片，來掩飾臉上留下的痘痕。[92]

〔附注：雖然伊莉莎白女王感染天花後，得以倖存，但在她之後統治英國的斯圖亞特王朝，就沒那麼幸運了。1660 年，經過英國內戰、王室流亡海外，查理二世終於從法國返回英國復辟。查理二世去世時，子女都已經夭折，王位便由弟弟詹姆士二世繼承。詹姆士二世信奉天主教，在 1688 年光榮革命遭到廢黜，王位交給他信奉新教的女兒瑪麗二世與她的荷蘭丈夫（也是表兄）奧蘭治親王威廉三世。之後，瑪麗二世一直未能生下子嗣，便因天花而驟逝。威廉三世則是童年就曾感染天花（雙親也都是因天花而喪命），他獨自統治到過世，王位傳給瑪麗二世的妹妹安妮，於 1702 年即位女王。安妮女王的兒子兼王位繼承人在十一歲時，也死於天花，引發一場王位繼承危機。於是，在查理二世之

後僅僅傳到下一代，斯圖亞特王朝就被天花終結了，而由漢諾威王朝接手。[93]〕

天花也在全歐各地奪去眾多國王、王后與皇帝的性命（東方的日本天皇與緬甸國王也沒能躲過），[94] 終結了王朝、打亂了繼承，也破壞了法國、西班牙、德國、奧地利、俄羅斯、荷蘭與瑞典王室之間的結盟合作。[95]

新世界族群慘遭舊世界疾病摧殘

至於麻疹與流感，在美洲這個新世界的歷史舞臺上，對於歐洲入侵者與美洲原住民的影響，差異更大。歐洲人雖然仍常常因天花而過世，[96] 但是像麻疹、流感、腮腺炎、百日咳、普通感冒這些舊世界疾病，實在很少讓人丟了性命。[97] 可是美洲原住民過去從未遇上這些疾病，也就沒有遺傳抗性或後天免疫力，所以這些疾病每一種都可能造成感染者有 30% 死亡。這些疾病以一種所謂「處女地流行病」（virgin soil epidemics）的形式，肆虐當地易感的原住民族群，使人口幾乎崩潰。[98] 而且前面提過，歐洲把非洲奴隸運向加勒比海與美洲的時候，同時也引進了瘧疾和黃熱病這兩種蚊媒疾病。[99]

歐洲探險者深入美洲內陸的時候，見到的常常是宛如末日後的荒地，村莊廢棄荒蕪，農田雜草叢生。這場美洲原住民的「大死亡」（Great Dying）太過極端，甚至讓地球的氣候出現改變。從十六世紀到十七世紀初，由於農地荒廢、森林重新占領大片地區

（大約五千六百萬公頃），讓大氣中的二氧化碳濃度顯著下降，給全球氣候帶來輕微的冷卻效應。[100]

十六世紀初，先是阿茲特克帝國與印加帝國不敵歐亞大陸的病原體，接著是葡萄牙也在舊世界疾病的幫助下，征服並殖民了巴西。一百年後，這些疾病開始摧毀更北的原住民部落。清教徒前輩移民乘著五月花號，在 1620 年抵達鱈魚角的時候，過去歐洲探險者帶來的病原體早就搶先了一步，[101] 但這也讓新移民以為自己踏上的是一片無人居住、但土壤肥沃、隨時可耕作的土地。這助長了後來十九世紀的「昭昭天命」（Manifest Destiny）概念：居然有這樣遼闊空曠的大陸，就像是在等待移民者的到來，可見美國向西擴張不但合理，更是天命必然。

到了十七世紀末，所有歐亞疾病都已經來到美洲，成為地方病，[102] 持續在人群中傳播，就像在舊世界一樣，已是所有人從小就會接觸到的疾病背景負擔。

〔附注：哥倫布與船員一行人，其實並不是真正第一批從舊世界來到美洲的航海者。早在五百年前的十世紀末，挪威水手就已經從斯堪地那維亞半島，冒險遠渡北大西洋，先定居在冰島，再到格陵蘭，最後又來到遠遠西方的一個地點，他們稱之為文蘭（Vinland）。[103] 而在北美大陸紐芬蘭北端的蘭塞奧茲牧草地，考古發現了挪威聚落遺址，碳定年法顯示，可追溯至西元 1021 年左右。[104] 當時挪威人也曾與原住民部落「尖叫者」（Skrælings）接觸，並發展出敵對關係。然而，雖然早在維京時代的北歐已經有天花等疾病，但這些接觸卻似乎未將任何可能造成疫情的疾病帶

至北美。[105] 有可能是冰島的源族群（source population）本來就比較小，再加上寒冷的渡海過程是乘著無頂的維京長船，或許對船員發揮了一定的傳染病消毒作用。[106] 於是，無論對挪威人、歐亞大陸其他地區或美洲而言，這場挪威人的美洲探險都並未造成有意義的影響。〕

或許我們永遠無法確知，究竟美洲有多少人是因為首次接觸歐亞病原體而死於流行病之手。關於有多少人口因此逝去，目前各方的估計仍有爭議，範圍從 40% 到高達 95% 都有，[107] 而最近的計算比較傾向是較高的數字。[108]

目前看來，美洲在 1492 年接觸之前，人口可能是在五千五百萬人到六千萬人左右，但是到了 1600 年，就只剩下勉強高於五百萬人。[109] 就算是有移民大批湧入定居（先是來自歐洲，再是來自世界其他地區），再加上因為奴隸貿易而來到美洲的非洲人，美洲人口還是足足花了大約三個半世紀，才回到這場微生物大屠殺之前的水準。[110]

我在這裡，只把重點放在舊世界疾病如何摧殘美洲的易感族群，但歐洲探險者與殖民者的接觸也同樣嚴重傷害了其他一些原本遺世獨立的人類族群，例如澳洲的原住民、紐西蘭的毛利人、南非的科伊桑人，以及斐濟等太平洋島嶼的原住民。[111] 達爾文於 1836 年 1 月所寫的日記，就談到原住民在接觸歐洲殖民者之後，人口大幅減少的災難：「不論歐洲人來到哪裡，似乎都看到死亡開始追擊原住民。放眼南北美洲、玻里尼西亞、好望角與澳洲，得到的都是同樣的結果。」[112]

　　這就帶出一個重要的問題。在新舊世界首次接觸的時候，為什麼新世界族群慘遭舊世界疾病摧殘，但舊世界卻安然無恙？就這點而言，看起來哥倫布大交換只有單向的流通。

　　〔附注：有一種重大疾病，雖然致死率遠遠低於天花、麻疹和流感在美洲的情形，卻很可能出於美洲本土，而在第一次接觸之後，傳至歐亞大陸。歐洲首次的梅毒疫情，就爆發在哥倫布首航回歸後不久，是在 1493 年法國圍攻那不勒斯期間。據推測，應該是法軍請來的傭兵，曾經參與哥倫布的跨大西洋遠征，與原住民有性接觸而受到感染。[113] 短短幾年，這種性病就先傳遍歐洲、再傳遍全世界，而每個國家當時給梅毒取的名字，就反映著當時與哪國對戰交惡：義大利說這是法國病，法國說這是那不勒斯病，俄羅斯說這是波蘭病，波蘭則說這是德國病。梅毒在中東稱為歐洲膿疱，在印度稱為法蘭克病，在日本稱為唐瘡（指的是中國的唐朝）。[114] 值得一提的是，近來一些新的證據指出，早在 1492 年之前，歐洲族群就已經有梅毒存在，於是認定梅毒是由美洲傳入歐亞的「哥倫布理論」，也面臨愈來愈多批評。[115]〕

新世界為何少有群聚疾病？

　　人類從非洲東部往世界各地前進，在大約一萬五千年前，經由白令陸橋來到北美。[116] 所謂白令陸橋是一條寬闊的海底走廊，由於海平面在上一次冰期降得極低，露出水面而成為陸地，連接了西伯利亞與阿拉斯加。接著，人類又向南來到巴拿馬地峽，再

進入南美。等到大約一萬一千年前，隨著冰期結束、全球解凍，海平面再次上升，白令陸橋也就隱沒在波濤之中，東西半球的生物再次各自獨立發展。[117]

在這一小群人類來到阿拉斯加的時候，非洲還沒有發展出農業與動物的馴化（除了狗以外），因此也還沒有後續現身於歐亞大陸的各種群聚疾病。另外像是瘧疾之類比較古老的疾病，也未能和這些第一批移民共同走過天寒地凍的白令陸橋。所以在歐亞大陸與美洲再次分離的時候，在美洲的人類世界基本上並沒有什麼傳染性疾病。另一件值得留意的事情是：美洲人類族群並未發展出自己的群聚疾病。雖然人類在美洲也會馴化野生植物、發展農業與文明，但這裡能馴化的大型動物少之又少。

阿茲特克帝國與印加帝國都創造了複雜精緻的文明，幅員遼闊，交通網路與行政系統發達，城市中心人口稠密。事實上，在十六世紀初，阿茲特克首都特諾奇蒂特蘭的規模，在全球數一數二，比倫敦大五倍，與巴黎、威尼斯、君士坦丁堡不相上下。[118]這些新世界文明本來也該像羅馬帝國或中世紀歐洲一樣，成為各種流行病肆虐的溫床，但在哥倫布時期之前，美洲就是沒有任何群聚疾病。

這並不代表美洲在歐洲人到來之前，就像個無病無痛的伊甸園。這裡還是會有痢疾、腸道寄生蟲，像是萊姆病這樣的蟲媒疾病，[119] 又或是肺結核。[120] 但美洲人就是不曾和大批馴化的家禽家畜同居一地，也就沒有受過瘟疫大規模流行的苦難。[121]

於是，美洲人口眾多，對舊世界的疾病又沒有自然免疫，簡

直就像一片廣闊而乾燥的林地，等到歐洲船隻帶來了一星半點的疾病火花，熊熊森林野火也就燃遍美洲大地。

跨大西洋奴隸貿易

舊世界疾病造成美洲原住民人口銳減，這本身已經是一場大災難，但歐洲殖民者對此的反應，還造成了更多的受害者。這些流行病除了讓美洲無力反抗歐洲的征服，殖民者也找不到當地人力在熱帶栽培園與礦場強迫勞動，於是他們把眼光看向非洲。

第一批前往美洲殖民地的奴隸，是由西班牙在 1502 年運往伊斯巴紐拉島，有的是去新開的菸草栽培園和甘蔗栽培園工作，也有的是派去挖礦井，尋找夢想中的黃金。這些奴隸本來就已經在西班牙工作，還改信了基督教，這時也是從西班牙前往美洲。但等到殖民地經濟剝削顯然需要更多人手的時候，西班牙國王查理五世就在 1518 年下令，要將在西非海岸線抓到的奴隸直輸美洲，這也標示著跨大西洋貿易路線的開端。[122]

不久之後，歐洲就發明出了種族（race）這個概念，再強化套用於殖民情境，將非洲黑人「去人化」（dehumanise），好做為藉口，將這些「他者」視為私人財產，並能奴役他們。

隨著殖民地和栽培園的擴張，特別是到了十七世紀中葉，瘧疾和黃熱病等蟲媒疾病在加勒比海及南北美洲熱帶地區流行，對非洲奴隸的需求也跟著水漲船高。[123] 不論是歐洲殖民者或是來自同樣母國的契約勞工，對這些熱帶疾病都和美洲原住民一樣，很

容易受到感染。而上一章提過，非洲成人在成長過程中，已經充分適應了黃熱病與瘧疾感染，特別是對瘧疾還演化出遺傳適應能力，例如鐮形血球與 Duffy 陰性血型，因此具備抵抗力。

當時的歐洲人，雖然不瞭解這些免疫系統運作或紅血球突變是怎樣錯綜複雜，卻很清楚自己面對這些熱帶疾病是怎樣絕望無助，但非洲人卻又像是神功附體。[124] 所以，不像是北美溫帶地區（以及後來的大洋洲）能夠吸引歐洲移民定居耕作，美洲熱帶地區殖民地的栽培園經濟必須依賴進口非洲勞工，才得以維持。而勞工對熱帶疾病的抵抗力，也直接反映在他們的市場價格上。從非洲直輸的奴隸，價格是歐洲契約勞工的三倍、原住民奴隸的兩倍；至於已經證明對當地疾病有抵抗力的非洲奴隸，價格更是新進口奴隸的兩倍。[125]

熱帶栽培園主要種的是經濟作物，既能在殖民地內部或殖民地之間交易，也能運回歐洲賣個好價錢；這些作物包括：糖、菸草、茶葉、咖啡，以及後來的棉花。（一直要到英國工業革命，終於發明了軋棉機，美國南部各州的棉業才成為重要產業。這項早期的工業設備大大提升了將棉花纖維與種子分離的速度，也推高了對棉花這項原料的需求。）

不同於小麥、水稻或馬鈴薯這樣的主要糧食作物，上述經濟作物的價值不在於養活人口，而在於對人體及大腦的其他影響。對於這些常常叫人上癮的物質，我們會在第六章〈操弄精神意識的四種物質〉，再回來談談人體對它們的生化渴望。

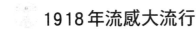

1918年流感大流行

　　從單次流行病造成的死亡總數而言，1918年的全球流感疫情是黑死病之後最大的殺手，甚至可能是整個人類歷史上最大的殺手。[126] 然而，歷史書談到這次疫情，常常只是輕描淡寫，做為第一次世界大戰的尾注。當時，大戰讓整個世界都還反應不過來，於是這場流感大流行就成了「一場被世界遺忘的全球災難」。[127]

　　目前仍然不清楚這場疫情的起源，但紀錄上最早出現的異常呼吸道熱病病例，是出現在1918年3月的堪薩斯州軍營。[128] 到了4月，法國也出現病例，可能是透過帶原的美國遠征軍士兵來到布雷斯特，當時這是接收美軍的主要港口。[129] 不到一個月，法國軍隊就爆出疫情（法文稱為grippe），埃塔普勒軍營的英軍也出現症狀。這種新的呼吸道疾病的症狀包括：高燒、脈搏急促與咳血，接著演變成呼吸困難，並隨著身體缺氧，臉部明顯發紺。病人死後解剖顯示肺部腫脹，充滿濃稠的淡黃色膿液與出血——受害者等於是被自己體內的液體淹死。[130]

　　由於戰時各種資訊嚴格保密，要等到這種新疾病在1918年5月傳到了中立國西班牙，引起公眾警覺並登上頭條新聞，全世界才第一次聽說。於是，後來這場疫情也有了個不公平的稱呼：西班牙流感。

　　這波流感大流行一開始相對溫和，但隨著一波一波過去，對人類宿主的致病力竟然愈來愈高，疫情也變得愈來愈嚴重、傳得

愈來愈遠。在第一次世界大戰結束前後的幾個月，受到這個流感病毒株感染而死亡的人數，要比普通流感多上十倍。[131]

　　然而，1918 年流感大流行還有另一個特殊之處。大多數流感殺死的，多半是長者和幼兒（免疫系統較弱），死亡曲線呈現 U 型，但 1918 年流感的死亡曲線卻呈現 W 形：有大量二十歲至四十歲的壯年人同樣死於非命，[132] 這點的原因至今依然成謎。

　　有一種可能，是最健康的人受到感染的時候，自身免疫系統可能會過度反應，稱為免疫風暴（cytokine storm，細胞激素風暴），使得肺部嚴重受損而亡。另一種假設是抗原原罪（original antigenic sin），講的是免疫系統會記住過去曾接觸的病原體，但如果再感染到的只是稍有不同的變種病毒，反應的效率就會受到影響。[133] 而戰時的環境（大批人擠在軍營或工廠），也可能造成中年人的死亡率異常提升。[134] 整體而言，這場流感大流行的受害者約有高達一半是二十歲至四十歲的青壯年。[135]

　　雖然 1918 年流感並非戰爭所引起（無論如何，病毒從禽鳥傳染給人的情況遲早都會發生），但這場流感之所以迅速傳向全球，軍隊的調度與戰爭的動盪無疑也推了一把。而且很有可能，戰壕的環境更提升了這個病毒株超強的致病力。

　　一般而言，病原體會隨著時間慢慢演化，致病力愈來愈低，好讓宿主活得更久，也讓自己能夠傳染給更多人。但就戰壕的環境而言，士兵得要連續堅守數週，彼此間的距離近到不自然，且其他原因造成的死亡率又極高，於是能讓病毒降低致病力的天擇壓力就小得多；正是因此，讓感染者的死亡率居高不下。感染了

流感病毒而病到無法動彈的士兵，還是會繼續將病毒傳播給周圍的人；而且等到感染最嚴重變種病毒的人，從戰壕被送到擁擠的野戰醫院，病毒更會傳向其他傷員與醫護人員。再加上又有新兵不斷被送進戰壕，於是病毒永遠都能接觸到新的易感宿主。[136]

1918 年 11 月，大戰畫下句點、部隊退伍返鄉，疫情也進入第二波。士兵回到世界各地的家人身旁，迎接他們的是萬頭攢動的街頭派對，於是讓病毒傳得更廣。[137] 1919 年初，致死率較低的第三波疫情，再次傳向全球，接著才終於消退。

總而言之，一般認為 1918 年流感大流行在全球感染了大約五億人，占總人口三分之一；[138] 致死人數至少有五千萬，[139] 而且還可能上看一億人。[140, 141] 大多數死亡都發生在 1918 年 9 月中旬到 12 月中旬這短短幾週。如果就死亡人數而言，這次流感大流行的致死人數，可能要超過第一次世界大戰與第二次世界大戰的總和。[142]

1918 年流感大流行造成了巨大的生命損失，但就像本章所討論的其他流行病一樣，這項傳播迅速、致病力又高的疾病，是否真的影響了什麼歷史事件？

德意志帝國因流感而潰敗

十月革命（布爾什維克革命）隔年，俄國退出大戰，讓德國得以結束東線戰事。久經沙場的五十個師與三千門火砲，重新調度到西線戰場，[143] 於是德國在 1918 年 4 月擁有了三十二萬四千名

步槍兵的巨大優勢。[144] 在西線的幾個戰區，德軍的人數足足是英法聯軍的四倍。[145]

3 月，德國最高陸軍指揮部發動新的攻勢，稱為皇帝會戰，希望趕在協約國的美國生力軍全面部署而扭轉戰局之前，取得決定性的勝利。德軍指揮部計劃以快速機動、受過特訓的衝鋒隊，突破防線，包抄擊敗英國陸軍，逼迫法國求和。

一開始，這波春季攻勢似乎十分順利，成功向法國北部推進超過六十公里。德軍砲兵逼近法國首都，在進入攻擊範圍之後，開始砲擊巴黎，讓超過百萬市民倉惶逃難。[146] 但等到這波春季攻勢來到 6 月，各方面似乎都開始動搖。

此時的德軍兵疲馬困，雖然後勤也有一定的問題，但看起來最讓他們受到打擊的並非協約國的敵軍，而是流感疫情。當時英國皇家海軍成功封鎖糧食進口，讓德軍營養不良；比起伙食相對較佳的協約國，德軍或許疾病抵抗力就低了一截。[147] 流感襲擊德軍的時間，也比襲擊協約國早了三週，從 3 月開始，在 7 月初來到高峰。雖然這第一波疫情的致死率遠低於秋季的第二波疫情，但是每個染疫的士兵都得躺上好幾天，而且很多人之後都未能徹底復原。[148]

春季攻勢的策劃者魯登道夫（Erich Ludendorff），他在戰後才這樣寫道，主要是在給自己的失敗找藉口：「每天早上，都得聽參謀長報告又有多少流感病例、部隊又變得多無力，實在很讓人痛苦。」[149] 總之他就是怪罪流感，在皇帝會戰最關鍵的時刻，讓德軍士兵變得病懨懨、士氣低落。由萬人組成的一個師，可能有

高達兩千人報告得了流感，德軍指揮官也只有到了攻擊當天，才能真正知道部隊還剩多少戰力。[150] 整個夏天，因流感而暫時失去戰鬥力的德軍人數，可能在十三萬九千人到五十萬人之間。[151]

　　德國國內的情況也很嚴峻。英軍的封鎖讓糧食嚴重短缺，加上同時還缺煤、缺保暖衣物，估計戰時平民的超額死亡人數就高達四十二萬四千人。而流感大流行又造成二十萬九千人死亡，這些受害者肯定早已因為飢餓而虛弱不堪。[152] 無論軍隊或平民，士氣都在崩潰，德國國內要求結束戰爭的聲浪也愈來愈高。許多士兵再也受不了前線戰事，流感就成了擅離職守的藉口。[153]

　　德國春季攻勢日益乏力，協約國的兵力卻因為美國生力軍渡過大西洋、加入西線戰場，而不斷強化。時至 7 月，已經變成是協約國掌握了人數上的優勢，並在 8 月將同盟國逼得節節敗退，吐回了所有春季攻勢的戰果。10 月，德國防線遭到突破。等到秋季更致命的第二波疫情來襲，德軍已兵敗如山倒。戰事不利、國內又掀起革命，讓德國皇帝被迫退位，新成立的威瑪共和國在 11 月 11 日請求停戰。

瘟疫與印度獨立運動

　　流感的恐怖，讓德軍士氣更為低落，導致德意志帝國投降，但卻使另一個大國得以團結：印度得以展現它自治的力量。

　　1918 年流感大流行，印度受到的打擊特別嚴重，估計死亡人數在一千二百萬人 [154] 到一千八百萬人 [155] 之間，已經超出第一

次世界大戰陣亡的戰鬥人員總數。

　　流感疫情在 1918 年 5 月下旬來到印度，從西部港口城市孟買，向全國蔓延。疫情模式與世界其他地方相同，第一波疫情並不特別讓人擔心，但是 9 月第二波致病力更強的變種病毒爆發，就造成了毀滅性的結果。[156] 無論城市或鄉村，都被死亡席捲而過，墓地與河邊的火葬場堆滿來不及處理的屍體。

　　當時疫情最早、也最嚴重的地區是印度的北部與西部，死亡率來到 4.5% 至 6% 之間。然而那些英國殖民統治者，卻大致上能夠躲過最糟的結局。英國人就躲在他們的大宅裡，生病了也有雇員照顧，甚至還能撤到涼爽山區的避暑勝地。[157] 比起住處擁擠不堪而衛生條件不佳的印度人，英國殖民者的死亡率足足低了八倍。這場病毒全球大流行，對特權份子格外尊重。

　　英國殖民統治者未能減少這龐大的印度死亡人數、甚至是根本無視這件事，都讓主張印度獨立的人拿來做為又一件不公不義的案例。當時，乾旱與糧食短缺都讓第二波流感對印度的影響更為嚴重。然而，雖然饑荒不斷蔓延，在印度生產的糧食卻仍不斷運向歐洲，支持英國的戰事。顯然，英國統治者把自身的利益，置於印度人民的需求之上。[158]

　　印度獨立運動的行動人士，當時已經跨越種姓界限，在當地社群開始活動：成立救援中心，分發草藥和其他物資，安排處理死者遺體。雖然這樣的基層行動與組織存在已久，但這場流感疫情讓他們在全國各地為了同一個目標而團結起來。結果就是看到各個地方領導人竭盡全力，處理著英國統治者視而不見的這場健

康危機。[159] 1918 年 11 月，歐洲戰事結束。第一次世界大戰期間有百萬印度士兵為了大英帝國犧牲慘烈，這讓印度民族主義人士期待英國能有所讓步，賦予印度更高的自治權。

印度事務大臣蒙塔古（Edwin Montagu）早在 1917 年，便曾經暗示，印度很快就能像加拿大和澳洲一樣，走向自治。但是英國在 1919 年提出的改革方案，卻讓人大感失望。[160] 此外，英國在 1919 年 3 月通過《羅拉特法》（Rowlatt Act），[161] 延長第一次世界大戰期間授予的緊急權力，不經審判就能無限期關押叛亂份子，這等於是在和平時期的印度繼續實施戒嚴。印度人期待更多自由已久，現在卻像是被一巴掌打在臉上，受到更多的鎮壓。

甘地發起不合作運動

緊張局勢在全國蔓延，有一個人站了出來，領導眾人將高漲的反殖民情緒，轉化成實際的公民不服從運動。這人就是甘地，原本一直在南非推動民權活動，在受到印度國民大會黨（一個民族主義政黨）的一位重要政治人物力勸之下，1915 年從南非回到祖國。1919 年，甘地久病初癒之後（可能是在第二波高峰期感染了流感），起身呼籲以非暴力方式，抵抗英國的壓迫。[162]

那年春天，民怨沸騰、社會騷動，終於引發一系列的罷工與抗議。4 月 13 日，在旁遮普邦的阿姆利則市，英國士兵向一群和平示威者開火，造成數百人死亡。[163]

對流感疫情的輕忽、《羅拉特法》、阿姆利則大屠殺——這

一切叫人難以接受的事件，都讓反殖民言論甚囂塵上，也讓印度
團結起來，要求獨立。

　　到了 1920 年，甘地發起不合作運動，呼籲所有印度人抵制
英國法院與教育機構、辭去政府職位、拒絕納稅。雖然獨立運動
早已持續多年，但像甘地這樣的活動人士，現在已經得到了廣泛
的基層支持，做為後盾。

　　英國統治者未能妥善應對流感病毒，讓印度各地社群動起來
幫助那些病人，此時這些組織也起身為獨立而戰。話雖如此，還
得再過三十年、又過了另一場世界大戰，印度才終於擺脫殖民統
治。[164]

第五章

農業、戰爭、奴隸與人口消長

人口規模是一國實力最重要的決定因素。
有足夠的人口,就能克服缺少其他權力決定因素的問題。
沒有足夠的人口,不可能得到大國的地位。

—— 奧根斯基(A. F. K. Organski),《世界政治》

我們已經談過人類生育繁衍的基本原則，以及演化出更大的大腦與雙足步行之後，怎樣推動了人類配偶結合、戀愛與成家。本章要把視角繼續拉遠，談談人口規模如何形塑了我們的歷史。

合作繁殖，共享食物

相較於我們演化上的近親，也就是其他大猿，像是黑猩猩、巴諾布猿、大猩猩和紅毛猩猩，人類的生命發展可說極為緩慢。第二章〈家庭、家族與權位傳承〉提過，人類嬰兒出生後，還需要很長的發育時間，才有能力不依賴父母而存活。而且就算過了嬰兒期，也還需要再過很長的時間，才能達到性成熟，開始過著有生育能力的人生。人類的青春期（發展成為成人的那段青少年時期）比起其他所有大猿，都要長得多。在狩獵採集社會中，人類女性平均到了十九歲才會開始生育，大猩猩為十歲，黑猩猩則為十三歲。[1]

雖然人類開始生小孩的年紀很晚，但女性的生育頻率卻是高到出奇。在傳統狩獵採集社會，平均生育間隔約為三年，比起大猩猩、黑猩猩和紅毛猩猩的四年、五年半和八年，短了許多。[2]結果就是我們的大猿近親會遇上猿口困境：出生率只有勉強高於死亡率，因此族群數量成長得非常緩慢。[3]至於人類，除了生育的潛力相對更高，人類嬰兒能活到生育年齡的可能性，也高於那些黑猩猩近親。[4]這樣說來，人口規模能夠成功擴張的祕訣究竟是什麼？

　　第二章談過人類很懂得如何長久合作，這點在人類的生育繁殖也很明顯。人類養育後代的時候，有一種合作繁殖（cooperative breeding）的社會系統，團體的成員會來照顧並非己出的孩子。這在自然界是相當罕見的繁殖策略：只有大約 3% 的鳥類或哺乳類物種，會去照顧並非自己親生的後代。雖然也有一些靈長類動物有這種情形，但除了我們人類，其他大猿都沒有這種現象。在傳統人類社會，兄弟姊妹或整個大家族，會共同分擔照顧孩子的責任。特別是由於女性停經後還有很長的壽命，所以那些已經過了生育年齡的奶奶們，也還能照顧家族裡的年輕小娃。

　　人類不只願意大方幫忙帶小孩，還願意分享手中的食物。媽媽帶著小嬰兒的時候，等於是面對雙重不利：哺乳期不但需要攝取更多熱量來產乳，又沒有足夠的時間和精力去覓食（既是為了自己所需的額外營養，也必須照顧其他年紀較大的孩子）。於是他人是否願意分享食物，就會大大影響女性的生育繁衍能力。而且，成年人也很願意把食物分給群體當中，還無法自行覓得足夠食物的小孩。

　　如果是其他猿類（事實上是大多數哺乳動物），父母的照顧到斷奶那一刻就結束了，這些幼獸從此得要獨立，自行覓食。人類則發展出一套不同的策略：嬰兒雖然早早就斷奶，但接下來卻有好幾年的時間，能有周遭的人協助取得食物。（在傳統狩獵採集社會，嬰兒在三歲才會斷奶；但在工業化社會，靠著營養補充品和瓶餵，一歲就能斷奶。）

　　媽媽們養小孩的時候，除了有爸爸和奶奶這樣的成人能幫上

大忙，就連比較大的孩子，也能負責去找來一些較容易獲得的食物（像是水果或小型動物），或是在農業社會處理比較輕鬆的農活。而且，孩子也能幫忙把生食做些食用前的加工，像是搗碎、浸泡、烹煮，好讓營養更容易消化，或是保存得更久。又或者，孩子也能去撿柴、打水。光是這些家事，每天就可能得花上好幾小時。所以，只要媽媽有了兩三個年齡比較大的孩子，後續生養小孩其實就會變得較簡單。

我們的猿類近親每次只能把一個孩子養到獨立，但人類靠著合作繁殖、共享食物，特別是至少有雙親兩人投入照顧小孩，代表著媽媽們不用等到前一個小孩完全長大，就能再生育下一個，以此提升生育的數量。而且只要長子或長女已經夠大，也能幫忙照顧最小的弟弟妹妹。這種人口成長速度堪稱是一種超能力，正因如此，才讓人類和其他猿類如此不同。[5]

農業撐起更高的總人口數

然而，雖然人類生育的速度比其他大猿快得多，不同人類族群之間的人口成長潛力，卻有極大的差異。最值得注意的一點在於：一萬多年前的農業發展，讓人口結構出現了巨大變化。

文明史有一大段的時間（也就是在現代機械、人造肥料、殺蟲劑與除草劑出現之前），農業都需要付出辛苦的勞動。農民必須清掉森林、闢出農地，犁田、打造灌溉渠道，接著才能播種、培育農作物，並且要經常除草。如果是穀類作物，還得收割、脫

粒、揚穀去殼，儲存起來，最後碾磨以供食用。如果是牲畜，雖然能靠自然植物的生長來飼養，但還是得投入大量時間來放牧、抵禦掠食者，以及準備過冬的飼料。[6]

農業也讓人面臨了許多健康問題與生存風險。大量食用穀物會加速牙齒磨損，富含碳水化合物的食物則讓人容易蛀牙。[7]而食物來源只靠少數幾種馴化的作物與動物，也會增加營養不良的風險。更嚴重的是，過去的狩獵採集者取食十分靈活，一年四季往來於廣闊的地區，取用許許多多不同的可食用野生植物，無論是根、塊莖、漿果或葉子，都能成為佳餚；但如果是依賴農業的農民，一旦主要農作物歉收，很快就得面臨饑荒的問題。此外，第四章〈流行病——改變歷史走向的瘟疫〉已提過，農業生活與牲畜毗鄰而居，一大群人日日雞犬相聞，也就更容易接觸到各種傳染病。[8]

話雖如此，農業確實能比狩獵採集，生產出更多食物。投入心力照顧土地與作物，就能讓一英畝的農地比一英畝森林或野生草原，產生更多營養。比起狩獵野生動物，放牧牲畜也更能有效獲取肉類和其他動物產品。這樣的農業剩餘既能存放到下一年，也能釋放出更多人力，從事其他非糧食生產的職業（譬如各有專長的工匠），發展出更複雜的技術與社會組織。[9]

目前大家普遍認為，比起狩獵採集社會，農業社會撐得起更高更快的出生率，因此人口也成長得更為迅速。有人就指出，狩獵採集者遊群需要往來於不同的短期居住地，也就得帶著嬰兒長途跋涉；定居一地的農業社會既然沒有這種需求，就能縮短兩胎

之間的間隔。但最近的考古研究顯示，有些狩獵採集社會的長期人口成長率，並不亞於新世界或舊世界的史前農業社會。[10] 但這還是會受限於土地的承載能力：狩獵採集生活的土地承載能力仍然低於農業生活。所以，就算農業糧食生產不一定能維持更高更快的人口成長率，單憑著農業能夠從同一面積的土地生產出更多營養，就代表這能夠支撐更高的總人口數。而等到某個地區的農牧人口過多、土地承載力到達極限，就會有大量人口向外遷移，來到周邊地區定居。

諷刺的是，農業是因為扎根在一塊特定的土地上，才養成了定居的生活方式，但等到農業造成人口稠密，人口壓力增加，反而迫使農民不斷往外移動，也讓狩獵採集社群遭到排擠。

班圖擴張

非洲地域極其遼闊，面積幾乎等於歐洲加上北美洲的總和，環境與民族相當多樣。事實上，非洲人的基因多樣性甚至還高於全球其他所有人類物種，因為人類長期一直在非洲大陸演化，是到最後一個冰期，才有一小群人遷徙到其他地方。但也就更讓人意外，撒哈拉以南的非洲語言居然如此一致：這片廣闊的大陸地區，語言多樣性遠不如亞洲或哥倫布時期以前的美洲。

如今，大多數撒哈拉以南的非洲人（人數超過兩億）所用的語言屬於班圖語支，是由大約五百種極為相近的語言形成的緊密語支。[11] 班圖語支大約是在五千年前的中非西部出現，大致位於

現今奈及利亞與喀麥隆的邊界，並且迅速傳播到非洲大陸中部、東部與南部大部分地區，也在過程中發展、轉變成為各種不同的語言，各語言的發音、詞彙與語法都稍有變化。現在就像有一棵班圖語支的家族樹，分枝遍布撒哈拉以南的非洲大陸，主幹則根植於熱帶西非。

班圖語支在撒哈拉以南的非洲快速傳播，於是稱為班圖擴張（Bantu Expansion）。透過比較，或許更能夠瞭解這個語支有多麼龐大。班圖語支只是隸屬於尼日—剛果語系的一百七十七個亞群之一，[12] 就好像北歐語支（北日耳曼語支，包括丹麥語、挪威語、瑞典語和冰島語）是隸屬於印歐語系（分布於兩大區域：從歐洲到俄羅斯、從伊朗直到印度北部）。[13] 北歐語支就是在歐洲這片由許多語言形成的拼布裡，占了一個小角；但相較之下，班圖語支可是幅員遼闊，在撒哈拉以南的非洲占據了堂堂九百萬平方公里。[14] 這等於是將近整個歐洲的面積只講著一種語言，只是各地稍有不同。

你可能會懷疑，為什麼有這麼多人、在這麼大一塊地方，都講著一個小小語支的語言？為什麼這個語支能擴張得如此迅速？是不是一開始的班圖語使用者擁有強大軍力，能夠堅定出征，橫掃整片大陸[15]（像是如今西班牙語在拉丁美洲盛行的原因）？又或者，如果族群之間並未暴力相對，是不是湧入了大批的班圖移民，完全取代了過去的族群、或是開始共同生養後代？再或者，會不會班圖語言的傳播並不是透過人口的流動，而是一種文化傳播？就像各種習俗與技術，慢慢從某個群體轉移到鄰近的群體？

　　大約四千年前，講班圖語的民族開始從位於現代奈及利亞到喀麥隆邊境的家園，向外遷徙，[16] 路線主要有兩條，一條是先往南、再向東穿越赤道雨林進入東非，再往南到達非洲大陸南端。等到大約二千五百年前，已經有講班圖語的民族來到東非的維多利亞湖，擁有鐵器製造技術，[17] 並進一步往內陸擴張。[18] 至於第二條遷徙路線，則是從沿海平原往西南前進，[19] 在大約一千五百年前，已經傳到非洲南部。[20] 遺傳研究顯示，這些擴張並不是一帆風順連續前進，而是走走停停、但接續進行，[21] 就像是有一波又一波互相重疊的移民漣漪。

　　更重要的是，每當班圖人來到新的地點，除了帶來自己說話的方式，還會引進新的技術。在最早期穿越赤道雨林的階段，已經看到各地出現村莊與定居生活，以及陶器與經過研磨的大型石器，特別是斧頭和鋤頭。[22] 在這個初期階段之後，班圖擴張也傳播了農業與冶金。班圖文化會栽種幾種高產量的作物，例如有像珍珠粟這樣的主要穀物，也有香蕉、以及山藥類與食用豆類等等植物；這些文化也會飼養馴化的珠雞與山羊，[23] 這一切都讓他們得以養活密集的人口。

　　〔附注：班圖擴張的最初階段，時間應該是早於目前已知的農業考古證據，因為這些講班圖語的移民對於野生山藥類植物，很可能已經有類似耕種的行為。[24] 也有證據顯示，在大約二千五百年前，氣候曾導致中非西部雨林縮減，這也可能是班圖人開始遷徙的原因。[25] 但一般相信，仍是因為班圖人以農業為生而使人口成長，構成了人口遷徙的主要動力。〕

農業人口與文化的擴張

透過對撒哈拉以南非洲人口的遺傳分析，就能看出班圖人在過去這些重大遷徙的動態。[26] 最值得一提的是，在如今的班圖族群中，Y 染色體 DNA（只會由父親傳給兒子）的多樣性，遠遠少於由母親傳給兒女的粒線體 DNA。這顯示班圖語主要是由男性移民來傳播，很可能是與各地還過著狩獵採集生活的原住民女性，過著一夫多妻制的生活。[27] 而原住民與班圖移民混合的，還不只是基因：某些當地狩獵採集者的語言面向，也會成為班圖語的一部分。例如在非洲南部的幾種班圖語言，就採用了科伊桑部落的搭嘴音（click）子音。[28]

我們近年來已經瞭解，班圖語支擴張不只是語言的傳播，更是班圖農民的實際遷徙，讓整套文化（語言、農業生活形態與技術）隨之傳播。農業能生產出大量的食物，陶器能用來烹調、以及儲存剩餘，鐵器則能夠更有效開墾土地。定居於一地的生活形態，加上有農作物與馴化的家禽家畜，讓人口得以增加，也推動農業族群擴張領土，占領過去由狩獵採集者所使用的土地。

如今班圖語在非洲所占的範圍如此驚人，反應的是人類史上最戲劇性的一樁人口事件。[29] 雖然在過去一萬年間，也曾有其他大規模的語言傳播，例如南島語系，由農民傳向波利尼西亞和密克羅尼西亞；但班圖語支擴張的規模與速度，都讓它格外不同。班圖擴張第二階段花了不到兩千年，就從喀麥隆中部來到非洲南部，跨越超過四千公里。就人口擴張而言，速度十分驚人。[30, 31]

從一萬多年前開始馴化世界各地野生動植物之後，農業社會開始擴張到新的領土，與當地居民融合，並以農耕或畜牧，取代了原來的狩獵採集生活形態。到最後，農業在世界大部分地區取代了狩獵採集，最大的驅力就在於人口因素：農業能夠支持更高的人口密度（或許也有更高的成長率），也推動遷徙的浪潮一波波向外擴張。隨著從事農業的人口擴張，傳播的不只是農業的生活形態，還包括了語言與技術。

軍事力量與人口規模直接相關

催生了非游牧形態的農業與城市之後，人口趨勢仍然會繼續影響文明史與城邦之間的權力爭奪。有一段時間，像是威尼斯與荷蘭這樣的小型城邦，靠著利潤豐厚的海上貿易，就能夠雇用傭兵來打仗，其經濟與軍事實力也就無須依賴絕對的人口數量。但大致而言，一國的軍事實力仍然與人口規模及能夠參與戰鬥的壯丁人數，直接相關。

當然，戰爭中的其他因素也很重要，像是部隊的訓練、戰場的地形、指揮官的戰術天分。有時候如果出現新的軍事技術，就能讓戰力倍數成長，提升己方在戰場上的效率而扭轉戰局。有時候這樣的創新就會打破大國之間的平衡，讓歷史悠久的文明與帝國一夕崩潰，世界秩序重新洗牌。但無可避免的，每次出現新的技術進步（不管是戰車、鐵製刀刃或是火器）及相關戰術優勢，對手也會迅速跟上，恢復過去的戰力平衡。於是，武裝衝突的結

果再次是由人數多寡來決定。

幾千年來，軍事成功的關鍵就是要能把更多人派上戰場。當然，偶爾也是有例外，總是會有某些部隊得以克服困境，以寡擊眾。這種像是《聖經》裡大衛打敗歌利亞的例子，包括：馬拉松戰役（西元前 490 年）、阿金庫爾之戰（西元 1415 年）、以及較晚近的六日戰爭（1967 年）。但縱觀歷史，這種以少勝多的例子只能說是鳳毛麟角。〔如果你覺得自己很容易就能想到一些例子，於是認為以寡擊眾也不是那麼少見，其實是腦中出現了可得性偏差（availability bias，現成偏誤）；第八章〈心智的弱點〉還會討論更多其他的認知偏誤。〕

當然，人口愈多，軍隊陣容就能更大。這樣推論下來，不論是要入侵他國、或是要保衛本國疆土，人口較多的國家往往能在發生武裝衝突的時候占到上風。至於人口較少的國家，則多半是遭到壓制吞併。不用說，這個過程會像滾雪球一樣愈滾愈大。能派出更多軍隊的國家，就能打敗鄰國，奪下領土，控制愈多土地與人口，國力也就愈強，愈能夠繼續吞併愈來愈多鄰近領土。只要這個國家能夠維持內部穩定，讓不斷擴張的軍隊都還效命於同樣的旗幟之下，就能向外蠶食鯨吞愈來愈廣的土地。帝國正是這樣誕生的。

從最早的部落衝突，到古代文明與中世紀王國各擁軍隊，再到現代的總體戰，常常都是整體人口規模決定了最後的勝敗。上戰場廝殺的人其實就只像是槍頭矛尖，背後還需要整個社會提供支撐。舉例來說，除了要有木匠和廚師陪同士兵一起上前線，也

得有人留在後方，製作武器與盔甲、飼養和訓練馬匹、製造馬車或戰車，以及完成各種農活，為前線軍隊提供糧草。

當然，就史上大部分時間來說，不是只有軍隊需要年輕健壯的男子，農地裡也不能缺了這些壯丁。所以幾千年來，戰爭的脈動也一直配合著季節的韻律。戰事常常會避開氣候惡劣的冬季，也常常在春季或秋季開打，好讓農忙時節（例如收穫期間）不至於缺了人手。[32] 而在二十世紀出現了總體戰，一旦發生戰爭，除了大規模徵兵，民間社會也全面動員，就連女性和老年男子也會在兵工廠工作。

軍事思想家與哲學家也很清楚人口對戰爭的重要性。孫子這位西元前六世紀的中國將軍暨軍事家，就在《孫子兵法》建議，遇到敵軍的時候，應該「強而避之」（在敵軍強大的時候，要避其鋒芒）。西元一世紀，有鑑於羅馬家庭規模縮小，境外的日耳曼蠻族部落卻是生養迅速，這也曾讓羅馬歷史學家塔西佗憂心忡忡。[33] 至於有一句十九世紀早期的諺語也說道：「上天總是站在人多的那一邊。」[34] 普魯士將軍暨軍事理論家克勞塞維茨所寫的《戰爭論》，也指出人數優勢是「最普遍的勝利之道」。[35]

拿破崙對法國人口的影響

現在能提槍上陣的人數，得取決於二、三十年前搖籃裡嬰兒的人數。[36] 所以，一國的軍事實力就會受到出生率這些基本人口因素的影響。這樣一來也就不難想像，各國都很在意人口成長，

也會在出生率放緩的時候感到心慌。十九世紀的法國正是如此。在先前幾個世紀，法國一直是歐洲人口最多的國家，但拿破崙造成的影響，改變了一切。

　　不可否認，拿破崙軍事上成就傑出，政治上也卓然有成。但他出身卑微，充滿不安全感，對自己的名聲極其在意。1799 年，經過法國大革命而成立的法蘭西共和國，羽翼未豐，拿破崙發動了一場不流血政變，推翻當時的領導者，成立了更專制的政權，並由他擔任領袖。他在 1804 年自立為皇帝，開始改革法國的軍事、金融、法律與教育制度。拿破崙的作為影響深遠，且不只是在法國國內，更傳向整個歐洲、乃至全世界。但到頭來，貪得無厭的野心與狂妄，導致了他的垮臺，這一切就從 1812 年入侵俄羅斯的致命決定開始。他手下的大軍團（Grande Armée）絕對是當時最強的戰力，卻在從莫斯科撤退時，被俄羅斯內陸廣袤的冰天雪地吞噬。[37]

　　整體而言，在 1803 年至 1815 年的拿破崙戰爭中，法國大概有百萬士兵喪生，再加上或許有六十萬平民死於戰爭造成的飢餓與疾病。[38]這幾乎已經占了法國在 1790 年至 1795 年間所徵士兵的 40%，就比例而言，甚至還要高於一個世紀後，法國在第一次世界大戰發動年輕人對抗德意志帝國的損失。[39]

　　許多年輕法國人魂斷異鄉，再加上戰爭普遍造成破壞，出生率一時大幅下降。然而，就算軍事衝突造成的直接影響已經過了許久，在整個十九世紀，法國的人口成長依然非常緩慢，落後其他歐洲國家。一定程度上，這是由於法國工業化進程緩慢，人口

主要還是住在農村，生活水準較低。[40] 而且，大革命後信仰羅馬天主教的人數減少，或許也使家庭的規模縮小。[41] 然而，人口成長緩慢最主要的原因，仍在於拿破崙統治時期的另一項影響。

在舊制度統治時，法國並沒有統一的法律，而是由全國各省不同的習俗與規則拼拼湊湊，還充斥著國王與領主授予貴族的特殊豁免與特權。革命後，終於廢除了封建制度的所有遺緒，新訂的法律遵循著新共和國的核心原則：自由、平等、博愛。等到1799 年拿破崙掌權，他便著手澈底改革法國法律體系，從基礎打造出一套統一的法典。由拿破崙委任法學家組成委員會起草，而他自己也參與審議，這套《法國民法典》正式在 1804 年 3 月頒布，且也因其創造者而有《拿破崙法典》的別稱。

這群革命後的立法者，特別在意該如何澈底改革舊時代的繼承法，再也不讓財富與權力像過去的封建和貴族制度，那樣一代傳一代（如第二章所述）。這些舊制度的遺緒，已經完全不符合新共和國的理想。[42] 而且早在拿破崙之前，法國已決定在繼承時應該要所有兒女平等，不應偏重長子。法國國民議會在 1791 年就已經立法廢除長子繼承制，並在 1794 年定下慣例，立遺囑人只能把財產的 10% 指定給選定的繼承人，其餘必須平均分配給所有兒女，不分性別或出生順序。[43]

然而是到了拿破崙，才將這種分割繼承制，正式寫進民法。其中一項重點是，《拿破崙法典》增加了立遺囑人能夠自由遺贈財產的比例。《拿破崙法典》第 913 條規定，要是父親只生了一個小孩，就可以自由決定如何分配自己一半的遺產，剩餘依法歸

孩子所有；如果生了兩個小孩，父親可以自由決定如何分配自己三分之一的遺產；至於如果生了三個以上，父親能自由分配的部分就只剩四分之一。[44]

人口問題正是源自於此。雖然想打造平等的社會是件好事，但《拿破崙法典》的繼承條款一方面強制讓所有孩子都享有繼承權，一方面又依所生孩子的數量，來規定能夠自由決定分配的比例，這無意間等於強烈鼓勵國民往小家庭發展。少生點孩子，立遺囑人能夠自由分配遺產的比例就更高，也就更能避免家庭資產在下一代愈分愈薄。

有很長一段時間，法國一直是歐洲人口最多的國家。在中世紀，法國人口就占了歐陸總人口超過四分之一。[45] 十八世紀末拿破崙奪權的時候，法國仍然是僅次於俄羅斯的歐洲第二大國，人口約二千八百萬。[46] 這個人數比起未來將統一成德國的各邦總和還要多出大約 10%，也是英國的超過兩倍多。[47]

在西元 1800 年以前，法國的結婚生育率還和其他歐洲國家相仿，但從十九世紀開始，出生率就迅速下滑：從 1800 年初的出生率為每千人新生 30 人，到了十九世紀中葉只剩下每千人新生 20 人。[48] 相較之下，德國在同一時期的出生率大概都在每千人新生 37 人左右，英國的出生率則在 1820 年達到每千人新生 40 人的高峰，到了 1880 年逐漸穩定在每千人新生 36 人。[49]

歐洲在十九世紀的總人口增加了一倍以上，但法國人口卻只成長了 40%。而且，當時法國的已婚女性比例在西北歐可是名列前茅，但法國夫婦生育子女的數量就是遠遠不及他國。[50] 這還不

只是最富有階層獨有的狀況,而是整個社會皆然。當時在歐洲大多數國家的農民並沒有自己的土地,但是法國農民多半已是自耕農。在十九世紀早期,法國人民有將近 63% 屬於擁有土地的家庭(英國只有 14%),因此最好不要生太多小孩,才能避免資產一代一代被稀釋。[51]

人口轉型

法國出生率大幅下降的同時,歐洲其他國家則有另一項發展加快了步伐,並以英國為首。

在文明史上,各個社會的死亡率多半居高不下,死因則主要在於疾病或營養不良。因此,如果希望至少能有幾個孩子活到成年,一種合理的辦法就是多生幾個。但英國從十八世紀中葉開始看到事情有所改變,當時食品供應增加、公共衛生改善、醫療保健進步,於是死亡率開始下降,而且隨著農業機械化,也有了更便宜的蒸汽動力來運輸農產品,糧食安全大有進展。於是,隨著英國邁向工業化,人口愈來愈集中到城市,出生率和死亡率之間的落差也持續擴大,有一段時期人口快速成長。等到英國家庭終於因應死亡率降低而開始減少生育,出生率在 1880 年左右開始下滑。

在人口快速成長期,英國成了全球第一個體驗到現代人口持續爆炸性成長的國家,也讓英國在世界舞臺上具有相對的顯著優勢。特別是十九世紀的人口爆增,讓英國能有大批移民輸向海外

殖民地定居，不但讓殖民地人口迅速成長，也並未讓本國人口為之一空。（這些移民多半是在家鄉太過貧困，出於經濟因素而移居海外。不列顛群島的人口在十九世紀大幅成長，但也造成許多社會動盪與混亂，農村有很多人失去了土地或生計，而愛爾蘭更面臨了毀滅性的饑荒。有些絕望而離鄉背井的民眾，開始湧向擁擠且污染嚴重的工業城市，但也有許多人選擇往海外的新天地發展；有時還會有政府或民間的移民援助方案，協助支付前往殖民地的費用。）

英國之所以能崛起成為全球超級大國，確實工業化、貿易與海上的力量都是重要因素，但要不是也有人口實力，這個偏居歐洲一隅的小國絕不可能站穩帝國的地位。[52] 這與十六世紀到十九世紀初的西班牙帝國，形成強烈對比。前面已經提過，當時西班牙在全球取得了大片的領土（見第 65 頁），但就算成功掃除了大批原住民人口（不論是有心掃蕩或是無意間掃除），仍然沒有足夠的西班牙人，能夠在這些占領地留下長久的人口勢力。[53]

這種從高死亡率、高出生率，經過低死亡率、高出生率，最後再到低出生率、低死亡率的轉變，稱為人口轉型（demographic transition）。在英國之後，歐洲其他地區與北美也跟上這波趨勢，先是工業化帶動人口激增，接著則是家庭開始減少子女數量。但法國的不同之處，在於生育率早在十九世紀初就已經大幅下降，但法國的工業化是要到十九世紀後半才開始。[54]

毫不意外，法國這種出生率低、人口相對不足的問題，引發眾人討論。[55] 許多人警告，戰爭就是國家人口愈多、就能派出愈

多軍隊，而隨著法國人口相對於歐陸鄰國逐漸減少，一旦發生戰事將十分不利。這時的法國人就像西元一世紀的塔西佗，十分擔心東邊接壤的各個德意志邦國出生率遠高於己的問題。

1865 年，德國人口已經超過法國，再過五年，法國在普法戰爭慘敗，皇帝拿破崙三世被俘，巴黎陷落，阿爾薩斯—洛林省也遭到占據。1871 年 1 月，俾斯麥統一了普魯士和其他講日耳曼語的邦聯，建立新的德意志帝國，成為歐洲的陸上霸主。等到十九世紀末，人口不斷減少的法國開始穩定維持在四千萬左右。與此同時，英國人口成長到原先的四倍，已經超過法國；德國人口更飆至五千六百萬。[56] 法國已經完全失去人口優勢。經過幾代的人口成長緩慢，讓法國陷入困境。看著東邊的鄰國，讓法國人對未來的生存憂心忡忡，擔心要是德國繼續維持這樣的高出生率，法國下次的戰爭結果將比普法戰爭更為慘烈。[57]

〔附注：就算是同一個國家或省份，不同人口族群的出生率差異也可能有重大影響。如果原本的少數族群出生率居高不下，就可能在總人口中逐漸提升占比，甚至成為主流，進而擾亂政治現況。像是 1921 年的《英愛條約》將愛爾蘭島的歸屬劃分為南北兩塊，南邊是民族主義強烈的南愛爾蘭（於 1949 年成為愛爾蘭共和國），北邊的北愛爾蘭則包括六個郡，多半是希望繼續留在聯合王國的統一主義者。統一主義者大致上是英國殖民者的後裔，多半信奉新教；但北愛爾蘭也有少數天主教徒，追求的是愛爾蘭島的統一獨立。在愛爾蘭南北分治後的一個世紀間，天主教社群通常家庭規模較大，因此人口成長率也較高；雖然近幾十年也逐漸

下降。根據 2021 年的人口普查，有 46% 表示家庭背景是信仰天主教，比例已然超越新教。有人因此猜測，這樣的人口差異可能會讓南北愛爾蘭統一的想法逐漸成為主流，[58] 尤其在 2022 年 5 月的選舉，新芬黨（源自愛爾蘭共和軍的政黨）首次成為北愛爾蘭國會最大黨。[59] 但還需要有更多觀察，才能判定這樣的人口趨勢與政治轉變，是否真的會讓愛爾蘭舉行全民公投而南北統一。〕

搖籃裡的人數決定日後的戰果

在國際緊張局勢節節高升、最後導致第一次世界大戰爆發的年代，歐洲列強皆執著於比較彼此的工業實力與人口成長，就像酒客在酒吧打架之前，會先掂掂彼此的斤兩。英法兩國擔心德國崛起，德國則對俄國的崛起憂心忡忡。但到最後，卻是哈布斯堡王朝的奧匈帝國王儲斐迪南大公遇刺，成了一切的引爆點，掀起一場國際危機。在德國看來，如果與俄羅斯終需一戰，不如儘早解決；而這項冒險行動牽一髮動全身，在 1914 年 7 月將整個歐洲拖入戰火之中。

由於交戰各方在軍事技術上並沒有顯著的差距，也就讓大戰陷入僵局。年輕人被一波一波送上戰場，戰壕就像是無情的絞肉機，讓這場衝突成為典型的消耗戰。人數至關重要，誰能召集更多的人，就能贏得勝利。

然而，戰爭的發展與結果並不是只看國家自身的國力。當時德國確實人口眾多，在東西兩線戰場都能部署龐大的軍隊，英國

本土能派出的軍隊遠遠不及。不過，英國在十九世紀有大批移民來到世界各地，也就讓英國得到來自加拿大、澳洲、紐西蘭、以及印度與非洲的大軍支援。在 1914 年，雖然法國人口硬生生少了德國 40%，確實相當不利，但是法國並非孤立無援，法國能與英國、俄國、義大利、日本、以及後來的美國聯手，讓人數優勢得以逆轉。

即使先不算上美國（美國的遠征軍要到 1918 年夏天，才大批來到西線戰場），協約國能動員的軍隊總數也來到將近三千八百萬；而由德意志帝國、奧匈帝國、鄂圖曼帝國、保加利亞王國組成的同盟國，能派上陣的兵力還不到二千五百萬。最後，協約國就靠著能夠將更多軍隊投入戰場，贏得了第一次世界大戰。1890年代在搖籃裡的人數，成了這場大戰的決定性因素。

戰爭帶來人口災難

在人類歷史上，每到戰爭，一國的人口規模（特別是能夠上陣殺敵的男性數量）總是至關重要。但反過來，戰爭也會對人口產生深遠的影響，讓社會與經濟數個世代餘波蕩漾。

前面已經提過，可能是出於軍隊的恣意破壞、掠奪物資，也有可能是因為打亂了農活的週期，就可能造成饑荒，並且傳播疾病，給受害社會造成人民大量傷亡。在上個世紀，蘇聯就曾遭受一場格外慘烈的人口災難。

1941 年 6 月，希特勒入侵蘇聯，一場可說是史上最致命的戰

爭也就此展開。第二次世界大戰才開始六個月，蘇聯已經失去大片領土（相當於美國的三分之一），以及將近五百萬名士兵，幾乎就是蘇聯在戰前的整個軍隊總人數。[60]

由於兵員嚴重短缺，蘇聯大幅放寬徵兵年齡，就連十八歲以下與五十五歲以上的男性也在徵召之列。[61] 最後被徵召的總人數來到三千四百五十萬，其中將近八百七十萬人命喪沙場。[62] 在第二次世界大戰期間，蘇聯士兵與平民的死亡總數估計在二千六百萬人至二千七百萬人之間，大約是戰前總人口的 13.5%。[63] 相較之下，德國的傷亡總數為和平時期總人口的 6% 至 9%，法國與英國則都不到 2%。

除了直接的人命損失，蘇聯人口還受到戰爭一項額外影響：在整個 1940 年代，嬰兒出生數銳減。就算在大戰結束後，倖存士兵退伍返鄉也花了三年。這讓蘇聯的出生率從 1940 年的每千人新生 35 人，一路下降到 1946 年只有每千人新生 26 人。雖然出生率在大戰之後開始回升，但這段時間高達 25% 的下降幅度，代表這段時間硬生生就少了一千一百五十萬名原本會出生的新生兒。[64] 而這也對蘇聯的人口結構產生了深遠影響。

要將一國人口結構做視覺呈現的時候，常使用人口金字塔。圖形左右兩邊堆疊的橫條，代表不同年齡層的男女人數，底部為新生兒，頂部為老年人。在人口成長的時候（也就是新生兒人數多於死亡人數），這會是個年輕的社會，橫條圖呈現了金字塔的形狀，「人口金字塔」這個名稱正是由此而來。

第二次世界大戰期間堪稱巨大災難的死亡人數、加上出生率

下降的重擊，在俄羅斯的人口金字塔上，留下很鮮明的印記。在第二次世界大戰期間，橫條圖明顯縮短，特別是在代表男性的左側。事實上，就算是從今天的俄羅斯人口金字塔看來，大約每隔二十五年（差不多就是一個世代），橫條圖就會出現一次顯著縮短的趨勢。而這都是戰爭破壞了人口結構所留下的回音，顯示由於在戰爭期間和戰爭剛結束時的新生兒大幅減少，等到這批新生兒長大要生下自己的後代時（也就是 1968 年左右），新生兒人數就會再次大量減少；這種情況到了 1999 年前後又再次浮現。而且由於國民生育年齡有早有晚，於是這個反覆出現的人口凹陷，也慢慢擴大。

2022 年的俄羅斯人口金字塔

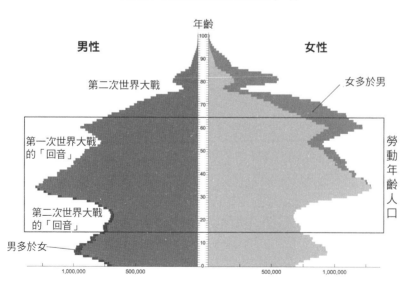

　　比起其他同樣受到第二次世界大戰影響的國家，俄羅斯人口金字塔的波浪結構更為明顯，這也影響了俄羅斯經濟。這些波浪會隨著時間（也就是隨著人口老化），慢慢向金字塔尖推進，讓大約是從十五歲到六十五歲的勞動年齡人口，連續出現波峰與波谷。

　　衡量一國經濟實力的時候，扶養比（dependency ratio）會是一項重要因素，也就是受扶養的人口（退休人員與兒童）與工作納稅人口的比率。扶養比愈高，代表經濟的負擔愈重，生產力成長也會愈低。而俄羅斯人口結構由於受到第二次世界大戰的影響，勞動年齡人口出現更多波峰波谷，因此在過去七十五年間，俄羅斯的扶養比波動遠大於世界其他國家。從 1990 年代中期到 2000 年代末，這段時間的扶養比顯著下降（勞動年齡人口剛好經歷人口金字塔較膨脹的階段），一般相信，這正是俄羅斯此時蓬勃發展的一大主因。根據世界銀行估計，俄羅斯在這段期間的每人平均 GDP 成長，近三分之一應該歸功於這項人口效應。[65]

　　然而，目前扶養比已經再次逆轉，勞動年齡人口迎來更多波谷，而且扶養比預計將在 2030 年代初顯著上升，幅度高於其他國家，這使俄羅斯經濟的壓力節節高升。[66] 因此，戰後俄羅斯特殊的人口年齡結構，至今仍在繼續對經濟造成決定性的影響。

　　人口結構中，有一個族群特別容易受到戰爭重創：那些會被徵召入伍、戰死沙場的年輕到中年男性。事實上，雖然第二次世界大戰對蘇聯人口造成了毀滅性的損失（喪命於納粹手中，或是死於很普遍的疾病與營養不良），但是在大約二千六百萬到

二千七百萬的死亡人數中，約有二千萬人（75%）都是男性，且年齡多半落在十八歲至四十歲。[67]

　　像這樣年輕男性從整個族群中消失，就使性別比例出現嚴重扭曲。大多數動物物種都能自然形成均衡的雌雄比例。雖然有時候，多生兒子能給個人的基因帶來演化優勢（如同第二章所提，男性能生育的後代數量遠高於女性），但等到下一代如果男多女少，那些少數的女性就能具備明顯的擇偶優勢。因此，讓男女數量相同，就成為一種演化穩定策略（evolutionarily stable strategy），[68]而人類族群的男女比例也多半相對平均。（只不過，由於女性壽命往往長於男性，所以在目前已開發國家的老年人口中，仍然是女性所占比例稍高。而在印度或中國，本來就重男輕女，再受到像是印度嫁妝制度、中國一胎化政策這些文化習俗或法律影響，就讓男性占總人口的比例來到 52%。[69]之所以會有這樣的偏差，是因為選擇性的墮胎、甚至是殺嬰所致。）

性別比例因戰爭失衡

　　整體而言，目前全球人口男性大約占 50.25%，女性大約占49.75%。[70]但就地區而言，一旦發生極端事件，就可能嚴重扭曲原本 1：1 的比例，並對社會造成長期影響。

　　在二十世紀，許多國家的性別比例都因為戰爭而大受衝擊，但蘇聯受第二次世界大戰影響所造成的衝擊，可說最為極端。在 1941 年以前，由於第一次世界大戰、十月革命、以及隨之而

來的內戰，帶走了大批男性的性命，已經讓蘇聯的男女比例小於 1。而第二次世界大戰慘烈的人命損失，更讓比例失衡，特別是在戰鬥最激烈、傷亡也最高的蘇聯西部地區。[71] 從第二次世界大戰開始，一直到 1959 年的戰後第一次人口普查，才經過二十年，蘇聯的役齡男性就銳減超過 44%，而這個年齡層的女性比男性多了一千八百四十萬人。[72] 這讓蘇聯的男女性別比例低到只有 0.64；蘇聯成了一個女性國家。

許多妻子在戰爭期間失去了丈夫，在性別比例如此扭曲的狀況下，無論是失婚女性想要再婚、或是未婚女性想要找到伴侶，都變得非常困難。而且，女多男少的一項長期後果，就是蘇聯男性在性與婚姻方面的行為，開始出現變化。

前面談過，人類天生會形成強烈的伴侶關係，好讓兩人一起養育子女，這也是婚姻文化制度的基礎。然而，男女雙方的生育繁衍策略並不能說是完全利害一致。講到要生育子女的時候，女性會受到的生物限制遠高於男性，所以女性更應該要慎選潛在伴侶，看看誰擁有最佳的遺傳優點、資源與社會地位，同時還要願意承諾共同撫養子女——這是一種重質不重量的策略。而就男性而言，理論上能夠生育的子女數量幾乎沒什麼限制，要是能和許多不同的女性生小孩，就能把自己的「生殖成就」拉到最高，前提是不用負責任。在性別比例嚴重失衡的族群中（像是戰後的蘇聯），男女生育繁衍策略的衝突，就會變得更加明顯。

簡單說來，男女的擇偶或婚配也遵循著市場機制，會受到資源的多少、供需的平衡所左右。如果某個族群的女性供不應求，

她們在婚姻市場上，就能有更高的議價能力，更能夠挑選理想的丈夫。而且，由於男性也很難再有其他機會，合理的選擇就是要對一段關係保持忠誠。但反過來，如果是男性供不應求，情況就會剛好相反，變成是女性居於弱勢，很難要求男性對關係忠誠、在養小孩的時候好好盡自己做父親的責任。[73] 女多男少的時候，男性比較沒有維持關係的動機，也比較不擔心偷情會有什麼嚴重後果，甚至有許多女性也願意生下非婚生子女。[74]

於是，戰後蘇聯有幾個世代的男性銳減，就導致了整個婚姻市場環境大不相同。1959 年的人口普查，就能清楚看出社會受到的影響：已婚女性變少，離婚率大幅提升，男女年齡差異較大的婚姻數量增加，非婚生子女人數也遠高於以往。（雖然是性別比例失衡推動了這些社會改變，但蘇聯政治局在 1944 年頒布的《家庭法》強烈鼓勵生育，可能也在背後推了一把。當時甚至連非婚生子女也能得到國家補助，對於未婚懷孕這件事的態度比過去友善。未婚父親不需要對孩子負擔任何法律責任或經濟責任，就連出生證明也不用寫上他們的名字。）

在第二次世界大戰之後的德國，同樣可以清楚看到戰爭造成的人力短缺。雖然死於戰爭的男性比例遠不及蘇聯，但在 1946 年，二十歲至四十歲（處於最佳生育年齡）的女性人數，仍然是同年齡層男性的六倍到十倍。同樣有許多想結婚的女性找不到丈夫，[75] 生育率下降了，非婚生子女的比例超過 16%，是過往的一倍以上。德國南部的巴伐利亞邦主要信奉天主教，該邦的非婚生嬰兒比例一度高達五分之一，有可能是二十世紀全歐最高。[76]

因此，蘇聯與德國在第二次世界大戰期間失去大量男性，使性別比例出現了深刻且持久的扭曲；就算到了今天，俄羅斯的男女比例仍然只有 0.87。[77] 這種人口衝擊不但使出生率大受影響，還讓人民對性與婚姻的想法出現轉變，甚至還改變了對性別角色的態度。

在英、美等地，雖然戰時動員曾一度為女性賦權，讓女性在經濟上更為獨立，但隨著社會和經濟回歸到和平時期的規範與傳統，這些趨勢也迅速消失。[78] 而在蘇聯，則因女多男少，讓人民對離婚、非婚生子女與婚前性行為等議題，出現長期漸進的文化轉變。[79]

奴隸貿易遺禍甚巨

會嚴重扭曲人口性別比例的人類恐怖活動，絕不只有戰爭一項。從十六世紀初到十九世紀中葉，大約有一千二百五十萬非洲人慘遭俘虜，強行運至大西洋彼岸的美洲，在歐洲殖民地的熱帶栽培園裡工作。其中有將近兩百萬人，沒能撐過遠洋航行的惡劣條件。至於在家鄉遭到襲擊與交戰的過程，以及被運到沿海要塞賣給歐洲奴隸販子的經過，想必也曾造成數百萬人喪生（這些數字並不會出現在奴隸的航運數字當中）。

除了跨大西洋的奴隸貿易體系，另外還有跨撒哈拉、紅海與印度洋的奴隸貿易體系，雖然規模與歷史上的影響力較小，但總共也輸出了高達六百萬人。[80]（關於大西洋三角貿易與大航海時

代其他重要海洋貿易路線，相關討論請參閱我的上一本著作《起源：地球如何塑造人類的歷史》。）

　　奴隸貿易是人類史上的一大汙點，對非洲的影響既深且遠。有好幾百年的時間，非洲大陸大部分地區都活在恐懼之中，害怕自己或家人隨時可能淪為奴隸。而人口大量減少，也使人口成長被拖累。雖然地方病、農作物歉收和饑荒等諸多因素也可能減緩人口成長，但就「遭到奴役的人數之多、影響的地理區域之大、跨越的時間範圍之久」而言，跨大西洋奴隸貿易造成的人口衝擊肯定是人類史上絕無僅有。十九世紀初，撒哈拉以南的非洲人口估計在五千萬左右；有歷史學者認為，要不是奴隸貿易，人口應該會來到一億。[81]

　　〔附注：歷史學者還點出跨大西洋奴隸貿易的其他長期社會經濟影響。目前，就算是和南美及亞洲其他發展中國家相比，非洲大部分地區的經濟狀況依然嚴重落後，而且目前非洲最貧窮、經濟最落後的地區，與當初受到奴隸制度衝擊最大的地區，呈現極高度的相關性。[82] 根據統計，現代非洲與世界其他地區之間的平均收入差距，有超過 70% 是由於奴隸貿易造成的破壞所致。[83] 部分原因或許在於販奴的環境嚴重破壞了人與人之間的信任，當時的鄰居、甚至親人，都常透過綁架或欺騙的手段，讓人淪為奴隸——可能有高達 20% 的奴隸是遭到親友出賣。出現這種不信任文化之後，長期影響之一就是削弱了制度發展與經濟繁榮的基礎。[84] 也有人認為，這使得種族認同更為強化，不利於形成更大的社會，才導致非洲至今依然處於四分五裂的狀況。[85] 而且，當

初不同地區奴隸貿易的激烈程度,似乎也與近代各地區內部衝突的盛行程度,呈現高度相關性。[86]〕

性別比例因販奴失衡

跨大西洋奴隸貿易除了抑制非洲的人口成長率,還有一些更具體的影響。當時推動跨大西洋奴隸貿易的需求,主要是為了美洲殖民地的熱帶栽培園。園主想要的是健康、強壯的勞工,於是特別偏好男性奴隸,這也成了跨大西洋奴隸貿易的獨有特徵。相較之下,印度洋奴隸貿易大有不同,多出了尋找女傭或小妾的需求。歐洲奴隸販子從非洲出口奴隸所追求的男女比例為 2:1,而最後的紀錄顯示,跨大西洋奴隸貿易期間運出的男奴與女奴比例,大約是 1.8:1。[87]

在奴隸貿易制度為害最嚴重的地區,就遇上嚴重男少於女的現象。[88]跨大西洋奴隸貿易在十八世紀末達到高峰,當時西非的男女比例已經不到 0.7:1。而在整個非洲受害最嚴重的安哥拉,性別比例更降到了 0.5:1、甚至是 0.4:1。[89]許多社群的女性人數已經來到男性的兩倍。

這種對自然性別比例的嚴重扭曲,使家庭結構出現轉變,也改變了社會的勞力分工。消失的男性只能由女性替補,挑起那些在農業、商業、甚至軍事上通常由男性承擔的活動與責任。女性也在社群當中,站上了領導與權威的地位,[90]而這又回過頭來,改變了社會對於女性角色的規範與普遍想法。

等到十九世紀，廢止了跨大西洋奴隸貿易，那些曾經受害最重的地區，也開始看到男女比例恢復到 1：1 左右。然而，關於性別角色的態度與習慣，已經回不去了，甚至到今日依然持續。就算當初的人口背景早已消失，但所產生的文化規範就這樣代代傳承了下來。

在當初受到販奴為害最烈的地區，如今女性更可能進入勞動市場，也更有可能坐上高階職位。在這些地區，無論男女對性別角色的態度，都更為平等，比較不會容忍女性受到家暴，也更支持在公職與政治上的性別平權。[91]

重要的是，這些因為性別比例失衡所造成的長期社會影響，只出現在受跨大西洋奴隸貿易為害為深的非洲地區，主要是中非西部（特別是安哥拉）、撒哈拉以南的西非，以及程度稍輕微的東南沿海（莫三比克與馬達加斯加）。至於在東非，印度洋奴隸貿易所俘虜的男奴與女奴數量相近，對性別比例影響較小，文化規範也沒有出現重大變化，例如，沒有證據顯示女性勞動參與率有所提高。[92]

如今，性別比例失衡的地區也是一夫多妻制盛行的地方。[93]性別比例失衡似乎鼓勵了男性應該多娶幾個太太，女性也願意接受這種安排。因此，從跨大西洋與印度洋奴隸貿易的不同需求，或許也就能解釋為什麼一夫多妻制在西非比東非更為普遍。[94] 但要說到人口結構混亂的長期影響，或許還能再進一步延伸。

一夫多妻制除了會形成混交的性行為，也可能讓愛滋病等性傳染病迅速傳播（特別是如果伴侶不忠）。像是在西非，除了更

常看到一夫多妻制，也更常看到妻子因為對婚姻不滿，而有偷情的現象。於是在今日的西非，愛滋病毒感染率較高，且特別是女性；根源就可能出在跨大西洋奴隸貿易造成嚴重性別失衡，又進一步帶出了性行為上的差異。[95, 96]

澳洲殖民時期男多女少

另一個方向的性別失衡（也就是男多於女）雖然並不常見，但有一個很有名的例子。

在美國獨立戰爭之前的幾十年間，英國每年會把大約二千名本國罪犯送到北美的殖民地，[97] 總數大概在六萬人左右。[98] 這些人的犯行在今天看來就是些小事，像是在商店順手牽羊、盜獵野生動物，甚至有些罪名還十分離奇，像是與吉普賽人交往、採取避孕措施、假裝是退伍老兵之類。[99] 但等到英國在 1776 年與美洲殖民地開始交戰，將犯人運往美洲的做法也戛然而止。英國監獄很快就人滿為患，國會判斷，比起興建更多監獄，還是把囚犯送到海外比較划算，因此很急著想找到另一個像是垃圾掩埋場的地方，把國家不想要的這些人都給丟過去。最後，英國在世界的另一端，找到了一片這樣的土地。

1770 年，庫克（James Cook）船長已畫出了澳洲東岸的地圖，也宣稱這片土地有一半歸英國王室所有。這在國會看來是個大好良機：把囚犯運到澳洲，不但能騰出監獄空間、對其他罪犯形成強大的威懾作用，還能在這個南半球新殖民地以罪犯做為先鋒，

提供建立殖民地所需的勞力。1788 年 1 月，英國的第一艦隊帶著一千五百名殖民者，抵達雪梨灣，其中有七百七十八人是已被定罪的罪犯。[100] 英國對澳洲的殖民統治也就此展開。

拿破崙戰爭結束後，英國送往澳洲的罪犯數量急劇增加，在 1830 年代達到高峰。當時在英國郡法院判決有罪的犯人當中，大約有三分之一會被判流放，並搭配幾年的契約勞動。[101]

這種強迫移民的做法在 1840 年代開始逐漸減少，而且隨著民間對於流放的抗議聲浪愈來愈高，流放犯人的船班也在 1868 年最後一艘抵達澳洲之後，畫下句點。[102] 到這個時候，流放到澳洲的罪犯人數已經超過十五萬七千人，多半位於新南威爾斯與塔斯馬尼亞島的流放地，其中高達 84% 為男性。[103]

雖然從 1830 年代起，也有一些移民是自願前往澳洲，但來到澳洲的男性依然遠多於女性，特別是因為當時的工作機會主要都是像農牧或採礦之類的粗活。

天要下起男人雨啦！

住在澳洲的女性，不論是服滿刑期而獲得釋放的犯人（契約勞動一般為七年）、自由移民、或是在澳洲出生，都會發現自己處在一個性別嚴重失衡的環境。在澳洲殖民歷史上有一段很長的時間，平均男女比例大約是 3：1，而在某些流放地甚至可能高達 30：1。[104] 有將近一百五十年的時間，澳洲殖民地一直就像一首英文流行歌的歌詞一樣，是「下著男人雨」的地方。一直要到

1920 年左右，性別比例才來到均衡。

於是在這裡，每位女性的價值當然就遠高於男女均衡時的狀況，男性能找到老婆，可說是無比幸運。這實在可以說是一個女性的賣方市場，而且這對於男女雙方都十分重要。（這裡的討論著重在澳洲殖民者及其後裔。至於原本就在澳洲住了幾萬年的原住民，則是因為殖民者的到來而深受其害。殖民者除了帶來新的疾病，也常透過暴力衝突，而將原住民趕離他們原本的土地。但原住民社群的性別比例一直能夠維持大致均衡。）

歷史紀錄顯示，在殖民時期，相較於同時代的歐洲女性，澳洲女性結婚的可能性較高，離婚的可能性較低。也有證據顯示，在男多於女的環境中，男性會更積極維持已經建立的夫妻關係，不會去偷情。而且，男性還會好好一起帶小孩，確保太太該有的都有，好讓她沒有理由另結新歡。結果就是澳洲女性覺得自己沒有工作的必要，選擇待在家裡就好。[105]（然而，男多女少的人口模式也有不好的一面：男性比例愈高，性暴力的發生率也愈高；主要的犯罪者就是那些在婚姻市場失利的單身男性。[106] 在殖民時代，白人殖民者也常有性剝削與性虐待的行為，主要針對原住民女性。[107] 這與今日「非自願單身」這種反主流文化最有毒的面向頗有相似之處。）

澳洲殖民時期男多女少的狀況，也對社會造成長遠的影響。讓人意外的是，就算性別比例已經在一個世紀前就趨於均衡，但在如今對性別角色與男女地位的預期當中，仍然可以看到女性議價能力較高所留下的印記。

　　如今，在澳洲那些史上曾經因為流放地，而使性別嚴重失衡的地區，例如雪梨周邊、北海岸和塔斯馬尼亞島，無論男女，都更有可能對女性的社會角色抱持保守觀點，覺得女性就是該待在家裡。這些地區的女性（相較於沒有經歷過男多女少的地區）至今仍然比較少參與勞動市場，工作時間較短，做的工作多半是兼差，也較少從事高階職務。但這些女性並不是把更多時間投入家務或照顧孩子；真要說的話，她們花在這些活動上的時間甚至更少。換句話說，如果某個地區曾經出現嚴重男多女少的時期，現今住在這裡的女性，每星期就會有更多的休閒時間。[108]

　　一些大規模的人口特徵，像是成長率、人口數量、以及性別比例，都會在歷史上造成深遠的影響，例如讓農業社群擴張、左右國家的戰力與戰果，以及讓社會和經濟出現持久的改變。

　　至於人類的生物機制還有另一個基本面向，就是喜歡去攝取一些會改變意識體驗的物質。下一章就會談到，這些會影響精神狀態的物質，是怎樣透過改變人類的精神意識，而改變了世界。

第六章

操弄精神意識的四種物質

蕩昏寐，飲之以茶……

茶茗久服，令人有力、悦志。

——陸羽《茶經》

　　植物對人類有許多用途：拿來吃、拿來穿，又或者入藥。人類運用植物除了有的是為了生存，也有的是為了影響大腦的運作——刺激、鎮靜、或是誘發幻覺。人類身為有意識的生物，會刻意服用某些物質，就只為了改變自己的精神意識狀態。事實上，不論世上哪個地方的人類文化，幾乎都會去享受一時放下自我、逃避現實的樂趣。

　　精神藥物會影響中樞神經系統，改變我們的情緒、意識、或是對外在世界的感知。人類已經學會怎樣靠著服用不同的藥物，達到不同的效果。本章來談談四種改變人類大腦運作、也由此改變世界的物質：酒精、咖啡因、尼古丁、鴉片。酒精和鴉片屬於抑制劑，咖啡因和尼古丁則是興奮劑。這四種物質目前都廣泛用於娛樂性藥物，也就是為了社交或娛樂，而非醫療用途。這些物質對神經元的影響各有不同，但都會觸發大腦的報償中心，產生愉悅感或興奮感。但同時，這也會讓人上癮，希望得到更多這些物質、更多的愉悅興奮。

　　雖然我們只談這幾種物質，然而在某些文化與社會中，有些其他植物產品的影響也十分重要。例如在亞馬遜河流域，原住民製造死藤水（ayahuasca）的歷史已經至少長達千年，會用來在社交場合或薩滿儀式中，與自然界的靈魂交流。北美原住民也會食用迷幻仙人掌（peyote，烏羽玉），這是一種小型無刺的仙人掌，可從中攝取仙人掌毒鹼（mescaline）這種精神藥物，歷史已經至少有五千年。只不過，這些物質在全球的盛行或影響力，都遠遠不及我們要談的四種物質。

酒精

在人類歷史上，要改變意識狀態最常見的方法就是飲酒。其他具有精神活性物質的植物，往往只生長在特定區域，也就只有附近的社會方便取得。但酒精不同，許多原料都能釀出酒精。原則上，任何食物只要含有糖分（像是水果）或澱粉（像是穀物或塊莖），都能分解成糖，也就能發酵產生酒精。（澱粉是由葡萄糖分子組成的長鏈聚合物，可以由微生物分解成可發酵的糖類，甚至是透過咀嚼，由唾液中的酶來完成這項工作。）

所謂「發酵」是個總稱，指的是利用微生物改變食品特性，有助於保存營養價值，像是優格、起司、醬油、康普茶、泡菜之類的醃漬食品，背後都是透過發酵的作用。[1] 但人類最早使用發酵的原因，可能就是為了製造酒精。[2]

世界各地的文化都發展出自己當地的酒精飲品。釀酒會用到各種富含糖分的發酵基質，包括用葡萄汁來釀紅酒、用蘋果汁釀成蘋果酒，也能把蜂蜜用水稀釋，發酵製成蜂蜜酒。此外，美洲東北部的易洛魁族（Iroquois）用的是楓糖漿；中美洲用的是可可豆莢裡帶有糖分的果肉；墨西哥則會用龍舌蘭仙人掌的果汁，釀成龍舌蘭酒。

富含澱粉的穀類作物，也是常見的釀酒原料，像是日本有用稻米釀造的清酒，安地斯山脈有用玉米釀的奇恰酒（chicha），[3] 北美西南地區也有玉米釀的提斯溫酒（tiswin）。印度很早就開始用米或小米釀造啤酒。而在南美洲的東北沿岸，則是會將木薯根

發酵，製成卡西里酒（kasiri）。

醸酒成了一種幾乎普世皆然的消遣活動。關於早期醸酒的證據，就是在一些西元前 3000 年左右的陶罐裡，發現了醸酒的殘留物（包括讓紅酒有著紅寶石色調的花青素），地點位於伊朗西部古代美索不達米亞的貿易據點戈丁帖佩（Godin Tepe）。另外，也因為發現了一些剛開始馴化的葡萄所留下的葡萄籽，顯示在西元前 4000 年，馬其頓東部就已經開始醸葡萄酒了。[4] 葡萄酒很早就已經是中東諸多文化裡的重要成分，後來先是古希臘、再來是古羅馬，也都熱情接受、縱酒狂歡。

一些植物學者甚至主張，人類最早開始種植穀類作物，動機是為了確保能夠穩定供應用於發酵的穀物，也就是認為啟迪農業的食品其實是啤酒，而不是麵包。[5] 這種想法聽起來是很有趣，只不過考古證據顯示，發酵技術來得比穀類作物的馴化更晚，可見酒精更有可能是最早期的穀類種植與儲存的意外結果，而非成因。[6] 話雖如此，用穀物醸造啤酒的做法，無疑能夠一路追溯到美索不達米亞文明初現的時期。

就成分而言，啤酒和麵包是同一枚硬幣的兩面：啤酒可以說是液體的麵包，麵包可以說是固體的啤酒。[7] 啤酒醸造從美索不達米亞傳到埃及，再傳遍整個歐洲，特別是北方氣候對葡萄園來說太冷，醸啤酒就成了比較好的選擇。

酒精在人類社會扮演了許多不同的角色。適度飲酒能讓人放鬆精神，有助於各種慶祝和歡樂的場合，因為酒精能減少社交焦慮與社會抑制作用。酒精也是許多宗教儀式上的要角，像是古埃

及人會向神明獻酒，印加人與眾神交流必須用上大量的奇恰酒，基督徒的聖餐禮也少不了葡萄酒。[8]

而且，酒精還有一項重要的實用功能：不論是啤酒或葡萄酒這樣的發酵酒類，或是其他的蒸餾酒，裡面都含有酒精，能夠殺死許多會傳染水媒疾病的微生物。[9]啤酒釀造的一個關鍵步驟，就是把大麥或其他穀物浸泡在水裡發芽，並在發酵前，將麥芽汁煮沸，這樣就能殺死原料裡面的細菌。

從中世紀直到十九世紀，不論在歐洲或北美殖民地，因為河流與水井常有汙染，所以淡酒精飲品反而是比較安全的選擇，成為大人小孩的日常水分來源。（或許也就不意外，是到十九世紀末，才出現禁酒令與禁酒運動；當時的政府已經開始推動大型基礎建設，為城市人口提供乾淨的飲水。[10]）其他文化則習慣喝一些用滾水沖泡的飲品，像是中國就喝茶。

酒精對大腦的影響

酒精很容易被血液吸收，並在幾分鐘內，就與大腦裡的受體結合，開始減少釋放興奮性神經傳遞物質（neurotransmitter），並增加抑制性神經傳遞物質的效果。所以整體而言，酒精的作用其實是讓人鎮靜下來。

但有人可能覺得哪有這回事？覺得自己喝了酒之後，反而是生龍活虎，和人相處起來更輕鬆。但這是因為在第一杯酒下肚之後，就開始在大腦各個區域發揮鎮靜的效用，包括前額葉皮質，

這裡負責的是高階功能，像是調節社交行為、抑制衝動。而在這個區域受到抑制之後，情緒控制就不那麼緊繃，也讓我們降低了焦慮與自我意識，變得比較外向。所以如果是少量的酒精，確實能讓人情緒高昂，有助放鬆，等於是一種間接的興奮劑。但要是再繼續喝下去，大腦就會愈來愈麻木。酒精劑量一旦過高，就會開始對大腦產生毒害，導致視力模糊、失去平衡、言語不清、混亂、記憶喪失與噁心，這就削弱了人的感官、認知與運動控制，十分危險。一旦來到極端程度，酒精會讓人意識喪失、昏迷、甚至死亡。

　　人體要分解乙醇，靠的是一群稱為乙醇脫氫酶的酵素。比起其他動物，人類與近親大猿體內的脫氫酶，處理乙醇的速度快了大約四十倍。這種速效版本的酶，似乎是經過大約一千萬年的演化而來。當然，這已經遠遠早於人類用植物釀酒的歷史。當時可能是人類祖先才剛從樹上下來，開始有更多時間在地面生活，也開始吃到那些落在地上自然發酵的水果。[11]

　　人體內還有許多其他的酶，能夠處理乙醇分解後的產物，例如有毒的化合物：乙醛（宿醉的成因之一，就是累積了過多的乙醛）。有些其他產物會讓人很不舒服，像是東亞族群有一種常見的基因，會讓人在喝了酒之後臉紅、噁心、頭痛，在中國、日本和韓國有這種基因的人高達三分之一以上。[12] 所以就歷史而言，這些文化的飲酒量少得多，如今的酒精濫用情況也輕微得多。[13]

　　這些遺傳上的差異，幾乎可以肯定是因為在過去一萬年間，各地有著不同的文化習俗：比較常喝酒的族群，就會演化出更能

有效清除血液中酒精的酶類。

出於一些我們稍後就會提到的因素，酒精帶來的精神作用會讓人成癮。但由於酒精不但會成癮、還會讓人的行為出現改變，也就代表飲酒除了傷己，還可能會傷到周遭的人。酗酒造成的社會危害簡直罄竹難書，所造成的事故、傷害與暴力事件，高於其他任何藥物。像是吸菸，雖然同樣容易上癮且有害，但可不會有人只因為吸了太多菸，就在酒吧大打出手，或是在高速公路引發連環車禍。[14]

（但是，政府想要控制酒精的危害，卻可能適得其反。例如美國，禁酒運動催生了 1920 年的美國憲法第十八條修正案，全國禁酒。但光是立法禁止烈酒的製造、運輸與銷售，並無法消除社會對酒精的需求：非法的蒸餾器和地下酒吧迅速增加，短短幾年，酒類消費量已經回升到禁酒前的三分之二。[15] 立法過嚴，只是讓黑市、走私與組織犯罪橫行，最後美國政府不得不放棄這項考慮不周的政策。在 1933 年的憲法第二十一條修正案，聯邦政府廢除全國的禁酒令。）

蒸餾 —— 提高酒精濃度

酒類飲品中的酒精濃度愈高，作用就會愈明顯。在釀造過程中，酵母細胞不斷會將糖類代謝成乙醇，並且讓酵母細胞增生，直到乙醇濃度高到阻止酵母細胞生長、並使細胞死亡；基本上，酵母細胞是被自己的代謝產物給毒死的。這種時候的酒精濃度大

約是 14%，這也是發酵酒能達到的最高濃度。

　　如果希望濃度更高，就得用上一種新技術：蒸餾。蒸餾利用的原理是乙醇的沸點低於水，在攝氏 78 度就會開始沸騰。所以如果先以發酵方式產生水和乙醇的混合物，再進一步加熱，會先冒出乙醇的蒸氣，加以冷卻凝結，就會成為濃縮的液態乙醇。早在幾千年前，中國和中東就懂得以蒸餾法，提取玫瑰花瓣裡的精油，用來製造香水、生產藥物與製作烈酒。像壺式蒸餾器這種簡單的蒸餾設備，會用一側的管子來蒐集並冷卻乙醇的蒸氣，但效率並不特別高；至於更複雜的設備則可能配有銅管線圈，在水槽中冷卻，能夠精確控制蒸餾容器的溫度，就能生產出濃度更高的乙醇，特別是經過重複蒸餾的效果更佳。

　　要是蒸餾得到的乙醇濃度超過 50%，已可點火燃燒，這個臨界點稱為 100 標準酒度（100 proof）。舉例來說，紅酒經過蒸餾，能夠產生一種更烈的酒，荷蘭文稱為 brandewijn（燒過的酒），英文則是先變成 brandewine、再簡稱為 brandy（白蘭地）。

　　蒸餾酒不但酒精濃度更高，也不像啤酒或葡萄酒容易變質，因此能夠長途運送到遠方，也就讓烈酒成為價值與實用性兼具的貿易品項。〔附注：在十九世紀初，為了確保能給駐印度的英國軍隊提供補給，就發明了一種保護啤酒的方法。往印度的航程需要六個月以上，而且有一大段位於氣候炎熱的熱帶地區，東印度公司貨艙裡的啤酒在抵達時，往往已經變質。於是倫敦的釀酒商開始加入新鮮啤酒花，做為防腐劑，有著獨特的風味的印度式淡色愛爾啤酒（India pale ale, IPA）就此誕生。[16]〕

蒸餾酒與奴隸貿易關係密切

　　美洲原住民本來就已經很熟悉菸草與迷幻仙人掌這些醉人的物質，在第一批歐洲殖民者抵達之後，酒類、特別是蒸餾酒，就成了重要的交換禮物、以及後續的交易商品。[17]

　　在跨大西洋奴隸貿易中，蒸餾酒也扮演了重要的角色。非洲奴隸販子將俘虜賣給歐洲買家的時候，願意接受以幾種商品做為交換，包括紡織品、金屬，以及特別是像白蘭地這樣的蒸餾酒，覺得這比本地生產的濃度較低的穀物啤酒與葡萄酒，更加迷人。

　　等到英國人再發明了一種以蔗糖製造的高濃度蒸餾酒，烈酒與奴隸制度的關係又變得更加緊密。早在十六世紀初，葡萄牙人就已經開始在巴西用甘蔗汁製成蘭姆酒，但英國人於十七世紀中葉，在巴貝多島又精益求精，開始使用糖蜜來製酒。糖蜜是煉糖過程產生的副產品，本來沒有其他用途。於是，蘭姆酒不僅成本低廉，而且既然是蒸餾酒，占的空間小、又不易變質，也就成為跨大西洋經濟的關鍵品項。熱帶栽培園的園主可以用蘭姆酒購買奴隸；而奴隸辛苦種植甘蔗，煉糖的副產品又能再變成蘭姆酒，園主又可以用來購買更多奴隸。

　　說到海上航行距離之所以能夠拉長，蒸餾酒同樣功不可沒。船上以木桶儲存淡水，但很快就會開始滋生微生物而產生異味，常常需要加點啤酒或葡萄酒，才能讓水好喝一點。但只要航程一長，就連啤酒和葡萄酒也會變質。於是，等到酒精度高的烈酒變得更便宜、更容易取得之後，船上也就改用烈酒加入飲用水中。

1655 年之後，先在加勒比海地區、接著在所有皇家海軍艦艇上，英國給船員的每日配給不再是啤酒，而是改以蘭姆酒取代。但後來船員開始養成一種壞習慣，會偷偷把蘭姆酒存起來，再一次喝個爛醉。於是在 1740 年，海軍中將弗農（Edward Vernon）下令，將原本每日半品脫蘭姆酒的標準配給，用四份水稀釋，創造出格羅格酒（grog）這種新品項，在正午鐘響與一日結束時，各發放一半。

之所以稱為格羅格酒，是因為弗農有個綽號「老格羅格」：他特別喜歡以 grogram（羅緞，一種粗羊毛材質）製成的外套。[18] 後來，美國海軍也跟進了這種每日兩次配給格羅格酒的做法。

多巴胺與大腦的愉悅中心

腦幹是大腦最早演化出的區域之一，也是連結脊髓的關鍵。腦幹頂部有一組稱為腹側被蓋（ventral tegmentum）的神經元，[19] 而大腦中有一個控制行為的區域，稱為依核（nucleus accumbens），腹側被蓋與依核的溝通，是透過一群會釋放多巴胺的神經元，稱為中腦邊緣路徑（mesolimbic pathway）；雖然這些神經元只占了大腦所有神經細胞的一小部分（不到 0.001%），卻對激勵人類生存與繁殖的行為至為關鍵。[20]

人吃東西、解渴或做愛的時候，都會讓中腦邊緣路徑釋放多巴胺。而且觀看、甚至只是去想些色色的事情，就足以刺激多巴胺的分泌。[21] 某些讓人覺得心滿意足的事，例如第一章〈文明背

後的軟體〉談過的復仇、或是打電玩獲勝，也能刺激我們的多巴胺系統。[22]

　　人腦接收到這些報償訊號，就會感覺愉悅，因此常有人說多巴胺是大腦裡的快樂物質。在動物界，不是只有人類具備這樣的多巴胺釋放機制。所有哺乳動物都有這樣的中腦邊緣報償路徑，可說是大腦運作最古老而基本的其中一項功能。事實上，整個動物界都很常看到這種用多巴胺或相關神經傳遞物質，來影響行為的系統。[23]

　　只要遇上對人有利的情形，例如有吃有喝，或特別是意外之喜，中腦邊緣路徑就會大量分泌多巴胺；相對的，遇上對人不利的情形，例如接受到負面經驗，或是沒有得到預期的報酬，則會讓多巴胺濃度下降。所以，為了調整人類行為，好讓我們在自然棲地成功生存，大腦就會讓我們想去重複那些上次啟動多巴胺系統的行為，並避開那些曾經抑制多巴胺系統的舉動。所以，這套關於快樂與報償的神經化學系統，其實也就是一套關於學習的神經化學系統。

　　這條多巴胺路徑也連結了腹側被蓋與前額葉皮質；前額葉皮質是大腦前側一個有皺摺的區域，人類的這個區域明顯大於其他動物。前額葉皮質掌管各種高階的「執行」功能，例如對特定目標做出決策與規劃，因此也同樣受到多巴胺報償系統的控制。

　　這套由多巴胺引導的機制，很有效的讓人類表現出有利於在自然界生存的行為。然而，等到人類發現可以用其他方式（也就是各種藥物）來刺激這套機制，目的並不是為了生存，那就開始

出問題了。酒精、咖啡因、尼古丁、鴉片，這四種藥物會有效讓人腦的報償系統出現短路，引誘中腦邊緣路徑釋放多巴胺（或是抑制多巴胺的消退、又或是讓神經元表面的受體更加敏感），於是讓人感受到愉悅、甚至是狂喜，強度遠遠超出自然界能給人的快樂。然而，相較於像是「進食」這種自然觸發多巴胺的因素，由這些藥物產生的愉悅永遠不會讓人覺得已經滿足。

這些藥物會在中腦邊緣路徑產生錯誤的訊號，讓人誤以為這種行為大大有益於生存繁衍，於是推動學習機制，重新設計大腦的連線，來反覆追求這些行為。人的癮頭正是由此而生，讓人產生渴望與強迫的行為，追求立刻就要得到的滿足感，不像是在自然世界當中，總得付出一些代價（例如花時間狩獵），才能得到多巴胺的報償。

科學家曾在 1950 年代做過實驗，以手術將電極植入大鼠的大腦深處，讓大鼠只要每次按下某個開關，就能刺激依核。結果發現大鼠開始出現強迫性按開關的行為，每小時高達兩千次。牠們不喝水、不吃飯、不睡覺，不做任何正常的行為，就只為了讓自己不斷感受那純粹的歡愉，直到最後不支倒地。[24]

可悲的是，人類現在可能也困在類似的陷阱裡，只不過並不是有個電極埋在大腦裡直接發出刺激，而是有些化學物質同樣瞄準了提供報償的中腦邊緣路徑。更糟的是，原本的天然植物產品現在還能提煉濃縮，甚至用化學手法提升效力，像是從鴉片原料合成海洛因（heroin）。比起過去口服的方式，現在透過口吸、鼻吸、甚至是直接注射到血管裡，就會讓活性物質更快對大腦發送

一波衝擊，不但讓人更為狂喜，也讓人更容易成癮。

　　由於多巴胺系統會重新校正，經過幾次感受到重大報償後，多巴胺的釋放還是會回到基本水準。這稱為對藥物的習慣化，也是因此，才讓癮君子（不管習慣化的是咖啡因、還是古柯鹼）總會需要愈來愈高的劑量，才能感受到原本的興奮程度。正如神經內分泌學家薩波斯基（Robert Sapolsky）所言：「昨天還覺得是意想不到的快感，到今天就覺得理所當然，再到明天還會覺得怎可以此為滿。」[25] 於是不用多久，藥物曾經能夠帶來的愉悅就這樣消逝不再，繼續用藥只是為了避免戒斷時的種種不適。到頭來，這幾種藥物極有效的侵入大腦，劫持了原本能夠調整行為以利生存的報償系統，藥物濫用也成了人類普遍的弱點。

咖啡因

　　說到要改變人類的意識狀態，在歷史上最常見的就是透過飲酒；酒精能夠點亮人腦中的多巴胺路徑，放出醺醉的溫暖光芒，也讓人為之依賴。而在酒精之後，第二受歡迎的就是咖啡因。

　　咖啡因是世上最廣泛使用的精神興奮劑，咖啡也是發展中國家最具價值的出口商品之一。[26]（酒精在史上各種文化的使用，確實更為廣泛，但前面已經提過，酒精其實是鎮靜劑，而非興奮劑。）全球約有 90% 的人口，經常以各種形式來攝取咖啡因，就連兒童也不例外，因為許多軟性飲料同樣含有咖啡因。

　　除了茶和咖啡之外，還有一些植物同樣含有咖啡因，像是：

可可（巧克力）、可樂果（kola）、瓜拿納（guarana）、瑪黛（yerba
mate）、代茶冬清（yaupon）。在這些植物生長的環境，當地人會
拿它們來沖泡成咖啡因飲品。[27] 如今，全球七大洲（包括南極洲
的研究人員）同樣熱中於喝茶喝咖啡，就連國際太空站（ISS）
也有一臺做義式濃縮咖啡（espresso）的機器，被戲稱做出來的可
是 ISSpresso。[28]

咖啡簡史

　　關於喝咖啡的起源，傳說是這樣：西元九世紀，衣索比亞有
一位牧羊人發現，自己的山羊一旦吃了某種灌木長出來的櫻桃紅
色漿果，就會變得活蹦亂跳，難以控制。於是他自己也試嚐了一
點，沒想到竟然如此提神醒腦。慢慢的，人們發展出對這種漿果
種子的加工技術，經過烘烤、磨成粉末，再倒進沸水中——泡咖
啡這件事也就此誕生。

　　但不管是誰發現了咖啡，在與衣索比亞隔著紅海的葉門，當
地的蘇菲派穆斯林神祕主義者，應該是最早養成喝咖啡習慣的一
群人。[29] 這些穆斯林常常一路禱告到深夜，咖啡就有助於他們在
半夜還能保持清醒。靠著咖啡的提神作用，才讓他們靈修時跳起
旋轉舞，能夠久久不停。產於非洲之角的咖啡，以葉門的摩卡港
為主要貿易樞紐，現在「摩卡」也成了一種咖啡飲品的名稱（通
常是與牛奶和巧克力混合）。

　　咖啡在十六世紀傳到君士坦丁堡，再迅速傳遍了鄂圖曼帝國

與地中海地區。事實上，咖啡這種飲料的名稱，正是先從土耳其文的 kahve 演變成義大利文的 caffe，才再變成現在英文的 coffee。伊斯蘭世界之所以如此熱愛咖啡，除了在於咖啡的提神作用，也因為咖啡不像酒精那樣被認定為《古蘭經》所不容。咖啡也就有了「阿拉伯之酒」的稱呼。[30] 〔當然，咖啡的發現根本就晚於穆罕默德與《古蘭經》成書的年代，因此《古蘭經》不可能有明文禁止咖啡。至於後期聖徒教會（俗稱摩門教）經典的〈智慧語〉章節禁止含酒精飲料、菸草與含咖啡因的飲料，是因為這些品項在後期聖徒教會興起時，都已經存在。但現在，年輕的摩門教徒想要狂歡一場的時候，卻能夠欣然使用搖頭丸。[31]〕

似乎是在 1575 年，咖啡就來到海上貿易中心威尼斯；再到十七世紀中葉，北歐已經處處能夠喝到咖啡。倫敦第一家咖啡館大約是在 1652 年開業，而且才過幾十年，光是在這個首都就有了幾千家咖啡館。成長之所以如此迅速，無疑是因為咖啡因讓人一喝上癮，只要顧客喝了一杯，感受到咖啡的神效，多半就會一再光顧。

但同樣重要的，還有圍繞著咖啡而興起的消費文化。在小酒館喝了酒，會讓人昏昏沉沉、感官遲鈍，但喝了咖啡，反而讓人宛若新生、充滿活力。於是咖啡館不但能讓三五好友放鬆敘舊，新興起的商人階級也可以在此談判交易。隨著啟蒙運動初興，知識份子也能在此辯論、交換想法。咖啡館成了一種新型的公共空間，打破階級、促進民主，讓不同階層共聚一堂，從周遭的對話得到智識薰陶。咖啡館也就有了「便士大學」（penny university）之

稱。咖啡館還會提供報紙和各種印刷小冊，讓顧客得到最新消息
與想法，還能和其他客人聊八卦。

隨著咖啡館成為辯論、自由思想與政治異見的溫床，查理二
世曾經在 1675 年想過，要讓咖啡館全部關門，特別是因為當時
八卦的話題正是國王本人、以及斯圖亞特王朝復辟的前途。[32]

而在巴黎的咖啡館一樣精采，不但同樣對政治高談闊論，甚
至還會煽動叛亂，在 1789 年法國大革命期間，也扮演重要角色。
當時，羅伯斯比爾（Maximilien Robespierre）等著名的革命份子，都
常常是普羅可布咖啡館的座上客；德穆蘭（Camille Desmoulins）也
正是跳上了富瓦咖啡館外的桌子，煽動民眾起義、衝進巴士底監
獄——這群人不是酒精上腦，而是咖啡因上腦。

咖啡催生了資本主義

當時，有些咖啡館開始變得與某些特定商業領域息息相關，
那些常客都知道，如果自己不常光顧對的咖啡館、時時掌握到最
新的發展，就會喪失競爭優勢。舉例來說，倫敦勞合社（Lloyd's
of London）最早是一家咖啡館，由於深受商人與航運巨擘喜愛，
也就成了打聽船舶與貨物進出消息的重要樞紐。這裡後來成為海
上保險的重要交易中心，再到十九世紀末，這家公司已經成為英
國數一數二的承保人。同樣的，倫敦證交所也是從一家咖啡館開
始發展。所以，咖啡不僅是民智發展與啟蒙運動的核心，還催生
了資本主義與許多如今的金融機構。

我們對茶與咖啡的熱情，也成為推動遠洋貿易與塑造全球經濟的主要力量。原本，所有銷往歐洲的咖啡都是種在葉門，從摩卡港出口。但 1700 年代初以後，葉門已無法壟斷，因為荷蘭東印度公司（VOC）在 1690 年代已從葉門走私咖啡果實，在東印度群島的殖民地種植咖啡；到了 1720 年代，阿姆斯特丹已成為世界咖啡之都，交易流通的咖啡豆約有 90% 來自荷蘭所屬的爪哇島。

其他歐洲帝國列強也開始有樣學樣，在殖民地種咖啡，以滿足國內需求，且多半是靠奴隸勞動。法國把咖啡栽培，帶到加勒比海的馬丁尼克（現為法國的海外省）與聖多明哥（現在的海地），等到 1770 年代，全球已有超過半數的咖啡產自聖多明哥。十八世紀末的海地奴隸起義（見第 106 頁），讓許多咖啡栽培園遭毀，而且對於這第一個黑人共和國，歐洲各國不願承認其地位、或不願與之交易，於是這項獲利頗豐的貿易也戛然而止。

在南美的葡萄牙殖民地，是以刀耕火種的方式，種植這種眾人渴望的作物，一旦地力枯竭，就換到下一片土地。這導致巴西大西洋沿岸的森林不斷遭到砍伐。靠著這些巨大的栽培園與奴工（巴西的咖啡栽培園直到 1888 年都還在使喚著奴隸），[33] 讓這些地方能夠以低廉的價格，生產大量的高品質咖啡，在整個十九世紀滿足美國對咖啡不斷提升的需求。

從 1822 年獨立到十九世紀末，巴西的咖啡出口量躍升了七十五倍，一國的產量就幾乎是全球其他所有國家產量總和的五倍。但也是因為巴西咖啡供給量實在太過龐大，使得咖啡價格暴跌，成為如今的大眾商品。[34, 35]

茶葉爭奪戰

人類喝茶的歷史，甚至還比喝咖啡的歷史更悠久。早在西元前大約 1000 年，中國西南部的雲南省就已經開始以茶入藥。而等到西元八世紀中葉的唐朝，綠茶這種讓人提神醒腦的熱飲開始流行，先是傳遍中國，再流行到東南亞。[36] 就像蘇菲派穆斯林最早開始喝咖啡一樣，綠茶也是先被佛教僧侶看上，好在長時間的打坐過程保持清醒，集中注意力。[37]

茶葉在十七世紀初，由荷蘭東印度公司最早引進歐洲；1650 年代，英國咖啡館開始能夠喝到這種飲料。在這項遠傳西方的貿易品項當中，經過氧化發酵的紅茶比綠茶容易保存，也就更受青睞；而且由於荷蘭東印度公司已經是咖啡貿易的霸主，英國東印度公司（EIC）就開始把重點放在產自中國的茶葉。

十七世紀下半葉，茶在英國身價高昂，一般喝茶為的是名義上的藥用價值、或做為貴族身分的象徵。但到了十八世紀中葉，英國東印度公司從中國進口了太多茶葉，於是價格大跌，中產階級也能在日常生活享受喝茶的樂趣，勞動階級也在不久之後跟上腳步。喝茶成了整個英國社會共同的享受，從皇宮到農舍、再到都市裡的貧民，人人都能大口小口的喝上一杯熱茶。[38]

英國還有一項創新：茶裡會添奶、加糖，在中國可沒這種喝法。而這種新習慣推升了對糖的需求，也讓加勒比海甘蔗栽培園對奴隸的需求水漲船高。十九世紀初，為了打破中國對茶葉的壟斷，東印度公司在印度東北部的阿薩姆邦，大規模種植原生的茶

樹。接著我們也看到一項早期的企業間諜案例：1850 年，蘇格蘭植物學家福鈞（Robert Fortune）從中國走私茶樹，在印度西孟加拉邦的大吉嶺地區，開起了許多大型茶園。

　　茶的故事在美國則有截然不同的發展。茶葉來到北美十三州的時間，與傳進英國的時間差不多，也同樣愈來愈受歡迎。雖然英國東印度公司努力滿足需求，但直到 1760 年代末，北美殖民地喝的多半都是走私的荷蘭茶葉。事實上，像是「自由之子」這些北美殖民地的反抗組織，甚至是鼓勵飲用走私茶葉，做為對英國稅制的政治抗議。這讓東印度公司在倫敦的倉庫堆滿茶葉，賣不出去，財務陷入困境。英國國會為了協助東印度公司和走私茶葉打價格戰，於 1773 年通過《茶葉法案》，讓東印度公司能夠將茶葉從中國直接運往美洲，既能避開在英國的進口關稅，也能壟斷在美洲的茶葉銷售。根據新法案，茶葉只需要到了殖民地再向英國納稅即可。

　　但是在北美殖民地的人民看來，這等於是逼殖民地人民繳納英國的稅款。於是他們開始騷擾東印度公司的收貨人，拒絕接收這些茶葉，讓貨物在碼頭腐爛，或是直接不允許卸貨上岸。時間來到 1773 年 12 月，波士頓港爆發了一場最公開、也最知名的反抗活動，抗議者登上船隻，把超過三百四十箱茶葉丟進海裡，毀了這批茶葉。經過這起「波士頓茶葉事件」，包括紐約在內的其他港口也起而效法，爆發類似的反抗行動。

　　為了懲罰這樣的行為，英國國會在 1774 年通過一系列《強制法案》（在美洲稱為《不可容忍法案》），打算拿麻薩諸塞州

開刀，剝奪這個殖民地的自治權，並且強制關閉波士頓港，直到這批被毀的貨物得到賠償。然而，這些嚴厲的報復措施反而讓殖民地人更加團結，共同反抗英國王室。緊張局勢不斷升級，隔年春天也就爆發了美國獨立戰爭。

如今美國比較愛喝咖啡、而不是茶，但這並不是因為《茶葉法案》，也不是因為獨立戰爭爆發前在抗議英國的茶葉。茶還是很受歡迎，只不過要首次公開宣讀《獨立宣言》的時候，地點選的可是費城的「商人咖啡館」外面，或許就能看出一點端倪。[39] 而在獨立後的幾十年間，咖啡愈來愈受歡迎（此時美國能直接從加勒比海的法國與荷蘭殖民地進口咖啡），[40] 特別是等到 1832 年取消咖啡進口關稅，咖啡變得更便宜，人氣也水漲船高。[41]

咖啡因對大腦的影響

咖啡因是一種分子上的模仿大師。人類醒著的每一分鐘，腦中都會不斷增加腺苷（adenosine）這種化學物質，像是沙漏的沙子不斷累積，能夠告訴我們已經醒著多久，且會讓大腦運作逐漸放緩，創造出一種睡眠壓力，讓人體做好入眠的準備 [42]。所以醒著 12 個小時到 16 個小時，人就會感受到一種難以抗拒的誘惑，想回臥室躺著進入夢鄉。[43]

然而，咖啡因的分子結構十分類似腺苷，能夠搶先一步與腺苷的受體結合，卻不會活化受體；這樣一來，反而是對這些腺苷受體形成一種化學封鎖。所以，只要你的腦中有大量咖啡因，腺

苷就無法與受體結合，難以傳遞正常的訊號。咖啡因就是靠著這種藥理作用來抑制睡意，使大腦保持警覺與專注。雖然腺苷依然不斷在大腦中堆積，只不過所發出的訊號就這樣被咖啡因給堵住了。但是，等到身體分解了咖啡因，腺苷就會宛如大壩潰堤，讓人感受到沛不可擋的睏意——這就是可怕的咖啡因崩潰（caffeine crash）。[44]

植物合成咖啡因，原本是做為一種天然的殺蟲劑，避免葉子或種子遭到啃食，甚至還能殺死昆蟲。[45] 但奇怪的是，像是包括幾種咖啡類與柑橘類植物在內，有些植物的花蜜也含有咖啡因，花蜜原本該是用來吸引昆蟲授粉的。實驗結果顯示，咖啡因能夠增強蜜蜂的嗅覺學習能力，讓蜜蜂更能記得這些花的氣味，於是不斷回訪這些有著咖啡香氣的花朵。也就是說，這些植物等於是讓蜜蜂吸了興奮劑，引誘它們成為自己忠實的授粉者；可以說，正是咖啡因讓蜜蜂願意不斷嗡嗡嗡上工。[46]

咖啡因的另一個作用是增加依核裡的多巴胺濃度，同時也會提高多巴胺受體的敏感性。這會刺激我們前面提過的中腦邊緣報償路徑，讓人在喝到一杯好茶或咖啡的時候，感受到愉悅的好心情；但也會讓人上癮。[47] 人類之所以愛喝咖啡或茶之類的飲料，是因為這能夠刺激大腦、抑制睡意；而且只要一開始喝了，就會因為咖啡因成癮而讓人維持這樣的習慣。於是回過頭來，我們就看到咖啡因對歷史產生了長久的影響。

在啟蒙時代，咖啡在歐洲咖啡館裡刺激了知識份子的思想與話語；到了不斷變化的工業時代，則是茶讓英國工人階級的身心

得以調適。工業革命淘汰了像是編織、打鐵這些傳統工藝，以龐大的機器加以取代。從煤氣燈到電燈泡，各種人造光源讓工廠開始能夠一路運作到深夜。而咖啡因不但能讓工人在單調無趣的工廠環境裡，維持清醒專注，連那些營養不良造成的飢餓感也能一併排除。茶裡面加的糖也能提供熱量，讓人在長時間的輪班期間維持體力。咖啡因就這樣將工人變成了更好的零件，更能配合那些永遠不知疲倦為何物的鋼鐵機器。

　　〔附注：出於類似的原因，戰爭時期的軍隊也會運用各種精神藥物。像是希特勒速度驚人的閃電戰，先是在 1939 年 9 月橫掃波蘭，接著在 1940 年初攻下法國與比利時。這一方面靠的當然是德意志國防軍裝甲師的機動性，坦克既配備了無線電裝置用於協調，還能得到德意志空軍轟炸機的空中支援。但另一方面，這項成功的背後還有另一項技術的支援：靠著合成興奮劑「甲基安非他命」（methamphetamine，分子結構類似腎上腺素），德軍能夠戰得更猛更久，而不會感覺精神倦怠或身體疲勞。安非他命的化學作用讓人進入高度警覺狀態，也大大提升了自信與攻擊性。閃電戰的成功，靠的其實也是部隊嗑了藥。就連希特勒本人也同時混打多種藥物（古柯鹼、甲基安非他命、睪固酮），提供作戰指揮時的體力。[48]〕

　　所以講到工業革命，工廠與磨坊的動力靠的是蒸汽機，但如果是操作機器的工人，靠的燃料就是東印度公司帶來的茶葉、加上來自西印度群島的糖。[49] 於是，茶的歷史深深植根於對勞工的剝削——從印度的茶園、加勒比海的甘蔗栽培園、再到英國的工

廠，都壓榨著這些工人所有清醒的時分。[50]

如今，若想要控制我們的睡眠清醒週期（sleep-wake cycle），咖啡因仍然是一項重要工具。這個科技社會的步調太過急促，不允許我們被動順應自己的生物時鐘，得主動加以調整，適應數位時鐘的要求。而很多人靠的就是自行攝取咖啡因，在每天上班途中把自己叫醒、讓自己能在辦公桌前熬夜趕工，或是在長途飛行後，把生理時鐘同步到新的時區。很多咖啡因成癮者都能自己調整這種藥物的劑量，一方面巧妙發揮咖啡因的正面作用，讓自己更能面對現代世界對專注力的需求，另一方面也能避免過度攝入造成的負面作用，像是焦躁不安、心跳加速、胃部不適。

然而，咖啡因雖然讓我們得以抑制大腦發出的睡意訊號，卻也成了現代人常常睡眠不足的一大主因。咖啡和茶就這樣和人類玩著兩面手法：我們喝咖啡和茶，是為了緩解長期的嗜睡；但造成這種情形的元凶也正是咖啡因。[51] 事實上，我們早上會想趕快來杯咖啡，讓腦子清醒一點、或是提振精神，很多時候其實是在緩解一夜難眠的戒斷症狀。

菸草的致命吸引力

第四章〈流行病──改變歷史走向的瘟疫〉談過，自從新舊世界在十五世紀末有了接觸，就給雙方都帶來改變，再也無法回頭。歐洲探險者帶來的疾病，讓美洲原住民慘遭毀滅。相對的，梅毒也反向跨越大西洋，與完成哥倫布第一次航行的船員一起航

向歐洲。接下來的幾十年與幾個世紀，地球的生物相（biota）出現了全球性的改變，也就是所謂的哥倫布大交換，給舊世界帶來了一項比梅毒更傷人要命的東西。

在今日的世界，菸草每年會奪走超過八百萬人的性命：全球死亡總數約有 15% 是由菸草引起的各種癌症、心血管與呼吸道疾病所致。或者換一種說法，這就像是 1918 年的流感大流行，每十年就會重演。而且吸菸除了影響本人，還會波及他們的孩子、以及其他吸到二手菸的人。[52] 簡言之，菸草就是目前全世界最大的可預防死因。[53]

菸草屬於茄科植物，和有毒的顛茄是近親，其他茄科植物還包括馬鈴薯和茄子。菸草屬（*Nicotiana*）有大約七十種植物，[54] 但人類用得最多的是其中兩種：黃花菸草（*Nicotiana rustica*）與菸草（*Nicotiana tabacum*）。

根據菸斗裡的尼古丁殘留發現，早在三千多年前，北美東南部的狩獵採集社會還沒轉型成農業社會，就已經開始抽菸了；南美開始抽菸的時間，也可以追溯到大約同一時期。[55] 然而，人類與菸草的關係還可能古老得多。最近在猶他州的一處狩獵採集者考古遺址，發現火堆裡有燒焦的菸草種子，代表人類可能早在一萬二千三百年前，就開始使用菸草。這距離人類在上一次冰期沿著白令陸橋首次遷徙到北美，才過了沒有多久的時間。[56]

最早開始種菸草的地方是位於祕魯的安地斯山脈，並且在西元 500 年前後，已經向北傳到密西西比河谷一帶。[57] 北美有些原住民部落，像是黑腳族（Blackfoot）與克洛族（Crow），唯一的農

業形式就是種植照料菸草植物，其他一切所需都是直接從野外取得，可見菸草對他們的文化有多麼重要。

菸草與神靈

　　無論對於北美或南美的原住民而言，菸草都是一種牽涉靈性的藥草，與各種儀式息息相關。北美原住民如果要進行神聖的儀式或簽約，會用長長的菸斗抽菸，冉冉上升的菸霧就是獻給眾神的祭品。吸進菸霧，是接受神靈進入你的體內；呼出菸霧，則是神靈以祂認為合適的形式，表達你的願望與問題。[58] 在戰士出征之前，薩滿也會有個吹菸的儀式，用來給予祝福或保護。而在南美文明，菸草也有著深遠的宗教意義。有一部稱為《馬德里手抄本》的馬雅文獻，成書於馬雅文化尚未遭到西班牙摧毀的十四世紀或十五世紀，其中就描繪了三位神靈抽著雪茄。[59]

　　吸菸（或者有時候是咀嚼菸葉）之所以能讓人與神靈有所連結，或許能用一項事實來解釋：美洲傳統用的是黃花菸草，比起其他品種（像是如今商業種植的菸草），效用要強得多。黃花菸草的尼古丁濃度是其他菸草的五倍到十倍，能產生像是醉酒的麻醉作用，甚至會讓人感到恍惚、產生幻覺。薩滿或祭司想要與神靈溝通或是誘發幻覺的時候，就會使用高劑量的黃花菸草。[60]

　　菸草也有一些更實際的用途。早在超模用吸菸來克制食慾之前，[62] 人類就已經知道菸草有止渴止飢的效果[61]，而且過去也認為菸草有藥用價值（這在現代看來有點諷刺，畢竟現在大家都知

道菸草對健康有各種害處），可用來緩解或治療氣喘、牙痛、耳痛、消化問題、發燒和憂鬱等等症狀，也可當作塗抹的藥膏，處理傷口、蚊蟲叮咬或燒傷。[63] 在歐洲，菸草一度被認為能夠治療癌症，[64] 以及讓人恢復健康，像是提振精神、或是排出多餘的黏液。[65]

〔附注：雖然過高劑量的尼古丁也會有害人體，但吸菸的危害主要是來自菸草裡的其他物質及燃燒的產物，包括各種致癌物質、一氧化碳與焦油。但奇怪的是，包括帕金森氏症和子宮肌瘤在內，某些疾病似乎和抽菸呈現負相關，代表抽菸的習慣可能有助於預防這些疾病。然而，比起其他抽菸相關疾病風險的提升，想要靠抽菸護健康，絕對是弊遠大於利。[66]〕

菸草也可以純粹只是提供娛樂消遣。像是哥倫布等人到達美洲的時候，就看到泰諾人（Taíno）脖子掛著菸袋走來走去，隨時都能來上一口。這就像是現在有些人晚上出門，也會在褲子後面口袋塞上一包菸。[67]

美洲原住民文化有許多不同的菸草使用方式，反映著當地的環境條件。在中美與北美，最常見的方式是先將菸草經過乾燥，做成雪茄或用菸斗來抽；這些菸斗有可能大到看來不切實際，裝飾非常華美，配得上它做為靈性或公共上的用途。至於在亞馬遜盆地的溼地，生火不易，會將菸草做成飲料飲用；而在祕魯安地斯山脈高處，空氣稀薄，真要抽菸會讓人喘不過氣，於是將菸草磨成粉，製成鼻菸。[68] 此外也有嚼菸的形式，直接將溼的菸草葉捲成一團，放在牙齦和臉頰之間，慢慢咀嚼；或者也能做成菸草

眼藥水。馬雅人甚至會用菸草做成浣腸劑，[69] 浣腸裝置的球狀部分是用動物膀胱，管狀部分用的是小鹿的中空股骨。[70]（完全不意外，這種用法從來沒在歐洲流行。）

尼古丁讓人成癮

　　歐洲人第一次接觸到菸草是在古巴，當時哥倫布一行人來到此地，友善的島民送了一些他們前所未見的食物與異國水果，其中包括乾燥的菸葉。西班牙人一頭霧水，覺得這些菸葉怎麼吃都不對勁，最後直接扔到船外。[71] 他們後來才發現，原來菸葉不是拿來吃的，是要捲成管狀，把一端點燃，然後就能開始抽菸。對歐洲人來說，抽菸就是一種全新的體驗。雖然歐洲也會在教堂裡焚香，但為的是那股香味，而不是要把煙霧吸進身體裡。

　　這群來到新世界的早期探險者，甚至找不到什麼詞彙來形容這種行為。道明會修士拉斯卡薩斯（Bartolomé de Las Casas）是最早來到美洲的歐洲移民之一，[72] 他就寫到：在信使被派到古巴上岸後，發現一些人「手裡拿著燒到一半的木頭和一些藥草，要吸它們的煙。也就是把一些乾的藥草放在某種一樣是乾的葉子上……點燃一端，再從另一端來吸食、吸收、或說吸入那些煙霧。然後就會變得茫茫的，簡直像是喝醉酒一樣，據說這樣就不會感覺疲勞。這些我們看起來像是火槍外型的東西，他們稱為 tabacos。」

　　拉斯卡薩斯也提到：「我認識一些在伊斯巴紐拉島的西班牙人，已經習慣抽這種玩意，而且已經受到譴責，被告知這是一種

惡。但他們說自己就是戒不掉。」[73]

　　所以，這除了是探險者第一次見識到吸菸這種行為，也見識到了化學依賴（chemical dependency）造成的折磨。尼古丁的成癮性要遠高於酒精之類的其他物質。一個世紀之後，哲學家暨科學家培根爵士提到：「在我們這個時代，菸草的使用正在大幅增加，以一種隱隱的快感征服人群，讓人一旦習慣了菸草，就再也難以克制。」[74]

　　不論以哪種形式服用菸草，都會讓尼古丁進入血液，再迅速送到大腦。而就像咖啡因很類似腺苷這種神經傳遞物質，尼古丁的結構也很像另一種神經傳遞物質——乙醯膽鹼（acetylcholine），因此可以與神經元表面的乙醯膽鹼受體結合，[75] 引起其他神經傳遞物質（包括中腦邊緣報償路徑裡的多巴胺）形成連鎖反應，於是讓菸草可以帶來愉悅的效果。[76]

　　長期享用菸草，大腦就像是持續泡在尼古丁裡；神經元一旦適應了一直能得到尼古丁，相關化學反應也會慢慢變化。隨著對尼古丁耐受度的提升，原本能感受到的愉悅也會慢慢降低，這時再持續攝取尼古丁，主要只是為了避免戒斷造成的不適，例如煩躁與焦慮。就像其他上癮者一樣，一旦吸菸者試著想戒菸（包括最近流行的電子菸），就會出現種種讓人不快的戒斷症狀，讓他們難以脫身。

　　赫雷斯（Rodrigo de Jerez）是哥倫布在古巴的其中一位信使，也是最早觀察到吸菸習俗的歐洲人之一。赫雷斯後來也染上吸菸的習慣，並把這習慣帶回西班牙。家鄉的人看到赫雷斯口鼻冒出

煙霧，簡直嚇壞了，覺得他就像個七竅生煙的惡魔，還讓他因此被宗教裁判所關了七年。[77]

但是到了 1530 年代，抽雪茄已經在西班牙和葡萄牙掀起流行。當時，法國大使尼古（Jean Nicot）被派往里斯本安排一場王室婚禮，在那裡養成了吸菸的習慣，還把菸草種子獻給當時的法蘭西王后。這種「尼古帶來的藥草」很快就在法國宮廷裡廣受歡迎。[78] 到了 1570 年，植物學者也就把這種植物稱為 nicotiana（菸草屬），並衍生出目前這種活性物質的名稱 nicotine（尼古丁）。

熱那亞與威尼斯的商人把菸草傳向黎凡特與中東，葡萄牙則將菸草傳向非洲；再沒過多久，全球海上貿易就已經將菸草送往印度、中國與日本。[79] 所以，雖然哥倫布從未實現自己抵達東方的目標，他在航行過程發現的這種迷人小草，倒是成功抵達了中國。

根據首次接觸到菸草的方式，歐洲發展出各種不同使用菸草的辦法。十六世紀初，西班牙開始流行抽雪茄；但在十六世紀稍晚，英國更偏好用黏土菸斗來吞雲吐霧，這是他們從後來的維吉尼亞與卡羅萊納等地的北美原住民學來的習慣。而在中東，菸斗的形式改成了水菸筒，會讓煙霧冷卻、再讓人吸入，也讓吸菸成了一種多人共享的公共活動。[80]

於是，在歐洲探險者發現菸草之後，這種植物就迅速傳到世界各地。而因為菸草有著改變人類精神意識狀態的功效，也讓它深深左右著北美東岸沿海的殖民發展，帶來悲慘又深遠的影響。

維吉尼亞靠菸草翻身

菸草可能是在十六世紀下半葉才傳至英國，時間相對較晚。一般相信，最早將菸草送到英國的人是身兼私掠者與奴隸販子身分的霍金斯（John Hawkins）爵士，他是在佛羅里達沿岸劫掠原住民的時候，得到了一批菸葉。也有其他勇猛的海盜，像是德雷克（Francis Drake）爵士，則是瞄準在美洲的西班牙殖民地，搶奪運送的菸草和其他財寶。但要說到在英國最熱心推廣菸草的人，肯定是羅利（Walter Raleigh）爵士，他發揮自己在伊莉莎白女王宮廷裡的地位與影響力，大力宣傳菸草的各種好處，很快就讓抽菸成了上流階級的時尚，也迅速在整個社會風行。而且吸菸的流行絕非曇花一現，尼古丁的成癮性會讓這種習慣不斷發展延續，滲透整個社會結構，持續造成危害。[81]

由於英國在美洲沒有永久據點，只能靠著劫掠來取得美洲產出的菸草，無法有穩定的來源。雖然英國本土也有少量的菸草產出，但一般認為品質遠遠不及沐浴在西印度群島熱帶陽光下的菸草。[82] 於是，羅利來到維吉尼亞海岸附近的羅阿諾克島——維吉尼亞的英文 Virginia，這名稱是要紀念女王的美德（virtue）。羅利希望在羅阿諾克島打造出英國在北美的第一個永久殖民地。然而第一次的嘗試宣告失敗，第二次建立的殖民地又在 1590 年，所有居民莫名消失。在美洲，西班牙用了一個世紀，建起橫跨整個新世界的龐大帝國，但是英國和其他歐洲列強卻連想要建立一處成功的殖民地，都無比艱難。

　　直到 1604 年，英國與西班牙經歷了一個世代的戰爭，新國王詹姆士一世終於和西班牙談和，英國也再次試圖在北美建立殖民地。但經歷了先前在羅阿諾克島的失利，王室對於殖民冒險的態度變得很保守，因此這次的嘗試是由民間出資。維吉尼亞公司在 1606 年得到國王特許，以發行股票的方式籌措資金，並招募自願殖民者；隔年春天，在切薩皮克灣一條大河的河口，詹姆斯鎮就此建立。〔切薩皮克灣這個河口，除了是英國在北美第一個成功殖民地的所在，巧的是在將近兩個世紀之後，英國也是在這個地區遭到徹底擊敗，而讓美國脫離了大英帝國的統治。詹姆斯鎮與約克鎮（見第 105 頁）的直線距離只有二十公里。〕

　　早期殖民者在詹姆斯鎮的日子並不好過，超過半數活不過十二個月。雖然有兩支後援船隊帶來更多殖民者與補給，但是到了 1610 年，殖民者的死亡比例竟高達 80%，多數死於瘧疾等疾病和飢餓，特別是在前一年冬天，甚至有了「飢餓時期」之稱。[83]

　　第三支前往詹姆斯鎮的補給船隊在穿越大西洋途中，被颶風吹散，旗艦嚴重受損，只能勉強撐到百慕達群島的一座無人島。船員和乘客就這樣受困十個月，最後才終於建了兩艘小艇，載著他們抵達目的地。（莎士比亞的《暴風雨》正是以這艘「海洋冒險號」的真實故事為藍本改編。）[84] 然而等他們到達詹姆斯鎮，卻發現這個聚落已成一片廢墟，只有六十人仍然倖存。於是眾人決定放棄這個殖民地，與剩下的殖民者一起乘船回國。但時機巧合，他們才剛啟航，就遇到另一支補給船隊，大家又返回了這個聚落。既然有了更多補給、又有新殖民者加入，詹姆斯鎮的基礎

似乎就穩固了。[85] 但是維吉尼亞殖民地仍然無法為金主創造任何利潤——直到此時，這個殖民地還沒有生產出任何適合出口的產品，既沒發現金礦銀礦，各種農業嘗試也全告失敗（不論是油橄欖、葡萄，甚至是養蠶）。[86] 對於這些殖民者，維吉尼亞公司話說得很清楚：金主希望看到投資能夠賺錢，要是再做不出成績，金援就會被切斷。詹姆斯鎮的未來可說是岌岌可危。

就在這個時候，曾是百慕達受困一員的羅爾夫（John Rolfe）看上了一種潛在的經濟作物。詹姆斯鎮當時已經種了少量本土種的黃花菸草，但這種菸草的菸味較嗆，比較不受英國人喜愛，需求不高。英國更喜歡菸味較溫和甜美的菸草，願意花大錢從西班牙轄下的西印度群島進口。當時，羅爾夫已從千里達取得菸草的種子，又花了幾年時間，一方面嘗試如何配合維吉尼亞的風土，另一方面也熟悉在收成菸葉後該如何乾燥。[87] 與此同時，羅爾夫還和波瓦坦族（Powhatan）酋長年約十歲的女兒寶嘉康蒂成婚，與原住民訂下一個脆弱的和平與貿易協定。

1613 年，羅爾夫的首批菸草收成，運抵倫敦，不但大受英國人歡迎，最重要的是賺進了豐厚的利潤。英國市場正渴望有這樣高品質的菸草，才能好好過過菸癮。詹姆斯鎮迅速從蕭條走向繁榮。1618 年，這個殖民地得到消息，未來維吉尼亞公司將不再提供金援，需要殖民地倚靠菸草種植，自食其力。詹姆斯鎮在那一年就出口了兩萬磅的菸草，1622 年六萬磅，1627 年五十萬磅，1629 年一百五十萬磅。[88] 時至 1660 年代，維吉尼亞每年出口的菸草重量，已經來到驚人的二千五百萬磅。[89]

　　羅爾夫在 1622 年去世時，詹姆斯鎮的命運已經永遠扭轉，成為維吉尼亞殖民地的首府，一直到十七世紀末。而維吉尼亞的人口也迅速成長，到此時的移民者人數已經將近六萬。[90] 在整個十七世紀與十八世紀，英國在維吉尼亞和百慕達的殖民地經濟成長，一直是靠著菸草在推動，直到後來才由咖啡與棉花，提供了額外的經濟基礎。隨著在北美的殖民發展，維吉尼亞菸草除了出口回英國，也開始銷往整個北美東岸與加勒比海地區。事實上，北美十三州甚至開始用這種廣受歡迎的菸葉當作貨幣，來與鄰居交易。菸草不但是利潤豐厚的經濟作物，還根本等同於現金。

　　羅爾夫就這樣為「英屬美洲」播下了種子。詹姆斯鎮曾經一度如此瀕臨澈底失敗、即將遭到遺棄，但靠著菸草與它讓人上癮的特質，終獲成功，也讓英國的語言、文化、法律和其他制度在英屬美洲成為主導，深深影響著這個未來全球最強大的國家。

菸草種植的三項深遠影響

　　維吉尼亞殖民地的菸草種植，在歷史上留下了三項深遠的影響。第一，殖民地種植菸草這種經濟作物，代表這裡的農業出現重大轉變，從僅求餬口，走向市場導向的農業經濟，開始具有商業價值，能夠自給自足，還能為母國的金主帶來可觀的利潤。菸草的種植，讓英國終於在美洲有了第一個成功的殖民地，為進一步的擴張與移民奠定基礎。殖民地的吸引力因而大增，吸引愈來愈多殖民者前往北美。

　　第二，菸草是一種很飢渴的作物，生長過程會吸取土地大量的養分，[91] 很快就會使地力枯竭。種植了三年菸草，就得休耕十年到二十年讓地力恢復，[92] 另行闢地種植。到十七世紀末，估計維吉尼亞已經有大約五十萬英畝森林遭到砍伐，開墾成為農地，主要就是用來種植菸草。[93] 因此，菸草成了一股強大推力，要人不斷向西擴張、開墾新的土地。這也讓殖民者與原住民產生直接衝突，雙方敵意不斷升級，最後導致原住民部落遭到屠殺驅逐。

　　第三，菸草種植是極度勞力密集的產業。殖民地在早期靠的是契約勞工：移民者無須支付旅費，就能夠前往新世界，但到了之後，必須在栽培園工作五年到七年來抵債。他們在期滿之後就能獲得自由，而且合約常常承諾還會贈予他們一塊土地。然而，無論是靠著契約勞工、或是將罪犯運向美洲殖民地，依然無法應付栽培園人力需求的快速成長，特別是正如第四章〈流行病——改變歷史走向的瘟疫〉所提，這個地區的疾病負擔實在太過沉重了。[94] 從非洲進口奴隸是比較便宜的做法，因為非洲黑人已經適應了熱帶疾病，又可以強迫他們無期限工作，只需要維持他們最低限度的生存需求。於是，北美的菸草就像加勒比海地區的糖，都使十七世紀初的跨大西洋奴隸貿易繼續擴張。

　　這種菸草屬的植物，到現在仍然是美國經濟的核心，大型菸草公司的企業規模在全美居於領先，也掌握了龐大的政治權力。只要到美國國會所在的國會山莊，就能看到菸業在政治經濟的核心地位躍然眼前：在宏偉的圓柱大廳，每根科林斯柱式圓柱的頂端正是菸葉裝飾，象徵性的支撐著這整個機構。[95]

雖然一直都有各種古老方式，讓人類從菸草取得尼古丁（嚼菸、鼻菸，或是抽菸斗、吸雪茄），但在 1880 年又出現了一種新的形態：紙菸（cigarette）。在這之前，想抽紙菸的人得自己準備菸草與薄紙，手工製作、隨做隨抽；有些人在學生時代就可能很熟悉這樣的捲菸（rollies）了。而且因為人工每分鐘能捲製的數量相當有限，所以就算有預捲好的紙菸可買，價格也高到令人咋舌。

但接著，有人在維吉尼亞發明了捲菸機，每分鐘能捲好超過二百支紙菸，這讓捲菸走向工業化，也讓情況有了改變。但在一開始，人們還是覺得這種預捲紙菸就是昂貴的奢侈品，需求量並不高。在二十世紀初，紙菸只占美國菸草消費的 2% 而已。隨著菸業投下前所未有的廣告預算（包括在第一次世界大戰之後，以女性為主要訴求對象），情況就大為改觀。[96] 特別是在兩次大戰的戰時，政府都會提供紙菸來給軍人提振士氣，結果就是為和平時期的捲煙製造商，創造出大批忠實（上癮）的客戶。

生物鹼不合理的有效性

〔附注：本節的標題是在致敬理論物理學家暨諾貝爾獎得主維格納（Eugene Wigner）1960 年的重要論文〈數學在自然科學中不合理的有效性〉（The Unreasonable Effectiveness of Mathematics in the Natural Sciences）。[97] 該文討論數學語言竟然能如此有效的描述宇宙的物理現實，但又沒有什麼道理能解釋它為何如此有效。〕

人類文明　Being Human

　　前面已經提過，咖啡因和尼古丁這些植物產品之所以傳遍世界，是因為能讓人興奮、叫人上癮。這些物質模仿了人腦中的神經傳遞物質，能夠刺激中腦邊緣報償路徑；中腦邊緣報償路徑是一套古老的演化機制，能激勵與調整我們的行為，幫助我們在自然環境生存繁衍。然而，為什麼這些植物化合物能如此有效的劫持人腦的傳訊系統？舉例來說，某種本來沒什麼特別的灌木，只生長在衣索比亞高地的某個小地方，為什麼那麼剛好，能夠深深影響人類的神經化學機制，進而左右了人類的歷史？

　　不論是咖啡因、尼古丁、或稍後會談到的嗎啡（morphine），都屬於生物鹼（alkaloid）這類有機化合物，主要由碳原子組成，多數為環狀結構，且至少含有一個氮原子。[98] 生物鹼是一個極其多元的天然化合物家族，已知就有大約兩萬種，許多是由植物產生，用來保護自己不受草食動物侵害，[99] 所以生物鹼才多半帶有一種苦味。

　　除了咖啡因、尼古丁與嗎啡，本書前幾章提到的許多化合物也都屬於生物鹼，例如：奎寧（quinine）、古柯鹼（cocaine）、可待因（codeine）與仙人掌毒鹼（mescaline）。從英文名稱就能略知一二：生物鹼的命名慣例，就是將萃取出該物質的植物學名，加上 -ine 這個詞尾。

　　事實上，生物鹼對人體有非常廣泛的醫療作用，除了能用於抗炎、抗癌、鎮痛、局部麻醉、肌肉鬆弛，也能用來抑制心律異常、讓血管收縮或擴張、降血壓、退燒；當然，還有對大腦產生興奮或致幻的作用。

所以，到底為什麼生物鹼能夠對人體有如此巨大的影響力？答案有一部分是：因為生物鹼數量實在非常多。

興奮劑作物馴化了人類

植物界生成的化合物數量驚人，你大概也能想到，總有一些剛好就能影響到人類的生化機制。但事情也絕對沒那麼簡單。植物不像動物，沒辦法移動來躲避威脅或取得資源，只能固定待在一個地方，因此需要靠它們內在的生化機制，製造出各種化學物質，以此影響動物的行為。這些化合物有的是可以吸引動物（例如幫忙授粉），有的是可以避免像是毛毛蟲或甲蟲這些食草昆蟲來啃葉子，甚至也有的可以用來和其他植物競爭，或是抵禦真菌的攻擊。

隨著時間而不斷演化，已經讓植物變得很擅長產生一些對動物有特定作用的化合物。由於動物都是從同樣的祖先演化而來，過程中又都會保留那些必要的功能，所以許多不同的動物仍然會有共同的特徵。這一點除了適用於各種器官的實體構造，也適用於各種讓細胞彼此溝通或執行重要生化過程的物質結構。因此，就算某種植物演化而產生的物質是針對昆蟲的消化系統、循環系統或神經系統，很有可能對人體也會有類似的作用。

不論如何，如果說到哪些植物產生的生物鹼對人類歷史影響最深，肯定還是那些影響中腦邊緣路徑的生物鹼，包括咖啡因、尼古丁，以及我們很快就會談到的嗎啡。

〔還有其他一些植物，也能產生會刺激中腦邊緣路徑的生物鹼。像是幾千年來，秘魯和厄瓜多的人都會嚼食古柯葉，常常還會配一點石灰，來協助讓古柯鹼釋放到血液中。古柯葉的興奮作用（無論是透過嚼食或泡茶）能讓人緩解飢餓與疲勞。印加帝國就曾經大規模種植這種作物。而像可口可樂（Coca Cola），英文名稱中的 Coca，正是因為從 1885 年到大約 1903 年的配方中，曾經加入古柯萃取物；至於 Cola，則是因為曾用可樂果（kola nut）做為調味與咖啡因的來源。古柯鹼的作用是阻斷分子泵對於多巴胺的吸收，讓神經元突觸間隙中的多巴胺濃度維持在高點。[100] 而一旦古柯鹼經過加工濃縮，以粉末鼻吸、加熱吸煙、或溶解注射方式進入人體，效力會遠遠更強，也更易上癮。[101]〕

在早期人類發現這些植物有如此讓人著迷的作用之後，就開始蒐集並種植。如今，這些興奮劑作物占據了大片農地：全球咖啡種植面積約達一千萬公頃，茶葉與菸草也有各約四百萬公頃。這些面積的總和，已經遠超過中國水稻種植總面積一半以上，[102] 而這些作物既不能為飢餓的人提供營養，也不能提供纖維做成保暖的衣物，只是提供了能夠輕微影響精神意識的物質。

菸草植物合成尼古丁，原本是為了抵禦食草昆蟲，[103] 結果倒成了一種極其有效的演化適應：靠著綁架人類的神經化學機制，讓菸草在地球上生養眾多。全球現在有無數人悉心呵護著田裡的菸草，照顧它們的每一個需求：仔細灌溉、小心施肥、除去那些擋了光線的雜草、消滅那些可能不利的害蟲。這樣看來，還真不知道是人類馴化了菸草，還是菸草馴化了人類。

鴉片

　　我們前面提過，在整個十八世紀，英國對茶葉的需求穩定提升。到了 1790 年代，茶葉多半自中國進口，像是東印度公司每年就要從遠東進口高達兩千三百萬磅的茶葉到倫敦。[104] 這不但讓東印度公司的股東荷包滿滿，就連英國政府也能大撈一票——在十九世紀早期，茶葉需要繳的稅率可是市價的 100%。

　　但這裡出現一個大問題：中國完全不想從大英帝國進口任何商品。不管是英國的原料或工業製品，中國全部興趣缺缺。雖然中國是買了一些金屬、也買了一些新奇的機器設備，[105] 但規模遠遠不足以和英國進口茶葉的貿易量達成平衡。1793 年，乾隆皇帝致英王喬治三世敕書就寫道：「天朝物產豐盈，無所不有，原不藉外物以通有無。」[106] 這也讓英國面臨了巨大的貿易逆差。

　　中國唯一想要的歐洲商品，就是再直接不過的白銀。因此在整個十八世紀下半葉，英國對中國的貿易出口有高達約 90% 就是白銀。[107] 英國政府得要煞費苦心，才能取得足夠的白銀來維持雙邊貿易。

　　至於東印度公司也開始擔心，怎樣才能維持獲利。一開始，東印度公司還能維持一種三段式的三角貿易體系：將英國的工業製品運往印度，將印度的棉花運往中國，再將中國的茶葉運往英國；對東印度公司來說，每段貿易都能有豐厚的獲利。（這很類似從十六世紀開始的跨大西洋三角貿易體系，分別運送的是歐洲製品、非洲奴隸、以及美洲殖民地栽培園所種植的經濟作物與產

品，像是蔗糖、菸草、或蒸餾出的蘭姆酒、以及後來的棉花。）
雖然直接用白銀來換茶葉的方式對英國實在不妙，但靠著這種三
段式的循環，還是能夠巧妙操作全球各地對不同商品的供需。然
而，後來中國對進口棉花的需求轉弱，於是英國的白銀再次大量
流向中國。[108]

　　但接著，精明的東印度公司意識到，他們可以針對某種他們
能夠大量提供的商品，創造出一個不斷成長的市場。雖然清廷在
官方貿易上只想要白銀，但是中國的一般大眾卻很熱中另一項商
品：鴉片。

　　鴉片的製作，是選擇某些品種的罌粟，將未成熟的莢果切開
取得漿液，乾燥成粉末。這種漿液含有鎮痛化合物嗎啡（與可待
因），能夠緩解疼痛，讓人有一種放鬆而超然物外的溫暖感受。
從西元前 3000 年晚期開始，蘇美人就在美索不達米亞種植罌粟
製作鴉片，還把罌粟稱為「歡欣的植物」。後來，中東與埃及繼
續使用鴉片，且至少在西元前三世紀，古希臘醫學已經十分熟悉
鴉片的藥用用途。時至西元八世紀，阿拉伯商人已經將鴉片傳到
印度與中國；而在十世紀到十三世紀之間，鴉片傳遍歐洲。[109]

　　在醫學上，口服鴉片能夠用來止痛。大腦的丘腦、腦幹和脊
髓等部分負責處理人的痛感，鴉片所含的嗎啡能夠與這些地方的
神經細胞受體結合（這些受體原本應該是會和人體自己產生的荷
爾蒙結合，例如腦內啡）。然而，鴉片劑（opiate）也會與中腦邊
緣報價路徑中的受體結合，所以鴉片除了能用於醫療止痛，也有
人用作娛樂藥物。

十九世紀初期，鴉片在英國還是合法商品，每年的消費量約十噸到二十噸。[110] 當時會將粉狀鴉片溶在酒精中，製成鴉片酊（laudanum），是一種能夠自由取得的止痛藥，甚至連嬰兒的止咳劑都含有這種成分。許多十八世紀末到十九世紀的文人，都用過鴉片，包括拜倫、狄更斯、伊莉莎白・白朗寧、濟慈、柯立芝等等；德昆西更是以自傳式的《一位英國鴉片吸食者的告白》一舉成名。[111]

以鴉片酊的方式飲用鴉片，能帶來溫和的麻醉作用，但也會形成習慣，於是當時社會處處可見鴉片成癮者，包括許多下層階級，希望能用鴉片酊來逃避在工業化都市工作與生活的那種單調乏味。[112] 鴉片酊協助激發了幾位詩人的靈感，也成功讓貴族過得更放蕩歡愉。透過這種飲用的方式，鴉片劑釋放到血液中的速度其實相對緩慢，成癮者不至於頹廢失能。[113]

英國靠鴉片逆轉對中國的白銀流向

另一方面，中國人卻迷上了抽鴉片這種形式。以這種方式，快感會來得更迅速、更強烈，也更容易上癮。

中國人與抽鴉片的第一次接觸，可能是十七世紀中葉在福爾摩沙（臺灣）的荷蘭殖民基地；到了十八世紀，葡萄牙也開始從位於印度果阿邦的貿易樞紐，將鴉片運往廣州。[114] 所以，並不能說是東印度公司給中國創造了最早的鴉片需求，但他們肯定就像拿楔子讓原本的裂縫擴大，好倒進更多的鴉片。

　　成癮性就是東印度公司最好的幫手：只要產品抓住了一個客戶，就再也不用擔心會不會繼續上門。於是，東印度公司運向中國的貨品從白銀換成了鴉片，而且這種新的「貨幣」想種多少就能種出多少。[115] 沒過多久，東印度公司就開始售出數量前所未見的鴉片毒品。到頭來，雖然就是用一種成癮物質（咖啡因）來交易另一種成癮物質（鴉片），但英國賣給中國的這種成癮物質，卻遠遠更具破壞性。為了讓英國人能用茶來集中精神，他們就讓中國人被鴉片弄得頭腦昏沉。[116]

　　經過 1757 年的普拉西戰役，東印度公司從蒙兀兒帝國手中，取得孟加拉的控制權，開始在這裡壟斷鴉片的種植，源源不絕的將鴉片進口到中國。在中國，非藥用鴉片的消費其實是違法的，早在 1729 年就有了第一道禁鴉片煙的詔令。[117] 天威難違，東印度公司不能被發現在非法進口鴉片，於是，東印度公司以獨立的港腳公司（country firm）做為中間人，向這些印度商人頒發貿易許可證，允許他們與中國做生意，然後這些港腳公司會在珠江口出售鴉片、換取白銀，再將鴉片走私上岸。

　　英國東印度公司就這樣惺惺作態，撇清自己從事鴉片販運的責任。歷史學家格林伯格（Michael Greenberg）指出，東印度公司「既在印度完善了種植鴉片的技術，又在中國否認自己與鴉片的關係。」[118] 與此同時，在收賄的腐敗官員協助下，鴉片銷售網路開始遍布中國。

　　東印度公司欣然提升對中國輸送鴉片的產能，直到 1806 年雙邊貿易來到臨界點，順差逆差就此逆轉。中國大批的鴉片癮君

子為了滿足自己的癮頭，共同付出高昂的代價；而英國走私出售鴉片賺到的錢，已經超越購買茶葉所付出的錢。白銀流向逆轉，這種貴金屬首度由中國流向英國。[119] 從 1810 年到 1828 年間，東印度公司進口到中國的鴉片數量翻了三倍，到 1832 年又幾乎再次翻倍，來到每年約一千五百噸。[120] 於是，大英帝國先是在跨大西洋擴張的早期，靠著一種成癮植物（菸草）得到成功，現在又用另一種成癮植物（罌粟），遂行帝國征服。

兩次鴉片戰爭

我們或許永遠無法確定，在 1830 年代，有多少中國男性對鴉片煙成癮（當時抽鴉片的主要是男性），但當時估計大約在四百萬人到一千二百萬人之間。[121] 一旦鴉片重度成癮，確實會讓人生活全毀：在藥效來的時候是個神智不清的活死人，其他時候則是無精打采，一心只想著什麼時候才能再去鴉片館。

然而就整體人口而言，這樣的人其實只是少數。鴉片仍然是一種相對昂貴的商品，多半只有官員或行商，才能夠負擔。[122] 因此，鴉片帶給中國的災難與其說是公共衛生上的威脅，不如說是經濟上的破壞。由於白銀都付給了英國鴉片販子而流出中國，就讓國內的白銀供給減少、價格上揚。就算是碰都沒碰過鴉片煙的農民，現在也得賣掉更多作物，才能籌到足夠的白銀來繳稅。時至 1832 年，換算要繳的稅已經比五十年前高了一倍，[123] 而白銀外流也對中國國庫直接造成衝擊。[124]

　　講到對英國鴉片的不滿，民間多半是氣憤鴉片煙毒害百姓，但朝廷則更擔心鴉片對財政的破壞。[125]

　　道光年間，有官員奏請將鴉片合法化並降低英國進口價格，或規定只能用於茶葉交易，以阻止白銀流出。[126] 但道光皇帝儒家出身，一心希望人民遠離毒害，於是在 1839 年向鴉片宣戰，命令政績卓著且品德高尚的林則徐擔任欽差大臣，來到廣東取締商人從廣州走私進口鴉片。

　　林則徐來到廣東十三行，不容分說，下令英國和其他國家的煙商即刻停止出售鴉片，並交出所有港口倉庫裡的鴉片庫存。煙商拒絕，林則徐下令封鎖商館、切斷糧食供應。[127]

　　當時的英國駐華商務監督義律（Charles Elliot）試著打圓場，透過承諾英國將賠償損失，說服廣州煙商從港口倉庫交出數量驚人的一千七百噸鴉片。林則徐將繳獲的大量鴉片（自然也價值連城）倒進大坑，引水混合石灰進行銷毀，再將殘餘汙泥用海水沖進珠江。這場銷煙行動規模龐大，足足花了超過三週。[128]

　　在林則徐看來，自己完全是奉公行義，剷除毒害大清子民的走私鴉片；但這次的行動卻即將導致帝國之間的衝突、以及中國恥辱性的慘敗。

　　義律在廣州的處理方式，似乎是各方都能滿意：林則徐成功繳獲鴉片，並點驗銷毀；煙商得到全額補償，並無損失；義律解決了一觸即發的緊張局勢，港口維持對英國開放貿易。唯一不滿的可能只有當時的英國首相墨爾本勛爵（Lord Melbourne），他很快得到消息，震驚於這位在駐華商務監督居然這麼輕鬆寫意，就以

他的名義答應賠償這筆巨款。這下英國政府可得籌出二百萬英鎊（大約等於今日的一億六千四百萬英鎊）來賠償那些煙商。[129] 於是原本只是地方上的緝毒行動，現在成了國際事件，不僅影響了商人，還挑戰了英國的國族自尊。墨爾本勛爵覺得自己被逼進了政治角落，別無選擇，必須起兵逼迫中國賠償這批遭到銷毀的貨物。

這項回應後來也成了歐洲帝國主義一貫的手法：砲艦外交。在第一次鴉片戰爭（1839-1842），英國派出十六艘軍艦、四千名士兵前往中國，[130] 其中包括「復仇女神號」這艘新型的鐵製蒸汽動力戰艦，中國海軍所有船艦都無法匹敵。事實證明，在新興的工業戰爭時代，復仇女神號就是一項毀滅性的武器，靠著厚重的鐵殼保護，又配有艦砲與火箭，中國的戎克船（木造帆船）毫無招架之力。[131] 復仇女神號甚至還能以蒸汽動力航過淺水區，逆流前往吃水較深的木船無法抵達的河流上游。就這樣，英國艦隊在廣州封鎖了珠江口，也占領了包括上海與南京在內的多個港口城市。[132] 至於陸戰，中國軍隊也完全不敵英國的步槍與軍事訓練。雖然是中國發明了火藥與高爐，但現在卻是一個歐洲帝國來到中國海岸，用這些創新來擊敗中國。

1842 年 7 月，英國船艦與軍隊切斷京杭大運河的漕運，阻斷中國運送糧食的重要命脈。北京面臨饑荒，道光皇帝被迫求和，簽下喪權辱國的《南京條約》。中國被迫為沒收的鴉片與後續衝突，支付巨額賠償，將香港割讓給英國做為殖民地，並向英國與其他國際商人開放包括廣州和上海在內的「五口」通商口岸。

英國仍不滿足，後續又發動第二次鴉片戰爭（1856-1860），使中國對外通商進一步開放，並使鴉片貿易完全合法。

鴉片餘毒未止

中國的鴉片進口在 1880 年達到高峰，接著則由中國本地種植的鴉片取代；當時自印度進口的鴉片總數將近九萬五千箱，重量來到大約六千噸。[133] 這個時候，娛樂性鴉片的使用已經蔓延到中國各地，從城市菁英與中產階級、一路延伸到農村工人。[134] 在 1937 年日本入侵中國的時候，據信中國已有 10% 人口（大約四千萬人）鴉片成癮。一直要到 1949 年共產黨上臺、毛澤東主席建立極權政府，猖獗的鴉片成癮問題才終於在中國絕跡。[135]

中國忍受了長達一百五十年的鴉片危機，背後就是出於帝國的脅迫與企業的貪婪。如今，全球種植罌粟的土地仍有超過二十五萬公頃，絕大多數位於阿富汗，屬於非法種植。目前歐洲和亞洲的海洛因，幾乎都來自阿富汗所產的罌粟，至於美國的海洛因則多半產自墨西哥。

在最近一項調查中，美國大約有一千萬人表示，自己會為了非醫療用途而使用鴉片類藥物；而且由於該調查未納入遊民與被機構收容的族群，這個數字很有可能偏低。在這些鴉片類藥物的使用當中，超過 90% 所用的並非海洛因，而是合法生產的止痛藥物，遭到已經對此類藥物成癮的民眾濫用。[136]

　　目前的這場鴉片類藥物流行病，讓人想起十九世紀中國的困境，雖然這場危機不能說是美國獨有的問題，但美國的醫療體系確實也在後面推了一把。美國並未為民眾提供以稅收為經費來源的全民健保，而是由民間的健保來承擔醫療支出；但相較於像是物理治療之類的選項，民間健保通常傾向支付的是比較便宜的止痛藥。

　　1990 年代末，包括普渡製藥（Purdue Pharma）在內的製藥公司為了增加類鴉片藥物的處方量、進而提高利潤，他們讓美國主管機關與醫學界誤信，自己旗下的羥考酮（oxycodone）藥丸（品牌藥名「疼始康定」OxyContin）並不會讓人上癮。但隨著病人產生耐受性，需要的鴉片類藥物劑量愈來愈高，許多人開始產生依賴性，一旦停藥就會出現嚴重的戒斷症狀。於是，數百萬的成癮者開始向黑市尋求鴉片類藥物；從 1999 年到 2020 年間，就有超過五十萬人死於鴉片類藥物過量。[137]

　　2017 年，美國衛生及公眾服務部（HHS）宣布全美進入公衛緊急狀態，發動各項措施控制這場鴉片類藥物危機。[138] 但是特拉嗎寶（tramadol）與吩坦尼（fentanyl）這些合成鴉片類藥物造成的藥物過量致死案例，仍在不斷上升。[139]

　　時至今日，鴉片本身已經不是主流的娛樂性用藥，但各種鴉片類化合物所帶來的愉悅（以及成癮）特性，還是深深吸引著人類。

第七章

身體的瑕疵
——DNA編碼錯誤

這種疾病在所有的長途航行如此常見，
對我們的破壞力又特別高，
在所有折磨人體的疾病當中，
肯定是最獨特、也最難解釋的一項。

——沃爾特（Richard Walter），《安森的世界航行記》

人類的基因體（genome）是人體建構與運作的完整說明書。基因體是我們細胞裡的 DNA 序列，由大約三十億個鹼基對（base pair，等於是遺傳密碼的字母）組成，排列在二十三對染色體上，就像百科全書會把資訊分成一冊又一冊。[1]

人體每一個細胞都含有完整的 DNA，唯二的例外是沒有細胞核的細胞（例如紅血球）、以及各僅有一組染色體的精子與卵子。每當人體的細胞分裂，除了能讓器官生長或維持、或是讓傷口癒合，也會讓遺傳訊息完整複製到新的細胞當中。但這種複製過程並非百分百完美，DNA 也可能受到損壞，例如被輻射或某些化學物質破壞，這時候就會讓遺傳密碼出現錯誤或突變。

DNA 的字母表是由四個字母組成：A、G、C、T，分別代表腺嘌呤（adenine）、鳥嘌呤（guanine）、胞嘧啶（cytosine）、胸腺嘧啶（thymine）這四種鹼基的縮寫。而所謂的突變，常常是這些遺傳字母被另一個字母取代，就像是把字給拼錯了。

差之毫釐，失之千里

近些年，有一個丟臉出了名的文學錯字，出現在哈珀（Karen Harper）的歷史小說《女王的家庭教師》（*The Queen's Governess*）英文版。主角在一夜激情之後猛然驚醒：「在微弱的晨光中，我拖著昨晚丟得像餛飩（wonton）一樣的禮服衣裙，投入約翰懷裡。」作者想寫的字可能是 wanton，是想用帶點古意的寫法，來表達女性的情慾迸發，與中式麵點可毫無關係。

　　所以，光是差了一個字母，就會讓整個詞的語義大不相同。而在生物學裡，一旦遺傳密碼出現突變，就可能會改變蛋白質的結構，使該蛋白質的功能降低、甚至功能完全消失。

　　一般而言，細胞的分子機制能夠極為忠實的完整保存 DNA 密碼。人體有幾百種蛋白質專門在做這件事，這些蛋白質除了會去複製 DNA 密碼，還懂得要審核是否複製錯誤，以及在出現錯誤時加以修正。因此，在整套 DNA 密碼裡，任何一個字母發生突變的機率都不到千萬分之一。然而，由於整套 DNA 的鹼基對總數實在太大，在乘上這個錯誤率之後，仍然代表每個人的基因體可能出現一百個到兩百個突變，傳給下個世代。[2]

　　這些突變多半不會對個人造成任何影響。在人類長長的基因體當中，突變的發生點很可能位於不影響任何蛋白質編碼的一段（基因體有高達 99% 都不會影響編碼）。又或者，就算真的影響了某種核苷酸，照這樣製造出來的蛋白質也可能仍然運作自如。但就是有時候，突變會產生有害的影響，讓某種蛋白質無法正常運作；這時我們就說，這位病人是罹患了先天性遺傳疾病。例如白化症（albinism）就是因為突變妨礙了黑色素的生成。亨丁頓舞蹈症（Huntington's disease）與戴─薩克斯症（Tay-Sachs disease）也相對常見，同樣是由某個基因突變所造成。

　　我們在第二章〈家庭、家族與權位傳承〉已經談過，遺傳學怎樣改變了哈布斯堡王朝的歷史，接下來則會談談一位英國女王身上自發性的基因突變，怎樣波及了歐洲某些權勢頂天的王室，進而改變了整個歐陸的命運。

科堡的詛咒 —— 血友病

　　維多利亞女王生了九個孩子，全部活到成年，孫輩更是高達四十多人。而她相信，王室通婚正是歐洲長治久安的最佳手段，於是想方設法為各方介紹安排。到了十九世紀末，她的孫子（未來的喬治五世）和其他歐洲王室幾乎都有血緣或婚姻關係。[3] 維多利亞女王的兒孫就這樣在德意志、普魯士、西班牙、希臘、羅馬尼亞、挪威、俄羅斯等地，成了國王、王后、女王、皇帝、皇后，或是其他地方重要的公爵與公爵夫人等等，也讓維多利亞女王有了「歐洲祖母」這個外號。

　　維多利亞女王最小的兒子利奧波德王子，出生於 1853 年，一出生就十分嬌弱，不但關節疼痛，只要稍有碰撞或抓傷，就會造成大片瘀青及大量出血。雖然御醫一直得為他大傷腦筋，但他還是順利活到成婚，並有一對子女。但最後他在三十歲從樓梯上滑倒，[4] 撞到頭部，腦出血過世。[5]

　　如果只有利奧波德的健康狀況不佳，可能讓人覺得就是一場不幸而單獨的疾病事件；但讓人不安的是，維多利亞女王的其他男性後代也開始出現類似的情況。眾人開始竊竊私語，認為這是「科堡的詛咒」。利奧波德經常被人刻薄的稱為「流血王子」，預示著一場災難即將襲擊全歐各地的王室家族。

　　如今，這場「科堡的詛咒」稱為血友病。

　　血友病的成因，是基因突變而造成血液中的凝血因子減少。一般人身上出現開放性傷口的時候，凝血因子會纏繞纖維蛋白，

形成血塊來堵住傷口。但如果是血友病人，一旦有割傷或血管破裂，血塊需要更久的時間才能形成，有時候甚至會拖上好幾天。於是，光是小小的傷口就可能造成大量失血，輕微碰撞也可能讓皮下血管破裂，持續出血滲入周圍組織，形成大面積的瘀傷，甚至鼓起血腫。像這樣的內出血其實特別危險，因為外科療法也只能試著再切出另一個開放性傷口，來放血治療。[6] 此外，血友病人出血流入關節或大腦的風險，也會增加。[7,8]

　　與這些凝血因子相關的基因，是儲存在 X 染色體裡。女性總共從父母那裡取得兩條 X 染色體，因此就算其中一個複本的凝血因子有缺陷，靠著另一個複本還是可以正常運作，形成血塊。雖然她們身上帶著這種突變基因，但通常不會出現血友病的症狀。然而，男性的性染色體是 X 染色體與 Y 染色體各有一條，一旦 X 染色體遺傳到突變，就沒有另一個複本能夠協助。因此，如果出現女性血友病人，肯定是遺傳了兩個帶有突變基因的複本，也就是父母雙方都是血友病基因的帶因者。這種情況從統計上就比較少見，加上血友病人常常無法活到生育年齡，所以女性血友病人實在少之又少。所以，天生的血友病人幾乎都是男性，是從母親那裡繼承到帶有血友病基因的 X 染色體。就遺傳學而言，血友病就是一種性聯隱性遺傳疾病（sex-linked recessive disease）。

　　自己的後代出現這種疾病，讓維多利亞女王十分痛心，但她也認為這種疾病並非源自她的家族。確實，她的兄弟姊妹或祖先都沒有這種奇怪而讓人衰弱的疾病，丈夫亞伯特親王的家族也沒有這樣的先例。細數維多利亞的家譜，過去從未出現過血友病，

因此看來就是在她受孕之前，在父親的精子或母親的卵子當中，出現了自發性的凝血因子基因突變。[9]

維多利亞的五個女兒當中，愛麗絲公主與碧翠絲公主同樣遺傳到這種有缺陷的基因，成為血友病的帶因者。她們的女兒又嫁入了西班牙王室與俄羅斯王室，結果就讓兩個重要王室的繼承人都患有血友病。[10]到最後，總共有二十多名歐洲王室成員都從維多利亞女王那裡遺傳到血友病。[11]女王原本如此引以為傲的通婚安排，卻讓整個歐洲王室陷入一種讓人衰弱、還往往要命的遺傳疾病。

但諷刺的是，雖然這種致病的基因突變來自維多利亞女王，英國王室卻得以倖免：王位的繼承人愛德華七世，身上並沒有這個突變的基因。在這場機率 50/50 的遺傳投硬幣賭局裡，他從母親那裡遺傳到的，是那個沒問題的 X 染色體。

西班牙王權式微

維多利亞女王的基因突變，帶來了致命的影響，受災最深的就是西班牙王室與俄羅斯王室。

西班牙國王阿方索十三世（Alfonso XIII）在位期間最災難的一項決定，可能是娶了碧翠絲公主的女兒：巴騰堡的維多利亞‧尤金妮（Victoria Eugenie of Battenberg）。雖然尤金妮本身看來十分健康，卻是血友病的帶因者。當時西班牙駐倫敦大使館就曾警告阿方索，指出尤金妮有可能帶有會讓人衰弱的「王室病」（這位年

輕公主的三個兄弟，就有兩人患有血友病）。但當時並無法確認
她是否帶因，而她的王室血統又能帶來巨大的威望，於是阿方索
決定拋開這一切顧慮，在 1906 年春天與尤金妮盛大成婚。[12]

　　兩人在隔年生下長子，以父親的名字同樣取名阿方索，卻在
行割禮時，發現這位王儲確實患有血友病。第二個孩子海梅雖然
躲過血友病，卻在小時候得到乳突炎（一種在頭顱裡的感染），
變得又聾又啞。直到 1913 年，他們才終於生下健康的兒子胡安。
到最後，阿方索十三世與尤金妮總共生下七個孩子：兩個兒子患
有血友病，一個兒子又聾又啞，兩個女兒可能是帶因者，一個嬰
兒死產，只有一個兒子完全正常。而王儲阿方索王子只要輕傷，
就會引發嚴重血腫，因此長期臥病在床，基本上很少出現在公眾
視線之中。很多人認為，西班牙王室血脈就這樣被這位英國公主
給玷汙了。[13]

　　西班牙的政治危機在 1923 年引發政變，接著在國王阿方索
十三世同意下，德里維拉（Primo de Rivera）將軍實行獨裁統治，
直到 1930 年被迫下臺。此時阿方索十三世已經完全失去人心，
為了挽救君主制，他打算讓位給王儲阿方索王子，但大眾輿論既
不希望看到這位血友病王儲、也不希望看到他又聾又啞的弟弟海
梅繼位，認為兩人都不足以承擔王位。要是阿方索十三世當時更
有勇氣，有可能會宣布讓健康的兒子胡安繼位，未來事態發展也
就可能大不相同。

　　在 1931 年 4 月舉行的市政選舉中，支持君主制的政黨只勉強
贏得多數選票，更在許多大城市慘敗，一般認定是人民以選票表

達了反對君主制。隨著西班牙第二共和國成立，阿方索國王與家人自願退位離國，兩位最年長的王子也在兩年內雙雙宣布放棄名存實亡的王位。[14]

就這樣，君主制日益失去民心，「科堡的詛咒」讓君主制進一步遭到削弱，西班牙喜迎共和。〔話雖如此，西班牙王國並未就此畫下句點：佛朗哥將軍（General Franco）在 1947 年讓王室復辟，並於 1975 年指定接班人為阿方索十三世的孫子，即位成為胡安・卡洛斯一世（Juan Carlos I）。〕

俄國也引進王室病

維多利亞女王的二女兒愛麗絲，後來嫁給了「黑森大公」路德維希四世（Louis IV），育有二子，其中一位還在蹣跚學步就已經死於血友病。[15] 兩人最小而倖存的女兒艾莉克絲公主，在科堡參加哥哥與表妹的婚禮時，結識了俄羅斯帝國王儲尼古拉。尼古拉向她求婚，兩人於 1894 年成親，距離尼古拉因父親過世而即位成為尼古拉二世（Nicholas II），才過了三週。艾莉克絲此時已經改信東正教，改名為亞歷山德拉（Alexandra Feodorovna）。

大家都知道，亞歷山德拉身上可能帶著危險的王室病，但此時，血友病在各個歐洲王朝已經太過普遍，讓大家把血友病看成是一種王室的職業風險。[16]（直到 1913 年，才第一次出現有王室婚姻因為血友病的風險而遭拒：羅馬尼亞女王拒絕讓兒子斐迪南皇儲，迎娶沙皇尼古拉二世與亞歷山德拉的長女奧爾加。）[17]

　　沙皇皇后的主要職責就是生下男性皇儲，但亞歷山德拉生下的前四個孩子都是女兒，直到1904年8月，才終於生下眾人期待已久的王子阿列克謝（Alexei）。然而，痛苦的事實很快就清楚顯現：這位沙皇太子患有血友病，是從曾祖母維多利亞女王那裡、一路透過母系遺傳而來。亞歷山德拉對這個小男孩備加呵護，深怕他哪天一跌倒，內出血就讓他丟了小命。當時他們還特別指派一名水手，不管阿列克謝到哪裡都得陪在一旁，快摔倒了得立刻扶住、走不動了得幫忙背負，且這種事情屢見不鮮。亞歷山德拉遍尋名醫，但血友病的治療遠遠超出當時醫學的水準，最後讓她深信，唯有奇蹟才能拯救她唯一的兒子。她變得愈來愈孤僻，整天祈禱兒子能夠得救。

　　在這種絕望的情境，1907年夏天，有人向惶惶終日的亞歷山德拉介紹了一位治療師：籠罩著神祕色彩的葉菲莫維奇（Grigori Yefimovich）。而在歷史上，葉菲莫維奇更廣為人知的名字是拉斯普丁（Rasputin）。這個名字可能源自 rasputnyi，意為淫逸放蕩，[18]他也的確不負其名，以道德敗壞、酒氣薰天、言語粗俗、縱情聲色而著稱。拉斯普丁總是穿著農家的上衣、寬鬆的長褲，一頭油膩黑髮披肩，一把鬍子又長又亂的。總之，看起來就像個不修邊幅的流浪漢。

　　但當時的人說，拉斯普丁最引人矚目的，就是一雙好像能看進你心裡的冰藍色眼睛。[19]他給人的形象就是一個神祕主義者、一個聖人，彷彿帶著一種靈性權威的光環，據說還能未卜先知、救人治病。雖然我們可能覺得這就是個江湖騙子，但他似乎是真

心相信自己有這些能力。〔拉斯普丁這種混合神祕主義與色情主義的奇特傾向，可能是受到克里斯提教派（Khlysty）的影響；這個教派相信人應該多犯罪，這樣懺悔與救贖會來得更偉大而有意義。[20]〕

更重要的是，拉斯普丁似乎還真有某種超自然能力，能讓常常痛苦不堪、偶爾還陷入歇斯底里的阿列克謝得到安撫與平靜。亞歷山德拉說服了自己，相信拉斯普丁確實能讓皇太子阿列克謝減輕疼痛、止住內出血。或許這也不只是一位絕望母親的一廂情願：拉斯普丁的催眠術很出名，透過讓病人昏迷，減輕壓力、降低血壓、減緩心率，可以想見是會有些好處。[21] 究竟拉斯普丁能不能對皇太子的健康有所幫助，其實並非重點，重點是皇后就這麼相信了。亞歷山德拉對他的依賴與日俱增，拉斯普丁現身於羅曼諾夫王朝（1613-1917）宮廷的頻率也愈來愈高。

沙皇皇后的寵臣

1912 年 10 月，十歲的皇太子陪母后坐馬車，路途顛簸，引發嚴重內出血，在鼠蹊部形成巨大血腫。御醫束手無策，皇太子甚至已經接受了最後的聖禮。亞歷山德拉無比絕望，給正在西伯利亞西部家裡的拉斯普丁發了一封電報，拉斯普丁的回電彷彿是在宣告預言：「小皇太子不會死。別讓御醫太打擾他。」[22] 不到幾小時，皇太子病情開始好轉。

或許拉斯普丁的電報就是抓對了時機。當時阿列克謝已經出

血數日，可能身體剛好正在開始自癒。而且，拉斯普丁堅持別讓御醫去吵他，也可能確實有助於康復：讓一群御醫在床邊吵吵鬧鬧，還不斷戳弄血腫想瞭解病程，應該是壞處大於好處。[23] 而且御醫很可能會想用阿斯匹林來緩解疼痛，但當時並不知道阿斯匹林有稀釋血液的副作用，會讓出血更加惡化。[24] 不論原因為何，總之在收到這封預言般的電報後不久，沙皇太子就奇蹟似的康復了。阿列克謝的健康是羅曼諾夫王朝的未來，拉斯普丁從此在皇后亞歷山德拉眼中，變得不可或缺。

1914 年 7 月，第一次世界大戰爆發，沙皇尼古拉二世被捲入一場席捲整個歐洲大陸的戰爭，對手正是自己的表姊夫德皇威廉二世；而德皇也還在和表弟英王喬治五世作戰。所以，維多利亞女王想透過王室通婚而讓歐洲和平的偉大計畫，最後還是失敗收場。

第一次世界大戰第一年，俄國的死亡人數就來到四百萬。[25] 1915 年 9 月，經歷了初期的慘敗，尼古拉二世親赴前線指揮俄軍，但他對軍事一竅不通，戰況並無起色。這段沙皇不在皇宮的期間，亞歷山德拉就在彼得格勒（現稱聖彼得堡）的皇宮裡，接掌國內事務。她把大部分的精力都用在操弄政治、左右人事，且還不僅限於宮廷之內，是連內閣大臣、軍隊統帥的去留，都得看她臉色。而這時候，拉斯普丁也一直在她耳邊低語，利用她來擴大自己的權力。[26]

在尼古拉二世面前，亞歷山德拉會說拉斯普丁是「我們的朋友」，且要尼古拉二世在各項國家事務上多聽聽拉斯普丁的話；

尼古拉二世也常常從善如流。[27] 在沙皇皇后掌政的這十七個月裡
（直到 1917 年 2 月），俄國前後有了四位首相、五位國務部長、
三位外交部長、三位戰爭部長、三位交通部長、四位農業部長。
真正能幹的官員被換成聽話的支持者，官員也常常還來不及熟悉
業務，就被換下臺，於是政府運作大受影響，政局不穩、國內動
盪不安。[28]

　　拉斯普丁在羅曼諾夫朝中的影響力與日俱增，關於他行為不
檢的傳言也甚囂塵上，各種說他酗酒狂歡、荒淫無度的駭人故事
廣為流傳。其中最糟糕、而拉斯普丁也樂見其成的一則謠言，是
說連沙皇皇后也與他有染。[29] 亞歷山德拉與拉斯普丁過從甚密，
重挫俄國皇室在民間的聲望，對羅曼諾夫王朝的支持也就這樣從
內部遭到蠶食。尼古拉二世的支持者言者諄諄，要他與這個有毒
的人斷絕一切往來，但他就是不聽。尼古拉二世很清楚外界的那
些閒言閒語，但只要皇后還相信唯有拉斯普丁能讓皇太子活著，
他就不會去動拉斯普丁。[30] 據稱他就有一次不經意嘆道：「一個
拉斯普丁，總比有人每天歇斯底里十次來得好。」[31]

　　皇太子阿列克謝的病情並不為俄國人民所知。每次他因為流
血不止而缺席公開場合，羅曼諾夫王朝家族都會有個官方藉口。
但沒人相信，關於皇太子為何缺席的謠言也愈來愈離奇。

　　如果皇室坦誠血友病的病情，可能會讓民眾質疑皇太子未來
的統治能力、懷疑王朝還能否延續，但是對一切諱莫如深，卻只
會造成更大的傷害。亞歷山德拉害羞而內向的個性，被外界認為
是冷漠與傲慢，皇室對皇太子阿列克謝的病痛三緘其口，只是讓

情況雪上加霜，既傷害了國民對皇后的尊敬，也影響到沙皇與皇室的威望。[32]

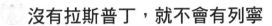 沒有拉斯普丁，就不會有列寧

到了 1916 年秋天，俄國社會不分上下，都已經對沙皇夫婦極為不滿。[33] 尤其拉斯普丁的行為不檢、以及他對皇后有如此明顯的影響力，更讓民眾感到反感憤慨。這不但破壞了君主與人民的關係，還破壞了君主與俄國幾大傳統支柱（貴族、政府、教會、軍隊）的關係。[34] 也由於沙皇御駕親征，有愈來愈多人覺得戰事的失利該由他個人負責，至於沙皇為什麼會做出這個錯誤決定，則怪罪到亞歷山德拉與拉斯普丁的頭上。甚至有人開始私下流傳，認為是尼古拉二世與這個來自德國的妻子與敵人共謀。[35]

事態繼續發展，前線傷亡慘重、國內缺糧缺燃料，再加上官員無能，在在讓俄國人民對皇室日益反感。俄國媒體在 1905 年第一次俄國革命之後，已擺脫了審查制度，此時也開始公開將拉斯普丁報導為宮中的邪惡勢力，在沙皇皇后耳畔竊竊私語、把皇后當成提線木偶。在俄羅斯國家杜馬（Duma，俄國國會）當中，左派政治人物也指涉王位周圍潛伏著黑暗勢力。[36] 隨著革命情緒沸騰，重要的不再是事實的真相，而是人民所相信的真相。

緊張局勢愈演愈烈。1916 年 12 月，兩位王室成員與一位狂熱的君主制政治人物，密謀一項計畫，準備一舉掃除拉斯普丁陰險而腐敗的勢力。他們將拉斯普丁引誘到位於彼得格勒的尤蘇波

夫宮，除了用氰化物下毒，還向他的胸部與頭部各開了兩槍，再以燭臺重擊。最後為了保險，還把拉斯普丁推進結冰的莫伊卡河冰層下方。[37] 他們希望隨著這個「妖僧」的死去，能讓沙皇回復理智，將俄軍指揮權交回給真正嫻熟戰事的將軍，沙皇自己則與杜馬合作，好好治理俄國，挽救這個君主政體。[38] 然而，一切為時已晚，無力回天。

拉斯普丁遭謀殺之後不到兩個月，俄國人民受夠了戰爭以及對沙皇統治的長期不滿，在彼得格勒爆發大規模抗議活動，與警方發生暴力衝突。在這個時候看起來，革命反而是一種拯救俄羅斯的愛國行為。對於正在崛起的布爾什維克（俄國社會民主工黨）來說，拉斯普丁正代表著專制政權的廣泛腐敗，他被貴族謀殺，則是貴族還妄圖繼續控制整個無產階級。

杜馬與革命份子曾試圖說服尼古拉二世退位，讓阿列克謝即位成為立憲君主，由叔叔米哈伊爾大公攝政，皇室其他成員則予以流放。然而，沙皇不願與這個患有血友病的兒子分開，並宣布將傳位給米哈伊爾大公。當時，如果是讓一個十二歲的男孩繼任沙皇、接受民選的杜馬來指導，或許民眾還能滿意；但如果只是把一個帝國獨裁者換成另一個，就不是民眾能接受的選項了。[39]

於是，米哈伊爾大公將統治權交給臨時政府，尼古拉二世一家則遭到軟禁。1917 年 9 月，臨時政府宣布成立共和國，然而動盪依然持續，最終導致十月革命，由激進的布爾什維克奪下政權。羅曼諾夫家族後來被移送到烏拉山附近的一處宅第；1918 年 7 月 17 日清晨，尼古拉二世、亞歷山德拉與他們的孩子，再加上

沙皇的御醫與三名僕人，共同遭到布爾什維克的行刑隊處決。羅曼諾夫王朝就此滅亡。

俄羅斯皇室最後以悲劇收場。前面已經看到，在西班牙，阿方索王子因為患有血友病，遭質疑是否真有能力繼承父位，於是早在共和國建立之前，君主制的立場就已遭到動搖。至於沙皇太子的血友病，則可說是造成了更具毀滅性的後果。由於沙皇皇后太過絕望，一心想要相信拉斯普丁能夠治癒她的兒子這位帝國皇儲，尼古拉二世又不願意將拉斯普丁逐出宮廷，最後就讓皇室地位蒙受無以彌補的損害。拉斯普丁左右了朝政，加上各種流言斐語說他與亞歷山德拉有染、與德國敵人勾結，在在削弱了教會與軍隊對政府的支持，並加劇人民的不滿，終於引發叛亂而推翻君主制。

由於戰爭的殘酷，加上食物與燃料嚴重短缺，使俄國民生凋敝，也讓承諾帶來和平與麵包的布爾什維克大受歡迎；但皇室的血友病同樣扮演了重要的角色。十月革命後，臨時政府的領導人克倫斯基（Alexander Kerensky）就下了一個總結：「要是沒有拉斯普丁，就不會有列寧。」[40] 而我們還可以再多加一點：要是沒有一個世紀前維多利亞女王偶發的基因突變，就不會有拉斯普丁。

壞血病 —— 水手的浩劫

遺傳自維多利亞女王的基因突變，影響了整個十九世紀和二十世紀的諸多歐洲王室。但還有另一個基因缺陷，影響的是人

類全體。一種在靈長類演化的早期已不再活化的基因，表現出來就成了一種會讓人衰弱、且最終致命的疾病：壞血病（scurvy）。

　　歷史上早就有了壞血病的記載，像是在農民碰上饑荒、或是軍隊遭到圍困的期間，都可能出現壞血病。古埃及曾記錄到與壞血病相同的症狀，[41] 西元前五世紀的希臘醫師希波克拉底也留下類似的紀錄。十字軍的士兵同樣曾經飽受壞血病折磨，特別是在遵守大齋期飲食限制的時候。[42] 然而是到了大航海時代，壞血病才真正猖獗了起來。從十五世紀末起，由於船隻製造與航海技術的進步，船員開始能夠在一望無際的海域航行更長的距離，這也代表會有幾百人被塞到船上，幾週、甚至幾個月上不了岸，且食物配給極為有限。

　　史上第一次記錄在案的海上壞血病爆發事件，發生在達伽馬（Vasco da Gama）開創經好望角而航行至印度的航線期間。當時是1498 年，達伽馬與船員在回程橫渡印度洋時，逆著季風而行，結果就是足足在海上連續待了三個多月。壞血病開始蔓延，相當駭人：船員感覺身體虛弱、昏昏欲睡、關節疼痛、容易瘀傷，從手腳開始腫脹，接著延伸到脖子，皮膚出現紫色斑塊；船員的牙齦腫得可怕而出血，牙齒鬆動脫落，就連呼吸也散發腐臭；新的傷口無法癒合、出現感染，曾在多年前受傷的船員，此時也因為舊傷口居然再次裂開而大驚失色，就連曾經骨折而已經癒合的地方，現在也再次溶解斷裂，彷彿骨折從未痊癒。

　　而來到壞血病的最後階段，船員會出現幻覺或失明，在巨大的痛苦中過世，最後的死因往往是心臟或大腦周邊大出血。達伽

馬這趟航程共有一百七十名船員，最後高達一百一十六人死亡，主要正是死於壞血病。即便倖存，健康狀況也岌岌可危。[43]

在這場關鍵航行後的三個世紀裡，壞血病依然像個令人恐懼的幽靈，無情的在海上船員身邊出沒。沒遇上壞血病的船員是幸運的一群。像是哥倫布一行人，基本上就得以倖免，因為他們在 1492 年前往美洲的航程只花了短短三十六天，一路上都有信風在背後推動。至於麥哲倫在 1519 年到 1522 年的首次環球航行，就沒那麼幸運了：他的二百三十名船員足足過世二百零八人，多數死於壞血病。[44]

並不是只有如今史上有名的這些航行，才會遇上壞血病，只要是長途航行、又沒有可靠的對策，就可能看到這種可怕的疾病降臨。不論是往返於遠洋貿易的商船、或是爭奪全球制海權的軍艦，都難逃壞血病的陰影。通常只要離開陸地幾週，船上就必然開始出現壞血病的症狀，令船員膽戰心驚。

在大航海時代的絕大多數時間，從事遠航的船長心裡有數，船員大概有三分之一到超過半數，會因為染上壞血病，而在經歷漫長的痛苦後死去。兼具英國探險者暨私掠者身分的霍金斯爵士（見第 222 頁）就把這項十七世紀初的疾病稱為「海上的瘟疫，水手的浩劫」。[45] 在西元 1500 年到 1800 年這三個世紀的探索時代，估計壞血病帶走了超過二百萬名船員的生命，超越了風暴、海難、海戰、以及其他所有疾病造成的死亡人數總和。[46]

十八世紀是歐洲海上爭霸最激烈的時期，海軍能讓水手在多長的時間保持健康、軍艦在多久的時間維持戰力，都會大大影響

國家能否保護貿易路線、保衛海外殖民地與港口、防禦敵人的入侵。任何海上強權只要能率先學會如何有效對抗壞血病的影響，就算只在短期之間，也能得到決定性的海上優勢。

人體需要十三種維生素

我們現在知道，壞血病的成因並不像當初的想像，既不是甲板下的環境太過狹窄骯髒，也不是某些大海的特性所致。壞血病就是一種營養缺乏症，是因為船員的飲食缺少了特定成分。當時船員能吃到的都是一些容易保存的食物，主要是醃製的肉或魚，以及將穀物做成在船上吃的乾糧。[47] 至於新鮮水果和蔬菜，可是只有靠岸才吃得到的奢侈品。所以雖然船員攝取了足夠的熱量，能夠維持在海上的體力，卻少了身體健康運作所必需的某些重要養分。

健康的人類飲食需要均衡的三大營養素：碳水化合物、脂肪與蛋白質。人體的消化與代謝過程會分解這些養分，一方面提供人體活動所需的化學能，另一方面也提供製造細胞所需的分子基礎。但除了三大營養素，人體還需要其他一些少量的重要物質，也就是所謂的微量營養素。像是人體有些關鍵的運作，不能少了礦物質這種無機化合物（多半有金屬成分）。

舉例來說，鹽分一方面能夠提供神經與肌肉所需的鈉，另一方面也提供了維持細胞內水分平衡以及製造胃酸（鹽酸）所需的氯。我們也需要鈣來生成骨骼與牙齒，需要鐵在血液中攜帶氧，

需要磷與硫來合成細胞的其他關鍵成分，也需要銅、鈷、碘、鋅這些少量其他金屬元素。生物無法自行合成這些重要的礦物質，必須先由動植物從土壤與水中取得這些礦物質，人類再透過食用或飲用獲取。

還有一些必需的微量營養素屬於有機化合物，也就是我們所稱的維生素。維生素與礦物質不同，是由生物所合成。雖然這些維生素是人體正常運作所需，但人體同樣無法自行合成，必須從飲食取得。細胞內所有化學反應都是由特定的酶驅動，在物種演化過程中，如果基因突變讓某種代謝酶不再作用，該物種就可能失去合成特定化學物質（以及衍生的其他化合物）的能力。所以不同的物種，就有不同的必需維生素清單：A物種可能需要攝取特定的有機化合物，才能取得必需的某種膳食微量營養素，但B物種或許能夠輕鬆自行合成。

就人類而言，總共有十三種必需的維生素。這些維生素是依據在二十世紀的發現順序來命名，但如果後來發現其實不需要從膳食中取得，就會從清單中刪除；而如果科學家發現，其中某些化學物質彼此有關，則會加上數字來表示。最後列出的十三種必需維生素就是：維生素A、B1/2/3/5/6/7/9/12、C、D、E、K。雖然只要陽光中的紫外線照射到皮膚，人體這座生化工廠就能啟動化學反應，合成維生素D，但因為許多住在高緯度地區的人無法以這種方式合成足夠的維生素D，因此目前仍把維生素D列為膳食維生素。

人體的各種運作，需要各種不同的維生素配合，有的是協助

酶在細胞中進行重要的生化反應，有的是幫助人體從飲食中取得能量、或是吸收其他關鍵營養素。要是飲食缺乏某種重要成分，等到身體裡的儲備耗盡，就會形成營養缺乏症。

就這點看來，人體的缺陷似乎比其他動物來得更多。[48] 大多數動物可以一輩子只吃某種食物，也不出什麼問題，像是水牛只要一直有草能啃，就十分快樂滿足，但人類卻必須有格外多樣的飲食，才能確保充分取得多種必需的微量營養素。

事實上，人類之所以累積了這麼多的代謝突變，正是因為人類在演化史上住過太多不同地區、吃過太多不一樣的植物，並且在相對晚近，也開始先透過撿取、再透過狩獵而取得肉類。這樣一來，任何突變就算讓某種代謝酶失去作用，大概也不會立即產生什麼有害的影響，因為原本能夠產生的有機物，仍然可以從人類吃的各種食物中取得，於是天擇也就不會將這種突變從族群中抹去。

正因為我們的靈長類、乃至後來的狩獵採集祖先有著多元多變的飲食，就讓人體這座生化工廠累積了愈來愈多的功能缺陷。換言之，因為人類祖先在生態上得天獨厚，能夠享有豐富且多樣的飲食，結果就是在過了這麼久之後，我們也需要如此豐富多樣的飲食，才得以生存。[49] 但是等到人類開始發展農業，飲食開始集中在有限的幾種主要糧食作物與栽培蔬果，營養缺乏症也開始出現了。[50]

〔附注：人體的蛋白質需要由二十種不同的胺基酸組成，但人體只能自行合成其中八種。[51] 這裡很有意思的一點在於，世界

各地的傳統農業飲食，都會有一種主食穀類作物提供熱量，再搭配一種富含蛋白質的豆類。[52] 在南亞與東亞，是以稻米搭配扁豆或大豆；在中東，是以小麥搭配鷹嘴豆或蠶豆；在美洲，原住民會吃玉米搭配黑豆或斑豆；非洲常見的組合是小米搭配豇豆。〕

維生素C與膠原蛋白

大航海時代，船員飲食缺乏的重要微量營養素是維生素C。不同於維生素A或D那樣的脂溶性維生素，維生素C是水溶性維生素，也代表人體能夠儲存的量相當有限。[53] 要是飲食均衡，有新鮮的蔬菜水果，就不用擔心會缺乏維生素C；但是船上那些能夠久放的食品就不一樣了。從離港的那一刻起，船員體內有限的維生素C儲備就開始不斷消耗，等到海上航行一個月左右，就會開始感受到缺乏維生素C的影響。[54]

所有會染上壞血病的動物，都是缺乏了一種特殊的酶 GULO（L-gulonolactone oxidase），這種酶正是負責體內製造維生素C的最後一步。[55] 然而，在大約六千萬年前到四千萬年前，人類這個靈長類演化樹分支的 GULO 基因發生突變，讓這種重要的酶不再作用。[56] 由於當時我們的祖先住在森林裡，天然的飲食就有大量蔬果，富含維生素C，也就讓演化對這項突變渾然未覺。時間慢慢過去，這套 GULO 密碼累積了愈來愈多錯誤，所以目前在人類DNA裡就是個無法作用的基因，像是汽車引擎裡有個鏽到沒得救的零件。

　　維生素 C 在人體內的主要作用，是在協助合成一種稱為膠原蛋白的長鏈蛋白質。膠原蛋白是人體內含量最多的蛋白質，維持著結締組織的結構強度。結締組織一方面是皮膚的基礎，讓皮膚有彈性，另一方面也維持著內臟器官的位置，以及包覆著血管與神經。膠原蛋白也是肌腱和韌帶的成分，為肌肉提供結構，支撐著軟骨與骨骼，且是傷口癒合過程必要的成分。簡言之，要是身體無法形成與維持膠原蛋白，身體結構就會開始崩潰。

　　地球上幾乎所有動物都能自行合成維生素 C，通常是在肝臟進行。[57] 但是人類和其他猿類、猴類與眼鏡猴，都失去了這種生化能力。幾百萬年前樹上祖先的偶然突變，就給大航海時代的船員帶來了如此悲慘的後果。

　　（有幾種靈長類動物的重要分支，像是狐猴與懶猴，倒是能夠自行合成維生素 C，也就不會染上壞血病。但除了靈長類之外，還是有一些其他物種也需要從膳食中取得維生素 C，[58] 其中就包括了天竺鼠和果蝠。[59] 挪威人在 1907 年進行壞血病研究的時候，說巧不巧就選上了天竺鼠來做試驗，剛好是極少數同樣會染上壞血病的動物。[60] 我們常說要拿天竺鼠來做試驗，而就壞血病的研究而言，選上天竺鼠正好完美。）

安森艦隊大災難

　　要說到航海史上最慘烈的健康災難，就發生在艦隊司令安森（George Anson）率領皇家海軍去攻打西班牙太平洋領地的途中。

1739 年，英國與西班牙再次公開掀起戰爭。當時這兩個宿敵甚至尚未捲入「奧地利王位繼承戰爭」這場更廣泛的歐洲權力鬥爭，就已經因為爭奪主導西班牙美洲領地周邊的貿易，而互相衝突。（當時在英國國會所宣稱的開戰事由，後續也帶出了可能是史上最荒謬的戰爭名稱：「詹金斯的耳朵之戰」。詹金斯是英國一艘商船的船長，遭到西班牙海巡人員在佛羅里達海岸附近，登船指控走私，並割下他一隻耳朵。）

英國在戰爭早期，於加勒比海一帶取得勝利，進而命令安森司令率領艦隊侵擾太平洋沿岸的西班牙領地。安森的任務是要攻擊脆弱的城鎮，以及奪下一艘價值連城的運寶船——該船負責將白銀從墨西哥的礦場運往菲律賓，再前往中國進行貿易。當時為了修復船隻、召募足夠的人手，安森一行人的艦隊拖了好一段時間，才終於在 1740 年 9 月啟航。但在這幾個月的延誤期間，找來的船員已經是靠著吃船上配給的食物過活，代表安森一行人甚至還沒出發，就已經開始營養不良。

安森的艦隊繞過南美洲最南端的合恩角、進入太平洋之後，經歷了長達三個月的狂風暴雨，不但船隻受損，艦隊還遭吹散；有兩艘成功自行返航，另一艘則在智利海岸遇難沉沒。但比起狂風呼嘯，壞血病的肆虐還更糟糕。

到了 1741 年 4 月底，安森的旗艦「百夫長號」已經幾乎沒有半個健康的人。光是 4 月就有四十三名船員因壞血病而過世，5 月的死亡人數更翻了一倍。能夠操帆的船員人數迅速減少，甲板下的情境也愈來愈絕望。吊床密密麻麻，擠滿了病人與垂死的

人，一股惡臭叫人難以忍受。而且就算還活著的船員，也往往太過虛弱，無力把屍體扔過船舷，因此許多遺體就這樣被留置在原地。

最後，百夫長號得以來到費南德茲群島（十八世紀初，一位名叫塞爾柯克的船員曾受困在此處超過四年，據信英國作家笛福的小說《魯濱遜漂流記》正是受到塞爾柯克的啟發）[61]，與另外兩艘剩餘的船艦，在這個預先安排的會合點集合。這三艘船上，十個月前還有大約一千二百名船員，現在則有將近四分之三已經過世。而且雖然船員已經來到陸地上休養，能夠取得過去幾次遠征時期種植的大量新鮮蔬果作物，壞血病造成的死亡還要再過三週，才終於停止。

休息三個月之後，剩餘的三艘船艦繼續執行任務，攻擊西班牙的航運與南美沿岸城鎮。1742年夏天，艦隊橫渡太平洋前往中國，同樣每天都有船員因壞血病而喪命，最後剩下的船員人數只夠操縱一艘船而已。安森這時候想實現的是他的第二個目標：讓百夫長號航向菲律賓，奪取西班牙的運寶船。而在1742年6月，他們也確實奪下了一艘西班牙運寶船，船上載有超過一百三十萬枚銀幣。

安森繞地球一周後，取道印度洋回到英國。這趟長征的航行時間將近四年，雖然掠奪到大批寶藏，但成功背後的人命代價驚人：當初與安森一起出航的船員將近兩千人，但最後只有一百八十八人活著到家。而在這些傷亡當中，只有三個人是為了奪下運寶船而犧牲。[62]

安森的英國皇家海軍旗艦百夫長號（左），成功奪取一艘馬尼拉大帆船，也完成環球航行，但壞血病在這趟長征的航行途中，令船員死傷慘重。

史上第一個臨床對照試驗

　　海上壞血病真正的不幸在於：過去早有陸上的營養不良族群曾出現相同症狀，所以有效的療法早已為人所知。在出現壞血病早期症狀的時候，歐美民俗療法早就知道吃水芹或雲杉葉，能有療效（目前知道這兩種食物都富含維生素 C）。[63] 而且早在十六

世紀，也有幾位船長從經驗中發現，如果多吃新鮮蔬果、特別是柑橘類，就能治癒壞血病。伊莉莎白一世時代的探險者暨私掠者霍金斯爵士也在 1590 年指出：「我見過最有效的辦法就是酸橙與檸檬。」[64]

但是在接下來這幾個世紀，海軍或商船卻沒有好好善用這些療法，可能是因為海上食物不易長期保存，也可能是並不瞭解這些飲食最重要的成分是哪些。現在維生素 C 之所以有「抗壞血酸」之稱，正是因為它是眾人長期找了又找的壞血病預防成分。

十八世紀的皇家海軍已經深刻意識到壞血病的問題，也著手加以處理。然而問題在於，負責向海軍建議船上食物如何配給的傷病委員會，主要就是一群正規訓練出身的醫師。但當時的醫療體系對壞血病病因的認知錯誤，以為這是因為消化不良、加上船上環境太過潮溼，讓身體內部產生腐敗。不管是船長的第一手觀察、或是海軍軍醫發現確實能夠有效治療壞血病的療法，都因為不符合當時主流的疾病理論，而被傷病委員會認為是瞎說。舉例來說，安森艦隊出航的時候，船上帶的是一種硫酸鹽特效藥（將硫酸混合一些酒精、糖與香料），因為當時誤以為柑橘類之所以能抗壞血病，是由於酸的東西有助消化。[65]

然而，安森艦隊這趟航程的死傷太過慘重了，終於讓醫界正視。1747 年，海軍外科醫師林德（James Lind）比較了當時幾種療法，包括蘋果酒、醋、硫酸與海水，以及柳橙及檸檬。常有人說這是史上第一個臨床對照試驗。林德醫師找來一群罹患壞血病的船員，並確保每個病例都盡可能相似，再隨機分配到不同的治療

組別。經過這項系統性的實驗，明確證明如果在膳食中加入柑橘類水果，就能有效治療壞血病：分配到這種療法的船員，短短一週內就能重返崗位。林德發表了這項研究結果，但遺憾的是並未對海軍實務有多少影響。

　　主要問題在於，雖然林德的試驗顯示了柑橘類水果能夠治療壞血病，他本人卻似乎並未完全體認到這件事有多麼重要：這篇研究除了推薦柑橘類水果，同時也推薦許多其他無效的療法。[66]更重要的是，林德接下來的動作是推出一種要在船上長期儲存柑橘汁的技術：將柑橘汁加熱減少水分、加以濃縮，讓 24 個柳橙或檸檬只剩下 100 毫升左右的液體。林德未經測試，就號稱這種水果糖漿能在長達數年之間，維持抗壞血病的功效。但事實上，將果汁加熱完全就是破壞了維生素 C，使療效全無。[67]

抗壞血病神物

　　壞血病持續肆虐，除了影響海軍、商船，甚至是非洲橫渡大西洋的奴隸船也難以倖免。

　　1780 年代，楚拉德（Thomas Trotter）在利物浦一艘奴隸船上擔任醫師，發現如果將新鮮檸檬汁過濾裝瓶，再加上一層薄薄的橄欖油隔絕空氣，就算過了一年多，檸檬汁仍然能夠保有抗壞血病的作用。

　　楚拉德醫師後來對奴隸貿易深惡痛絕，他堅信這種療法能夠挽救那些「不幸過世者的生命」，但奴隸販子並不願意給航行增

加額外的食物成本。[68] 楚拉德繼續大力推動這項訴求，最後獲任命為英吉利海峽艦隊隊醫，[69] 而且其他同樣呼籲使用柑橘類果汁的人，也開始在傷病委員會坐上有影響力的職位。

令人難過的是，雖然林德所做的臨床試驗十分仔細、證據充足，卻是在論文發表長達四十年後，皇家海軍才開始固定在船上準備檸檬汁。之所以最後能有如此巨大的改變，是因為傷病委員會在改組之後，納入了曾在海上有實際治療壞血病經驗的醫師，說服了軍方不再相信傳統醫界的理論。

而到此時，已然經驗豐富的艦隊將領也堅持要求提供柑橘類的果汁。以海軍少將加德納（Alan Gardner）為例，就要求在 1793 年前往印度的航程每天配給檸檬汁，在海上四個月後抵達時，船員沒有任何一位有壞血病的跡象。消息傳回國內，其他艦隊指揮官也紛紛要求這項有效的抗壞血病神物。

最後在 1796 年，英國皇家海軍同意為所有外派軍艦提供檸檬汁配給；自 1799 年起，就連在本國附近海域的軍艦，也得到檸檬汁配給。[70] 這項新的政策改變了一切，從 1794 年到 1813 年間，皇家海軍的壞血病盛行率已從 25% 左右，直接降到 9%。[71] 基本上，可說壞血病再也無法肆虐英國軍艦。在開始檸檬汁配給制度之前，只要航行到了十週，船艦就會遭到壞血病侵襲。但在 1799 年之後，皇家海軍的中隊與艦隊能在海上航行四個月，都無需新的補給。[72]

皇家海軍終於征服了最大的敵人，面對其他那些還無法好好保護船員的對手，便得到了決定性的優勢。特別是皇家海軍現在

得以維持船員健康、讓艦隊發揮完整戰力，以實現英國軍事戰略的核心要素：海上封鎖。

〔附注：人體不利於長途航行的另一項生物限制，在於不能直接喝海水。這點並不奇怪，就算是已經演化到住在藍藍大海裡的海洋哺乳動物，也無法喝鹽水生存，而必須從獵物體內提取水分（以及使用碳水化合物與脂肪代謝分解過程產生的水分），而且海洋哺乳動物的腎臟也能有效以尿液，排除多餘的鹽分。然而人類卻沒有這樣的演化適應，以致無數船員雖然身邊都是海水，卻還是脫水而亡。正如詩人柯立芝的〈古舟子詠〉所述：「水呀水，處處皆水，卻無一滴可飲。」船員想要穿越這片廣闊的「水漠」，必須把所有所需的飲水帶在身邊，而且如前面所述，常常會混點酒來防止變質。但從十九世紀下半葉開始，船上普遍裝設了能夠淡化海水的蒸餾設備，船員終於能夠喝海水了。[73]〕

海上封鎖

歷史上，許多國家都曾靠著海軍力量來獲取利益。像是從近代早期以來，歐洲列強都握有遠洋海軍，相對實力則因應地緣政治威脅或契機而互有消長。但對英格蘭或後來的英國來說，為了保衛這個島嶼抵禦入侵，常備海軍實在不可或缺。英國皇家海軍建軍於十六世紀初，經過多次與西班牙、法國與荷蘭艦隊發生衝突之後，除了是維護本土安全的工具，還得同時保衛英國逐漸成長的海洋經濟與海外殖民地。

　　皇家海軍的主要任務一直是控制英吉利海峽，保護英國免受來自歐陸、特別是法比荷三國北岸船隻的侵擾。但隨著英格蘭與後來的大英帝國海外領地不斷增加，需要保衛的海上領土也大幅成長。

　　英國的商船，不論是從加勒比海與北美返回英國，又或者是從更遠的印度和東南亞最終穿過北大西洋返英，都需要經過英國海岸附近的一個重要海域：西部航道。而各個殖民地本身也需要保護，要是讓某支敵對的歐洲艦隊溜進廣闊的大西洋，有可能經過好幾週無聲無息，就突然出現在海平面上，襲擊英國的海外殖民地。如果想要有數量充足的軍艦，既要保衛每個有價值的殖民地、又能在海上護航、還得保護英吉利海峽，成本絕對高到無法負荷；但如果只用負擔得起的船艦數量來執行任務，一旦部署得太過分散，反而每件事都做不好。

　　所以，英國皇家海軍到底該如何部署有限的船艦，才能充分滿足以上所有戰略需求？答案就是成立西方分遣艦隊，把一批軍艦集中起來，浩浩蕩蕩駐軍在英國西南海岸。從這個駐點，艦隊能夠同時滿足各項需求：封鎖英吉利海峽入口，抵禦入侵；守衛英國西部航道脆弱的終點線，保護海洋經濟命脈；定期巡航比斯開灣，防止敵國集結足以威脅英國殖民地的海軍力量。

　　在戰略上，英國必須控制住整個西歐岬角（法國與伊比利半島西岸）的海岸線與大西洋水域，才能有效維護自身的利益。[74]

　　1740 年代，西方分遣艦隊已經成為皇家海軍主力，也是英國制海屏障的核心。[75] 而安森勛爵經過在西班牙美洲長期征戰（還

有壞血病揮之不去），現在也成為西方分遣艦隊的指揮官，對艦隊的成長居功厥偉。[76] 光是集結一批軍艦，就能在如此廣闊的區域發揮重要作用，這裡的關鍵策略正是實施海上封鎖。

海上封鎖代表能在戰時以優勢海軍，從海上封鎖敵人主要港口，不但能削弱敵方的軍事威脅，還能阻礙海上貿易，扼殺敵方經濟。理想狀況下，如果能形成一道堅不可摧的近距離封鎖，就能避免敵方戰艦離港集結成一批強大的艦隊。但想要對所有主要敵方港口有永久且完整的警戒、不讓任何船艦溜出港口，實在是不可能的任務，所以更常見的辦法是：派出機動性較強的小型巡防艦，持續密切監視各個港口，形成一種鬆散的封鎖措施。要是發現敵艦膽敢出航，就立刻透過一系列的傳訊船，通知停靠於較遠處的主力艦隊，發動優勢戰力，決一死戰。[77]

要長年有效進行海上封鎖，對後勤是一大挑戰：駐守的船隻需要在海上進行補給，並定期由母港派出船艦替換。但這種做法還是能讓海軍調度手上船艦時更有效率。[78] 十九世紀末，美國海軍戰略家馬漢（Alfred Thayer Mahan）就說：「不管需要多少艘船艦才能監控敵方的港口，絕對還是遠遠比不上一旦縱放敵艦、威脅到分散各地的利益時，再來補救保護所需的船艦數量。」[79]

英國皇家海軍就是以這樣的海上封鎖形式，稱霸海洋：不是殲滅敵人的艦隊（雖然如果有機會，當然也歡迎），而是讓敵方的船艦都憋在港口裡。雖然還是需要派出一些船艦或分遣艦隊，駐守幾個海外的關鍵戰略地點，但整個帝國海外領地的防禦，主要其實是在西歐沿海進行。

特拉法加海戰

　　但等到法國與西班牙也參與了美國獨立戰爭，這項戰略理論也開始動搖。雖然英國皇家海軍的規模已經是世界最大，但真要同時封鎖美洲各個港口、支援沿海部隊、保護加勒比海殖民地、還要把法國船艦與西班牙船艦都堵在該國港口裡，實在是力有未逮。這很快就讓英國在北美沿岸與加勒比海地區陷入困境。

　　而且海軍的宿敵也在此時插上一腳：要說到北美十三州為何失守，壞血病肯定也是禍首之一，[80] 英國船員因壞血病而衰弱，就算倖存也得在醫院躺上好一段時間。英國在 1774 年到 1780 年間，招募了十七萬五千九百名船員，其中病死的超過一萬八千五百人，戰死的卻只有一千二百四十三人。1782 年，美國獨立戰爭戰火正熾，在大約十萬的總兵力中，就有二萬三千名海軍掛了病號。[81] 英國陸軍在陸上遭受著當地瘧疾的困擾（見第三章〈地方病——歷史場域的主場優勢〉），皇家海軍則是在海上難以擺脫壞血病。

　　但二十年後爆發拿破崙戰爭時，傷病委員會已經完成改革，為所有船艦上的皇家海軍每日配給檸檬汁。這讓染上壞血病的船員人數大幅減少，西方分遣艦隊也得以成功封鎖法國各個主要的海軍基地，像是在英吉利海峽的勒阿弗爾、法國西北端的布雷斯特、比斯開灣的羅什福爾。而在 1803 年到 1805 年間，著名英國海軍將領納爾遜（Horatio Nelson）指揮地中海分遣艦隊，完成在法國沿岸的海軍警戒線，封鎖南部港口土倫。當時，羅什福爾受

到嚴密封鎖，軍艦無法離港，但納爾遜刻意對土倫放鬆封鎖，希望引誘拿破崙讓駐在該地的艦隊嘗試突破，便能讓英軍在海上取得決定性的勝利。

西班牙艦隊當時駐在直布羅陀海峽西北方的加地斯、以及伊比利半島西北端的費羅爾，此時與法國互為盟軍。拿破崙打算讓法國艦隊與西班牙艦隊會師，搶下英吉利海峽的控制權，為入侵英國南部海岸，開出一條安全通道。法國船艦雖然幾次成功突破封鎖，但一直未能對英國取得決定性的勝利。皇家海軍仍然是海上的霸主，既能夠恣意攻擊海內外的法國人，也能讓英國與盟友自由航遍世界、進行貿易，為對抗法蘭西帝國的戰爭提供資金。

1805 年 1 月，拿破崙的艦隊溜出英國在土倫的封鎖，與駐在加地斯的西班牙艦隊會師。在後有納爾遜追兵的情況下，他們一路來到加勒比海，接著北轉，借助西風回到歐洲。法西聯軍打算協助駐在布雷斯特的艦隊突破封鎖，接著就以大批軍艦橫掃英吉利海峽，消滅所有英國軍艦。

然而「菲尼斯特雷角之戰」讓法西聯軍損失慘重，被迫放棄這項計畫，法西聯合艦隊司令維爾納夫（Pierre-Charles Villeneuve）決定返回加地斯。等到拿破崙命令聯合艦隊再次出海，航向那不勒斯，維爾納夫就不得不取道直布羅陀海峽這個地中海的狹窄門戶。1805 年 10 月 21 日，在距離特拉法加角海岸四十公里遠的地方，英國納爾遜的封鎖艦隊與維爾納夫的艦隊開始交戰。

當時雖然已經在海上度過了好幾個月，納爾遜艦隊裡卻幾乎沒有人染上壞血病。[82] 英國的地中海艦隊大約有七千名船員，在

1803 年 8 月到 1805 年 8 月封鎖土倫期間，只有一百一十人死於壞血病、一百四十一人住院治療。納爾遜本人在美國獨立戰爭期間，還是一名年輕船長，在 1780 年就差點死於壞血病，[83] 當時他「在勝利號還差十天就滿兩年整」，[84] 其間沒有踏上陸地半步。

相較之下，法西聯軍的船上壞血病肆虐。特拉法加的西班牙艦隊司令提到，他有些船上的壞血病人超過兩百人，[85] 已經大約是風帆戰列艦船員人數的四分之一。

納爾遜的船員不但能躲過壞血病，同時航海經驗更豐富、射擊經驗也更為完備。納爾遜運用這些優勢，發動一項非正統的海軍戰術，以兩路縱隊直接衝向敵方戰艦的防線。這是一場經過深思熟慮的冒險，冒險有了回報，皇家海軍對法西聯合艦隊取得決定性的大勝。

納爾遜的艦隊之所以能取得勝利，主因之一無疑在於船員健康情況更為良好，得以在海上更充分發揮戰力。[86] 由於打敗了壞血病、也在特拉法加取得了勝利，讓英國得以繼續稱霸海洋，皇家海軍的海上霸主地位一路延續到第二次世界大戰。正如研究海軍歷史的勞伊德（Christopher Lloyd）所言：「在用來擊敗拿破崙的所有手段當中，最重要的兩種就是檸檬汁與近距臼砲。」[87]

在特拉法加海戰後的將近十年間，英國皇家海軍持續封鎖法國海岸，扼殺法國的戰時經濟。拿破崙祭出的回應則是大陸封鎖（Continental System）：在法國所控制或與法國結盟的歐洲地區，對英國實施禁運。

然而，英國既然控制了海洋，也就能將貿易轉移到海上，與

大西洋彼岸的南北美洲進行貿易，商人也將大量貨品走私運進西班牙與俄國。這讓拿破崙決定進攻西班牙與俄羅斯來加以抵制，但最後也導致拿破崙帝國慘敗，於 1812 年從莫斯科撤退。當時，拿破崙的大軍團足足有六十一萬五千名士兵進軍俄羅斯，最後卻只有十一萬名帶著凍傷、餓到剩半條命的人，得以倖存回鄉。[88]

皇家海軍終於打敗了它在史上最頑強的敵人：讓人虛弱而要命的壞血病，而且至少有一段時間，得以輾壓美洲與歐陸對手的海軍，就因為這些對手不知道要給船員提供檸檬汁。[89]英國得到了關鍵性的戰略優勢，一方面靠著精心計劃的後勤補給，得以進行長時間的海上封鎖，另一方面在生物學上，則是找出了辦法應對人類基因的缺失，讓英國得以稱霸海上。

但是不久之後，其他國家的海軍也開始懂得用海水來保存檸檬，[90]而且在十九世紀末出現了蒸汽動力的船艦，大幅縮短遠洋航行所需的時間，船員很少再遇到幾個月不能靠港上岸的情形，對於在海上得到壞血病的恐懼也逐漸散去。但有長達三個半世紀的時間，人體失效的 GULO 基因就在大航海時代，造成了關鍵的影響。

檸檬與黑手黨崛起

這裡還有一個比較少人知道的小故事。皇家海軍開始配給檸檬汁，創造出一股對檸檬的巨大需求：從 1795 年到 1814 年間，海軍發出的檸檬汁來到七百三十萬公升左右。[91]但英國氣候不利

於檸檬種植，必須仰賴進口，多半是來自地中海沿岸。英國海軍原本是從西班牙取得這項重要物資，但西班牙在 1796 年與拿破崙結盟，於是英國轉而向葡萄牙購買，並在 1798 年占領馬爾他島之後，改成購買在這個島上種植的檸檬。[92] 但是從 1803 年開始，納爾遜把西西里島變成一座巨大的檸檬汁工廠，[93] 開始為位於世界各地的皇家海軍，供應這種抗壞血病的物資。[94]

〔附注：1860 年以後，整個皇家海軍的檸檬汁供應，都是來自西印度群島英國殖民地所種植的萊姆（lime）。[95] 而《商船法》在 1867 年通過之後，也要求無論是皇家海軍或英國商船隊，都需要為船員每日配給濃縮萊姆汁，[96] 於是讓英國船員開始有了 limey（萊姆人、英國佬）這個綽號。這個詞先是只指稱英國船員，後來也用來指稱前英國殖民地（特別是澳洲、紐西蘭和南非）的英國移民，最後在美洲的用法，更把定義延伸到所有英國人。[97]〕

西西里島鄉間氣候炎熱，很適合種植柑橘類的水果，但歷史上一直不曾出現強而有力的政府。不管是從 1735 年開始統治西西里島的波旁王朝，或是在 1861 年義大利統一、獨立後的薩伏依王朝，在這裡都未曾有過足夠的執法力量，就連私有財產制也難以落實。直到十九世紀，封建制度仍在西西里島大行其道，貴族在自己的領地上，掌握著行政、財政與司法諸般權力。波旁王朝在 1812 年廢除封建、將領地拍賣，許多佃戶擁有了自己的土地，卻不得不雇用私人警衛來保護自己的莊園，抵抗猖獗的強盜土匪。至於種種貪腐與恐嚇的手段，也極度盛行。

皇家海軍的採購讓檸檬需求劇增，迎來商品爆升期，且還為

西西里島這種不穩定的局勢注入大量現金，讓問題的嚴重程度大增。也是在這種無法無天的局面中，黑手黨應運而生。檸檬價格高、當地農村極度貧困、加上法治不興，這些因素結合，代表柑橘類果園很容易遇上盜採，幾百顆水果（在市場上能夠賣到極高的價錢）一夜之間就可能被人從樹上盜光。

由於沒有中央政府單位可指望，果園園主被迫只能從民間雇人得到保護。但這很快就出現了各種敲詐勒索的情事，園主一旦拒絕支付保護費，就會受到暴力相向。黑手黨也就成了地方園主與港口國際出口商之間的中間人，每次談成一筆交易，果園大門上面就會放上一顆檸檬，代表這處果園現在受到黑手黨保護。隨著國際上對檸檬的需求像滾雪球般成長（從 1837 年到 1850 年，短短十三年間，檸檬汁的出口量從每年七百四十桶，躍升到超過兩萬桶），[98] 黑手黨的勢力也跟著水漲船高。

時至 1870 年代，所謂現代黑手黨的組織已經出現，業務也迅速擴展到更廣泛的敲詐勒索和其他組織犯罪。黑手黨先是滲入整個義大利的政經體系，又來到了美國。從 1870 年到第一次世界大戰期間，移居美國的義大利人超過四百萬，多半來自貧困的南部與西西里島。[99]

維生素 D 缺乏症

壞血病這種維生素 C 缺乏症，在大航海時代困擾了船員長達數百年。而歷史上還有其他維生素缺乏症，同樣讓許多人受害。

像是維生素 D，只要人體皮膚照射到陽光中的紫外線，就能自行合成。然而在緯度極高的北緯地區，為了禦寒得包得緊緊的，且陽光沒那麼強、冬季又長又黑，都讓人體無法自行產生足夠的維生素 D。

人體需要維生素 D，才能有效吸收食物中的鈣質，一旦缺乏這種維生素，骨骼就會軟化變形，造成像是兒童的佝僂病與成人的軟骨症等等病症。

根據歷史文獻與遺留的骨骸顯示，佝僂病在羅馬帝國北部與中世紀歐洲十分常見。[100] 但是加拿大最北部及格陵蘭島的伊努特人（Inuit）原住民、以及住在斯堪地那維亞半島的挪威人，卻很少遇到這樣的問題，因為他們的食物裡有大量像是鱈魚與鮭魚這些油性魚類，富含維生素 D。[101] 而且不同於維生素 C 為水溶性，維生素 D 是脂溶性維生素，人體的儲量能夠撐上好幾個月，就算供給不穩定，也不是太大的問題。

維生素 A 缺乏症

人類也需要從飲食中取得維生素 A，可以是來自動物、已具有活性的維生素 A，也可以是非活性的原維生素（provitamin），像是 β-胡蘿蔔素（包括胡蘿蔔、地瓜、番茄、奶油南瓜這類蔬果所含有的橘紅色素），人體能夠將一部分 β-胡蘿蔔素轉換為維生素 A。[102]

　　然而全球仍有許多人缺乏維生素 A，特別是在一些依賴白米（精米）為主食的發展中國家。全球目前有大約三分之一的兒童受到維生素 A 缺乏症的影響，且這正是可預防的兒童失明主因。此外，缺乏維生素 A 也會增加因其他常見疾病而死亡的風險。[103] 要解決這項很普遍的問題，方法之一就是對水稻作物進行基因改造，讓稻米的可食用部分也含有 β- 胡蘿蔔素，創造出所謂的黃金米。[104] 我們正運用科技，為人類最古老的一項主要作物添加基因，希望以此彌補人體的一項生化缺陷。

　　我們已談完了人類遺傳密碼缺陷所造成的歷史後果，接下來則要談談人類心理諸多的弱點與偏誤。

第八章

心智的弱點

── 認知偏誤

有人說人是理性的動物，
而我這一輩子都在尋找，
究竟有什麼證據能支持這種說法。

── 羅素（Bertrand Russell）

　　1492 年 8 月 3 日的夜間，哥倫布從西班牙南部的帕洛斯港啟航。他這支小小的船隊包括一艘大型克拉克帆船「聖瑪莉亞號」旗艦，以及兩艘較小的卡拉維爾帆船。他們先到非洲西北海岸外的加那利群島停留補給，進行一些維修，接著就轉向正西，開始橫渡廣闊的大西洋。這次航行將在歷史留名，只不過原因和哥倫布的預期有些出入。

　　當時哥倫布相信，如果從歐洲想到達東方，與其往東走陸路穿越亞洲，其實往西跨海而行的路程更短。哥倫布會這麼想，是基於他對地球周長的計算，以及參考了走絲路穿越歐亞大陸的探險者留下的紀錄。而且根據義大利天文學家暨製圖師托斯卡內利（Paolo dal Pozzo Toscanelli）寄給他的地圖，哥倫布相信日本位於一個距離東亞海岸要遠得多的地方，所以能做為他長程跨海之旅的中途補給點。

哥倫布的謬誤

　　我們現在知道，當時哥倫布用的數字既低估了地球的周長、又高估了歐亞大陸的寬度，而且誤以為日本與歐洲的距離比實際近得多。如果照哥倫布算來，歐洲西岸與中國之間不可能有空間能夠存在一塊未知的大陸。所以，他當時並不是準備進行一場發現之旅，而是覺得自己經過縝密計劃，要從一條新的路線到達已知的目的地。[1]

　　但等他們一行人往西航行了一個月，瞭望員卻還看不到任何

陸地的跡象，船員就開始感到不安了。哥倫布很清楚，自己還管得住這群人的時日無多，接著就只能被迫返航，或是遭到群起叛變。在哥倫布看來，船隊肯定是不小心錯過了日本，但這樣也一定是已經接近中國海岸線了。最後，經過在海上航行五週，他們在 10 月 12 日清晨，見到了陸地。

哥倫布發現美洲的故事大家都很熟悉了，但比較沒人談到這位探險家究竟是有多大的心理彈性，才能繼續堅信自己抵達的是東方，而不是某片陌生的新大陸（他實際上是來到了加勒比海地區）。從這個例子，就能清楚看到，我們所有人都可能具有的一種認知偏誤。

這次的航行，有諸多跡象明擺在眼前，應該能讓哥倫布發現自己到達的絕不是東方。他帶的口譯會講好幾種亞洲語言，卻完全無法與他們遇到的島上居民溝通。威尼斯商人馬可波羅曾在十三世紀末，經陸路抵達中國，並描述那裡的人有文明、有教養，但哥倫布眼前的人卻是赤身裸體、過著看似原始的生活。而且等到克服語言障礙之後，他們也發現，這裡竟沒人聽過那位當時統治中國、天威浩蕩的可汗。

此外，哥倫布等人也沒找到產於東方、價值連城的香料：肉桂、胡椒、肉豆蔻、豆蔻皮、生薑和小豆蔻。在登陸的第一天，船員曾看到當地人帶著一捆又一捆的乾燥棕色玩意，本來還以為是捲起來的肉桂樹皮，但仔細一看卻是乾燥的葉子。更奇怪的是當地人居然會去點燃這些葉子、吸進所產生的煙霧。正如前面所提，原住民讓船員學會了吸菸這回事；但關於東方的記載卻從未

提過吸菸。在哥倫布探索這片新大陸的過程中，最後他一棵肉桂樹也沒找著。哥倫布也沒找到胡椒。當地人確實也會用一種香料來製作美味的燉菜，但哥倫布發現這些「椒」不論在外觀或口味上，都跟他想從中國帶回歐洲的胡椒，大有出入。這些新世界的「椒」屬於辣椒屬（*Capsicum*），包括辣椒、卡宴辣椒、甜椒、西班牙辣椒、紅椒、朝天椒。

　　哥倫布的船員還認錯了許多別的植物，像是把苦木裂欖木，誤認為是能從樹皮切口滲出寶貴樹脂的乳香黃連木，且一心以為另一種植物是有藥用價值的大黃。他們還發現了龍舌蘭，這是一種葉片厚實、帶刺、呈肉質蓮座狀的植物，卻誤認為是蘆薈。[2]〔當時人們會把蘆薈的黃色汁液乾燥，少量服用做為強力瀉藥；而如今，我們是把蘆薈用於保溼與化妝品。但就這種植物而言，哥倫布會有誤解或許情有可原。雖然在美洲的龍舌蘭顯然比蘆薈大得多（蘆薈原產於馬達加斯加、阿拉伯半島和印度洋島嶼），但兩者的外型確實大致類似。只不過兩者其實毫無親緣關係，之所以外型相似，是因為都曾經面對同樣的生存困難，而演化出相似的解決方案；這種過程稱為趨同演化（convergent evolution）。龍舌蘭與蘆薈厚厚的肉質葉子是為了儲存水分，帶刺則是為了保護這個重要的儲水結構不要受到草食性動物危害，才能在炎熱乾燥的氣候中生存。〕

　　哥倫布前後四次向西橫渡大西洋，足跡遍及美洲各地，包括古巴與伊斯巴紐拉島的海岸線、許多較小的加勒比海島嶼、以及中南美洲大陸的部分海岸地區。但在長達十二年的探索過程中，

雖然有了各種意想不到的遭遇與發現，哥倫布卻始終未曾接受自己到達的根本不是東方，而是另一個完全不同的地點。在這片新土地上，幾乎沒有什麼符合之前到過東亞的人所提出的描述。但是哥倫布深植心中的信念像是一個稜鏡，讓他透過這個稜鏡來看這個新世界的一切。只要有任何證據似乎能夠支持自己先前的期望，他就會緊抓不放；不管有再多反證能夠推翻那些先入為主的想法，他都會重新詮釋、淡化，或是乾脆忽略。

確認偏誤

哥倫布落入的陷阱，就是我們很常犯的確認偏誤（confirmation bias）：我們對新資訊的詮釋，常常是傾向於用來確認自己的既有觀點，卻對其中挑戰自身信念的證據視而不見。[3]

早在好幾個世紀之前，就已經有人發現人類有這樣的傾向：一旦確立了某種信念，就不想再去重新評估或改變。[4] 培根爵士早在 1620 年就寫道：「人類的理解一旦接受了某種觀點……就會把所有其他事物都拉來支持和同意這種觀點。就算另一方能提出更多更有分量的實證，卻只會被忽略蔑視、或者被擱置冷落，這種強烈而有害的先入為主態度，只是為了讓先前結論的權威不受動搖。」

在哥倫布跨海探索的五百年後，確認偏誤還是大大左右了情報的認定，於是讓一份情報報告的結論認為海珊正在製造大規模殺傷性武器，成為美國在 2003 年帶頭入侵伊拉克的開戰事由。

但事實上，伊拉克並未擁有任何大規模殺傷性武器；後續對這案子的調查顯示，是當初分析師的信念太過強烈，讓他們看到任何資訊的時候，都已經帶著先入為主的觀點。他們並未真正逐一評估各項證據，而是對支持的證據全盤接受、對反對的證據全然不管，從未好好質疑自己最早的假設。

舉例來說，在約旦的維和部隊曾截獲伊拉克購買的幾千根鋁管，情報分析師就判定這是用於氣體離心機，準備將鈾濃縮到武器等級。雖然這些管子確實有可能是為了這樣的目的，但從證據看來，其實更有可能是用於傳統用途，例如製造火箭；但是這種論點遭到了無視。於是，確認偏誤強化了一種並無證據支持的假設，並導致戰爭。[5]

也是出於確認偏誤，才會讓兩個對於特定主題或問題的觀點相反的人，雖然看著完全相同的證據，卻都認為這證明了自己才是對的。不管某項新資訊多麼平衡、多麼中性，人就是會先看到那些符合自己先入為主觀念的細節，覺得這確認了自己的觀點。很諷刺的是，像這樣的資訊處理偏誤，發生在我們自己身上的時候，我們可能完全視而不見，但要是發生在別人身上，我們卻會覺得事情如此明顯，而感到氣憤無比。[6]

如今的英國、美國、或世界其他地區，政治都逐漸走向兩極化，主因之一就在於確認偏誤這個人類認知軟體上的缺陷。[7]這會形成惡性循環：一旦相信另一方（或某家特定媒體）不可信、不客觀，對於他們所提出的觀點與主張，就更容易嗤之以鼻，完全不予理會。

　　搜尋引擎與社群媒體平臺還讓確認偏誤的問題更為嚴重。如今許多人都是用這些平臺來取得關於世界的新聞與資訊，[8] 但這些服務背後的演算法設計，卻是要分析每個使用者過去的點選、按讚、收藏、搜尋與評論，判斷哪些內容最可能引起這位使用者的參與（還會與他們的網路好友們分享），接著就不斷餵出這樣的內容。這樣一來，網路世界成了一個回聲室，只會不斷提供更多相同的資訊，進一步強化各種確認偏誤。於是，我們現在有很多人已經再也接觸不到反對的想法或其他政治觀點。整個網路正在分裂成無數個個人化的泡泡 —— 從網際網路走向分裂網路。

認知偏誤超過250種

　　人類的大腦絕對是個奇蹟，不論是運算、辨識模式、演繹推理、算術、資訊儲存與檢索，都樣樣精通。總體而言，人腦的能力仍遠遠超越至今所有的電腦系統與人工智慧。事實上，有鑑於人類演化出的認知能力原本只是為了讓舊石器時代祖先在非洲平原上生存，現在竟然能處理數學與哲學、能譜寫交響樂、還能設計出太空梭，這樣的多才多藝多功能，也就更讓人感到訝異。

　　雖然大腦已經如此了不起，但距離完美仍有一大段距離。面對這個複雜而混亂的世界，儘管大腦通常表現得令人激賞，但也有時候會錯得離譜。莎士比亞透過哈姆雷特的口，說到人類「理智高貴……能力無窮」，但這顯然並非事實，人腦無論在運作速度或容量方面，都有明顯的限制。[9]

例如我們的工作記憶（working memory），一次就只能記住大約三個到五個項目（譬如單字或數字）。[10] 而且人腦也常犯錯，做出差勁的判斷，特別是在疲倦、注意力負擔過重、又或是分心的時候。但「有限制」並不算是缺陷，[11] 任何系統的運作都必然需要有自己的限制。

然而很多時候，人就是會在同樣的情況，犯下同樣的錯誤：這種錯誤是系統性、可預測的，研究人員只要設計特定的場景，就幾乎肯定能夠重現這些錯誤。[12] 這似乎暗示有某些更深層的東西——透過這些持續而一致的錯誤，我們就能看到大腦軟體的某些基礎。

這些偏離「理想大腦」運作方式的現象，統稱為認知偏誤。前面已經談過讓哥倫布誤入歧途的確認偏誤，但認知偏誤還有許許多多種，大致分為三類：影響我們的信念、決策與行為；左右我們的社交互動與偏見歧視；扭曲我們的記憶。

其中一項是錨定效應（anchoring effect）：人類要做預測或決定的時候，常會過度依賴自己得到的第一項資訊。正是因此，在市場喊價或薪資協商的時候，開盤的數字會大大影響最後的結果。

至於可得性偏差（availability bias），指的是我們比較看重那些自己容易想起的例子。舉例來說，你可能會覺得搭飛機比開車危險。然而，雖然一場飛機失事慘案可能立刻造成大量死傷，也更有可能登上新聞版面，但實際的統計數字擺在眼前，告訴你如果用里程來計算，開車過世的機率比搭飛機高上一百倍。

還有光環效應（halo effect，月暈效應），指的是如果我們對某人

某方面有正面的印象，就會以偏概全，對這個人其他無關的面向也會有好印象。

大家十分熟悉的從眾偏誤（herd bias，群體偏誤），指的是我們會傾向接受多數人的信念、學習大多數人的行為，以避免衝突。

玫瑰色回憶（rosy retrospection）則是在回憶過往的時候，會覺得比實際情況更為正面。

而刻板印象又稱為概括偏誤（generalisation bias），指的是認為群體中的個別成員會有該群體的某些特質。

事實上，如果你去查維基百科的「認知偏誤列表」，會發現裡面列出的項目超過 250 項，用詞可能是偏誤、效應、錯誤、錯覺、或是謬誤等等；只不過有些實在太過類似，很可能只是呈現了同一套認知過程的不同面向。

捷思法 —— 高效率而省時的認知捷徑

雖然不是所有人受到所有偏誤影響的程度都一樣嚴重，但肯定多少會受到影響。事實上，光是「沒有認知到自己受到偏誤的影響」就已經是一種偏誤了，這稱為偏誤盲點（bias blind spot）。更重要的是事實證明，就算已經意識到偏誤的存在，我們還是無法避免受到偏誤的影響。認知偏誤就是大腦運作的一種系統性本質，想與之對抗可說是難上加難。

〔附注：比起一般神經典型（neurotypical）的人，患有自閉症類群障礙（autism spectrum disorder, ASD）的人經常表現出「更高的

理性」，他們似乎不太容易受到認知偏誤的影響，他們的推理、判斷與決策往往更加客觀。特別是 ASD 病人似乎比較不會依賴直覺、不會受到不相關資訊的影響，也比較不會逃避思考負面資訊。而既然不是所有認知偏誤都一定會發生在所有人身上，ASD 病人擁有更高的理性這件事，在研究上似乎就大有可為，有助於從中瞭解大腦理性與不理性思考的機制。[13]〕

所以我們得承認，人類的心理作業系統就是有各式各樣的錯誤與毛病。但更具爭議性的一點，在於究竟這些偏誤從何而來？為什麼人腦會以如此可預測的方式，偏離了我們會認為是理性或邏輯的反應？

研究發現，許多認知偏誤的成因，似乎是人腦試著透過捷思法（heuristics）這種簡化的經驗法則，在運算能力有限的情況下，盡力把事情做好。所謂捷思法，就是一些高效率而省時的認知捷徑，能讓我們在時間有限或資訊不完整的時候，無須逐一處理所有可用的資料，就能迅速做出決定。[14] 捷思法的優點在於既迅速（因為簡化了流程）、又節約（因為使用的資訊很少），讓我們能把困難的問題轉換成比較容易解決的問題。[15] 如果只是日常生活的情境，通常我們會覺得只要迅速做出「夠好」的決定就行了，不用花上大把時間蒐集資訊、深入思考，以得到絕對最完美的決定。「完美」是「夠好」的敵人，特別是在生死交關的時候，更是如此：決定做得太晚，就可能變成你人生的最後一個決定。

雖然捷思法多半十分實用（至少在演化過程中，常常都協助人類活了下來），但也有些時候，特別會給人找麻煩。

賭徒謬誤 & 熱手謬誤

有些偏誤是因應人類祖先的自然環境而形成，但是到了現代卻不再適用。例如賭徒謬誤（gambler's fallacy），指的是我們會覺得如果某項隨機事件已經有一段時間沒發生，那大概就快要發生了；或者剛好相反，認為如果事件才剛發生過一次，大概就不會立刻再次發生。像是我們直覺會認為，要是現在丟銅板已經連續丟出十次正面，接下來總該丟出個反面了吧？

這裡有個著名的例子。1913 年 8 月 18 日，在摩納哥的蒙地卡羅賭場，輪盤不可思議的連續搖出二十六次黑色。當時一群賭徒瘋狂下注在紅色上，且愈賭愈大，一心相信下一局總不會再搖出黑色了吧。但這些人也就這樣輸了一次又一次，讓賭場進帳數百萬美元。[16]

當時的輪盤並沒有被動手腳。從邏輯來說，不管前面已經搖出多少次黑色，每一局搖出黑色的機率永遠完全相同。歐式輪盤有一個「0」，所以每局搖出黑色的機率是 48.7%。

而且當然，銅板或輪盤既不會「記得」過去的事，也沒有能力控制下一次的結果。每次的事件都完全獨立，與先前的事件無關。只要從邏輯來推論，人人都知道事情一定是這樣，但卻阻擋不了大家腦海裡會浮現的想法：接下來肯定要出反面或紅色了，這樣才會平衡呀！

類似的認知偏誤還有熱手謬誤（hot hand fallacy）：出自籃球，大家相信如果某個球員已經連續投進好幾球，接下來幾球會投進

的機率應該比較高，因為他投籃的手感正發燙。而從球場到了賭桌，賭徒也會相信自己如果現在手氣正旺，可得好好把握，繼續賭下去。當然，如果是運動，那些天才運動員的表現確實可能略高於平均值，或許是因為在比賽得到好成績而使自信心增加的緣故。但在大多數情況下，就算你覺得自己狀態火熱，其實也不過就是偶然，就像是忽然連續丟銅板丟出十次正面一樣。

賭徒謬誤與熱手謬誤的背後，都是根源於同樣的認知前提，也就是覺得類似的事件彼此並不獨立，認為每次丟銅板、每次搖輪盤、每次投籃之間，總會有關聯。但如果是在觀光賭場這種環境，根本一切都經過精心設計：吃角子老虎經過校準、輪盤絕對做到平衡、洗牌也肯定洗得徹底，就是為了確保每次事件都與前一次事件完全無關；在這種時候，再以為事件彼此有關，就是大錯特錯。然而在人類祖先的自然環境裡，這種真正的隨機分布少之又少，我們現有的認知機制正是在自然環境中演化而來。

自然界就是有各種固定的模式。像是在我們的狩獵採集祖先看來，許多寶貴的資源可沒有隨機分布這回事，而是會聚集在一起：漿果就是長在樹上、某種植物就是都長在某個地點、那些獵物也總是成群結隊。在這些自然情境裡，要是你能在某個地方找到某種你要找的東西，確實很可能在同一個地點還能找到更多。

所以，某些認知偏誤並不是大腦真的有什麼問題，而是人類的認知過程經過了演化磨練，專門用來適應自然環境的挑戰。[17]這些行為或許乍看之下很不合邏輯，但其實是因為很符合環境生態。[18]至於在賭場或心理學實驗室裡的裝置，則是透過刻意營造

的隨機性，讓人類的認知軟體看來似乎有明顯的問題。

　　根據對認知偏誤的研究，學者認為我們腦中有兩套不同的處理系統。系統一是直觀而快速的，在潛意識中運作，以捷思法做出較粗略但現成的回應；系統二則只有在必要時才啟動，會以系統一得出的結果為基礎來進行分析，運作得比較慢、也需要集中注意力。

　　系統二是人類最近才演化出來的，就像是在一個比較古老的認知基礎設備之上，再添加了一層新的軟體。但問題在於，人類的系統一是自動動作、無法關閉，系統二又需要消耗腦力；所以一旦我們太累或壓力太大，自然就會去採用系統一那些簡單、有時候看來不理性的直覺答案！〔讀者可能已經很熟悉這兩種認知系統，一是因為諾貝爾經濟學獎得主康納曼（Daniel Kahneman）的暢銷作品《快思慢想》，二是因為經過這些年，又有許多人提出了超過二十種的「雙系統理論」。[19]〕

知識詛咒 —— 專家盲點

　　人類演化出一種了不起的能力：能用他人的觀點來看世界。這讓我們更能瞭解他人的動機與意圖，也就能夠預測、甚至是操縱他人後續的行動。這種能力稱為心智理論（theory of mind），既是社交互動成功的關鍵能力，也是童年時期的一項重要發展。而所謂擁有這種能力，有一部分也在於瞭解其他人得到的資訊可能與自己不同，於是對這個世界所相信的事情也就有所不同，甚至

會去相信一些你知道並非事實的事。

　　關於這項能力，曾有學者對幼兒做了一種「錯誤信念測試」
（false-belief test）。這個實驗會在兒童面前演一場戲，道具包括一
個籃子、一個盒子、一塊巧克力，以及兩個玩偶，分別叫做莎莉
和安妮。莎莉在籃子裡放了一塊巧克力，然後離開房間。接著安
妮把巧克力從籃子裡拿出來，放到盒子裡。然後莎莉回到房間，
接著實驗者問受試兒童，覺得莎莉會去哪裡找巧克力？兒童在四
歲左右就能發展出良好的心智理論能力，知道莎莉和自己因為得
到的資訊不同，所以會有不同的想法，於是雖然受試兒童很清楚
巧克力目前在盒子裡，還是會猜莎莉會去籃子裡找巧克力。

　　雖然人類擁有卓越的心智理論能力，但還是會受到一些自我
中心的認知偏誤所影響，覺得別人應該會擁有與自己相同的知識
或想法。這種自我中心的偏誤，稱為知識詛咒（curse of knowledge，
專家盲點）[20]：在自己擁有知識與相關經驗的時候，覺得一切理所
當然，難以理解或設想其他資訊較不足的人，會如何詮釋某種場
景並做出反應。在自己懂了某件事之後，就很難想像「不懂」是
什麼感覺。例如 2002 年伊拉克戰爭前夕，美國國防部長倫斯斐
對於「知」這件事的分類，引發各界訕笑，倫斯斐認為要分成：
已知的已知（known knowns）、已知的未知（known unknowns）、未
知的未知（unknown unknowns）。若依照這種分類，知識詛咒可以
算是第四種：未知的已知（unknown knowns），也就是我們沒意識
到自己知道一些別人不知道的事情。

　　大家肯定都有這樣的經驗：想向另一半或朋友解釋某件事，

但不管怎麼說、對方就是聽不懂，最後才發現原來是我們漏了某些關鍵資訊沒講，卻以為對方早該知道。這種事常常在日常生活發生。但若是遇上高風險的情境，再發生這種認知偏誤，結果就可能是災難一場。

輕騎兵的衝鋒

　　堪稱軍事史上最惡名昭彰的烏龍事件，就是 1854 年的〈輕騎兵的衝鋒〉事件。當時是克里米亞戰爭，英國、法國、薩丁尼亞王國、鄂圖曼帝國聯手對抗俄國，表面上是為了對抗俄國侵吞巴爾幹半島。而在圍攻塞凡堡（俄國在黑海主要的海軍基地）期間，英軍受困於附近的港口城市巴拉克拉瓦。

　　10 月 25 日上午，俄國步兵已經攻下堤道高地上的三座英軍堡壘；堤道高地是一片低矮的小丘，分隔了巴拉克拉瓦北邊的兩道山谷。失去這些據點，使這座重要港口及英軍的補給線面臨風險，因此英國駐克里米亞司令拉格倫勛爵（Lord Raglan）下令騎兵奪回這些堡壘，並阻止俄軍帶走那裡的英軍大砲。但是透過望遠鏡，拉格倫赫然見到自己的輕騎兵旅，反而是像自殺一般往山谷裡衝，闖向位於最後方防守嚴密的俄軍砲兵連。無論士兵或戰馬都被近距離的砲火轟得血肉模糊，雖然成功衝進了俄軍陣地，卻因傷亡慘重而被迫立刻掉頭。短短幾分鐘，六百七十六名騎兵死傷過半，谷底散落著將近四百匹戰馬的屍體。

　　當時的桂冠詩人丁尼生勛爵，寫下著名的同名詩〈輕騎兵的

衝鋒〉，永遠紀念這批騎兵衝進死亡之谷的莽撞勇氣：

前進，輕騎兵！

可有人喪氣灰心？

沒有，雖然士兵很清楚有人犯了錯。

〈輕騎兵的衝鋒〉地圖：
被俄軍攻下的堡壘位於堤道高地上，高地的南北各有一道山谷，
拉格倫勛爵的視角位於薩普恩山脊上的高處。

　　戰場傳令顯然出現了災難性的錯誤，但究竟是誰搞的烏龍？一般常以這場悲劇做為高層無能的案例。但這一切背後是否還有更深層的原因？

　　當時目擊者的報告，很生動的勾勒出這場災難是怎麼走到這一步，也透露了為何當時的命令如此令人困惑。

　　早上八點，拉格倫勛爵向騎兵下達當日第一道命令：「騎兵前往俄國人占領的第二線堡壘左側，奪下陣地。」這道命令語義不清，叫人困惑。當時根本沒有第二線堡壘，所謂左側，也得看是由誰的觀點，像這裡指的到底是誰的左側？所幸在這一次，英軍騎兵指揮官、第三代盧肯伯爵賓厄姆（George Bingham）中將的理解正確，把重騎兵旅和輕騎兵旅都調度到了正確的位置。

　　但隨著戰事進展，命令卻叫人愈來愈難懂。十點鐘，拉格倫下令騎兵前進，準備靠著已經在路上的步兵支援，抓緊一切機會收復堤道高地。拉格倫相信自己的命令指的是要騎兵立刻前進，但盧肯伯爵卻以為是要等步兵抵達再前進。而就在此時，拉格倫又從望遠鏡裡看到，俄軍正準備從占領的堡壘裡取走英國大砲。為了想要強調前一道命令有多急迫，拉格倫口述了一道災難性的命令：「拉格倫勛爵希望騎兵迅速推進到前線 —— 跟上敵人，阻止敵人帶走大砲。」

　　這道命令寫成書面之後，交給了諾蘭上尉，由這位騎術精湛的副官，轉達給北側山谷裡的騎兵。選擇諾蘭上尉來傳令，十分不幸，因為諾蘭一方面脾氣暴躁，一方面還很看不起盧肯伯爵與副手卡迪根伯爵（Earl of Cardigan），覺得這些貴族老是猶豫不決、

缺乏勇氣。諾蘭上尉呈上書面命令的時候，盧肯伯爵讀得一頭霧水。這裡的措辭模稜兩可，盧肯伯爵也表示，自己根本看不懂要往哪去。

「拉格倫閣下的命令！」諾蘭上尉的回應又短又失禮，「是要騎兵立刻進攻。」

「你說進攻！」盧肯伯爵大聲說：「但要攻什麼啊？你說到底是什麼砲？」

諾蘭上尉的回答一派輕蔑，手向著山谷裡隨意指了指：「那裡，閣下，那裡就是你的敵人！那裡就是你的砲！」

諾蘭上尉似乎在這裡加入了自己的詮釋，實際的命令根本沒提到進攻。拉格倫勛爵所想的，很可能只是要讓騎兵往堤道高地上的堡壘移動，逼俄軍放棄這些據點，別把英國大砲帶走。

根據目擊者的說法，盧肯伯爵嚴厲回瞪著無禮的諾蘭上尉，但沒有再追問拉格倫勛爵的命令究竟是什麼意思。從盧肯伯爵所在的位置，能看到的大砲就只有在山谷的盡頭，就是那些向他閃爍著砲火的俄羅斯砲兵陣地。盧肯伯爵經過一陣猶豫，向卡迪根伯爵下令往敵方衝鋒。輕騎兵都清楚，自己這樣出征幾乎是必死無疑，但這就是命令，命令就必須服從。

這場人命災難，三位主角都得負上一部分責任。盧肯伯爵應該要進一步要求把命令講清楚，不該一頭衝進俄軍的砲兵陣地。諾蘭上尉不該如此侮慢而挑釁，他應該確保拉格倫勛爵的命令得到正確的理解。至於拉格倫勛爵，當然應該要在下令的時候，講得更準確。

雞同鴨講

但到頭來，真正讓那天陷入厄運的根本原因，似乎就在於一項認知偏誤。

拉格倫勛爵連想都沒想過，自己講的話可能有什麼不清楚的地方。他很清楚自己想講的是什麼意思，也覺得自己都說得這麼明白了，怎麼可能會有誤解？在他覺得，最後這道命令當然是延續著上一道命令：盧肯伯爵就是該往堤道高地前進，奪回堡壘以及裡面的英國大砲。然而，盧肯伯爵並無法得知這究竟是不是一道新命令、指定了一個新目標。

此外，拉格倫勛爵當時位於薩普恩山脊的制高點，俯瞰著整個北側山谷，能夠一覽整個戰場全貌。於是從他的觀點（真的就是字面上的「觀點」！），該拿下的目標這麼明顯，自己所下的命令再明確不過。但拉格倫勛爵卻沒考慮到盧肯伯爵位在谷底，視野大大受限，看不到位於堤道高地上方的堡壘，也看不到拉格倫勛爵所說的大砲。

所以，雖然拉格倫勛爵覺得自己講得很清楚，卻沒考慮到自己和盧肯伯爵手上既有的資訊並不相同，也就沒意識到，聽在盧肯伯爵耳裡，可能是完全不同的意思。輕騎兵旅就這樣慘遭知識詛咒屠殺。[21]

〈輕騎兵的衝鋒〉後來就成了一個溝通時雞同鴨講的範例，也就是雙方想要溝通協調行動，卻沒有意識到彼此手中的資訊根本不同，各說各話而沒有交集。而在〈輕騎兵的衝鋒〉案例中，

拉格倫勛爵受困於知識詛咒，沒有意識到盧肯伯爵或許無法取得同樣的資訊、同樣的戰場觀點。也確實，盧肯伯爵根本不知道俄軍正要從他們占領的堡壘移走英國的大砲，甚至也沒意識到自己應該要知道這項資訊，也就是不知道自己是否漏了某些資訊。所以，既然盧肯伯爵也沒有回過頭來向拉格倫勛爵要求這些資訊，就讓拉格倫勛爵一心認為盧肯伯爵當然已經知道了。

從一開始的知識詛咒，就引發了一連串錯誤的推論。兩個人都沒有意識到，雙方以為的事實根本有著巨大的差異。所以在拉格倫勛爵看來，盧肯伯爵接下來的舉動簡直是叫人澈底傻眼。[22]

〔附注：有兩種不同類型的保暖服飾，名稱都來自 1854 年克里米亞半島的這場戰役。第一是巴拉克拉瓦頭套，名稱來自塞凡堡附近的這座港口城市，當時英軍在一片嚴寒當中，開始戴這種頭套保暖。第二則是開襟羊毛衫（cardigan），名稱正是來自率領輕騎兵衝鋒的軍官卡迪根伯爵，當時他的這種開襟針織衫，造型十分知名。〕

後見之明偏誤

輕騎兵的衝鋒，就是一場眾所周知因為知識詛咒而起的軍事災難。而這場災難背後的認知偏誤，除了會影響我們如何評估別人所抱持的看法，甚至也會影響我們如何評估自己過去的看法。常常在新的資訊讓我們得到新的見解之後，我們就無法相信，自己以前怎麼會有其他的看法。

　　這種記憶的扭曲，表現出來就會成為後見之明偏誤（hindsight bias），也就是在事後誤以為某項已經過去的事件，比實際上容易預測；反過來，也讓我們對於未來事件的預測變得太有自信。這種認知偏誤在某一種特定的文學類別裡，扮演很關鍵的角色。

　　大部分人都很愛看謀殺懸疑小說、或猜猜誰是真凶的偵探小說。這是一種很受歡迎的敘事手法，要讓情節不斷堆疊，直到最後來個高潮大結局，原來兇手是大家想都沒想到的角色。小說的作者通常會安排讓人驚訝的轉折，提供對某個事件或人物的關鍵資訊，澈底扭轉讀者對整個故事的觀點。最後的結論讓人滿意，且回頭一看，會覺得種種跡象早已明擺在眼前。

　　但是對作者而言，這種敘事手段有一大難點：要怎樣安排轉折，才能真正讓讀者意想不到，卻又能契合已經提供的資訊，不會讓人覺得是在硬拗或是為轉折而轉折？這裡的難處在於，必須在整個敘事裡面撒下夠多線索，但這些線索的重要性又得等到大結局才能展現──這些「種子」一方面得要深深扎根在讀者的心裡，最後大結局的時候才想得起來，但另一方面又不能太明顯，免得太早就洩露了答案。

　　這正是知識詛咒登場的地方。只要一揭露這條讓人改變觀點的新資訊，過去的種種線索就有了新的解讀方式；透過後見之明偏誤，會讓你覺得，自己一直都有可能預測到這樣的結局。也確實，回頭看就會發現種種線索再明顯不過。等你知道了自己現在知道的事，就會發現所有跡象都明擺在眼前，你再也無法想像，自己之前怎麼可能錯過？

　　有些懸疑作家就很巧妙運用了這種認知偏誤，例如克莉絲蒂（Agatha Christie），許多人都認為她在 1926 年出版的《羅傑艾克洛命案》是史上最具影響力的犯罪小說。故事情節是名偵探白羅與新助手共同調查朋友的命案，這位新助手也是故事的敘事者。最後一章，出現讓人倒吸一口冷氣的情節轉折，就像是有人直接抽掉你腳下站的地毯。事實就是（我要劇透了！）：這位在全書娓娓道來、也逐漸得到讀者信任的助手，其實正是兇手本人。

　　納博科夫（Vladimir Nabokov）1962 年出版的《幽冥的火》、湯普森（Jim Thompson）1964 年出版的《Pop. 1280》，也都運用了同樣的敘事手法。而著名的電影例子，則包括 1995 年的《刺激驚爆點》最後揭露犯罪主謀索澤（Söze）的真實身分，以及導演奈・沙馬蘭（M. Night Shyamalan）總是讓結局出現翻轉。

　　在這些案例裡，所有線索都大刺刺的擺在眼前，卻因為作者與編劇巧妙誤導，讓人視而不見；但知識詛咒會汙染我們事後的回顧，讓人覺得事實一直都是那麼明顯。[23]

群眾智慧

　　認知偏誤除了會影響個人，對於集體決策也有強大影響。

　　有些時候，一群人共同做出的決策，能夠比其中任何一位成員個別做出的判斷，更準確得多。舉例來說，美國夏天園遊會常有一種遊戲，在櫃檯上擺著巨大的玻璃罐，放滿色彩鮮豔的小糖果，看你能不能猜中有幾顆。當然，就算能猜中，幾乎也肯定就

是矇到的。任何人都不可能真的數出罐子裡有幾顆糖，我們能看到的只有壓在透明罐身的那些。就算你能做出有理有據的猜測，也只能讓你知道大概是在這個範圍。到底誰能猜得最準，純粹是憑運氣。

但真正有意思的地方在於，要是仔細去看所有人交出的猜測數字，會發現上下落差極大：雖然多半在大致正確的範圍，但也有些差得頗多，更有少數是錯得離譜。生活中其實處處可見這種鐘形曲線的分布──從全國人民的身高或智商分數，到池塘裡每隻雌蛙產卵的數量，又或者是投擲銅板幾百次之後得到某個特定正面次數的機率。

而在這項猜糖果挑戰裡，之所以出現鐘形分布，是因為每個人猜的數字有出入，這些波動或誤差其實是隨機出現，所以只要猜的人夠多，高低猜測常常就會互相抵消。在這些人所猜的數字裡，如果你取整個分布的中位數（也就是依數字大小排列之後，取中間的數字），得到的數字往往就非常接近實際的答案。這就是所謂的群眾智慧。雖然任何個人都可能犯下很離譜的錯誤，但要是能找一大群人各自來猜，讓錯誤分布開來之後，就會趨近一個準確度極高的答案。

〔附注：這裡要取的是中位數，而不是算術平均數。因為算術平均數可能會受到一些極端異常值的影響，像是有人可能單純想搞笑，就會猜「一百萬顆！」或是「一顆都沒有」。如果是對稱的分布，在數學上稱為「常態」分布，圖形就會呈現完美的鐘形，在這種情況下，平均值、中位數與眾數（在一組數據中出現

次數最多的數字，就出現鐘形曲線的峰頂上），都會是相同的數字，剛好就在中間。〕

你可能覺得這樣一來，一群人做出的判斷與決策應該也就更加理性、比較不會受到認知偏誤的影響囉？說到我們所有人的大腦與生俱來的偏誤，問題就在於這些偏誤並非隨機，而是系統性的。因為這些系統性的偏誤對每個人都會造成影響，所以找來再多人也無法消除所造成的錯誤。事實上，如果真要說，認知偏誤還可能會讓錯誤更放大。[24]

研發協和號超音速客機

1950 年代末，英法兩國的航空工程師都開始研發一種大膽而前所未見的飛機：超音速客機。

現在說得再天花亂墜，也很難讓人感受到這在當時是多麼遠大的雄心壯志。人類在 1950 年代初，才有最早的客機開始投入服務，當時唯一能超越音速的飛機唯有小型戰鬥機，只能搭載一個人到兩個人。而且就算是這些戰鬥機，能夠維持超音速飛行的時間也很短，接著就會因為太過耗油，得再次回到地面。而此時就出現了一個不切實際的蠢想法：讓我們打造一架商用噴射機，每趟能載運超過一百名乘客，舒舒服服坐在沙發椅上喝著香檳，以高達二馬赫的超音速（也就是音速的兩倍，約等於時速 2,300 公里），飛上超過三小時。

英法兩國一開始是各自研發自己的超音速客機，但是兩國在

1962 年簽下雙邊協議（concord，正是協和號英文名稱的由來），
開始攜手合作。只不過，這種大膽的新型超音速飛機從一開始研
發，就碰上各種問題，波折不斷。

　　單是技術上的挑戰就非常難以解決。由於整件事本身就非常
突破傳統，也就代表這架全新的協和號客機絕大部分需要從零開
始設計。像是機翼就得產生足夠的升力，不但要以時速 2,300 公
里穩定飛行，還得以時速 300 公里著陸。引擎也得有一定的燃油
效率，才能讓協和號飛上好幾小時。這架超音速客機除了需要有
電腦控制系統，不斷調節通過引擎進氣口的超音速氣流，也需要
更全面、更複雜的自動駕駛裝置。而在飛得這麼快的情況下，飛
機外層的溫度會升到大約攝氏 100 度，也代表金屬機身需要能夠
容許高達 30 公分的膨脹。而且工程師還必須確保油箱不會因為
各種材料的彎曲而漏油，以及必須設計巨大的空調系統，來保護
乘客與機組人員免受高溫影響。

　　協和號還配備了後燃器，提供額外推力，協助起飛以及突破
音障。而因為著陸時需要減速，此時飛機需要大幅拉高仰角，但
又必須讓飛行員能夠目視跑道，所以協和號整個尖型的機頭還能
以機械操作方式往下低頭。這一切都需要經過設計與測試，但當
時距離能做詳細的電腦模擬還早得很，所以只能在風洞裡，用縮
小的模型來進行。

　　不只是這些技術上的障礙讓研發進度延誤、成本超支，就算
真能研發成功，協和號在財務上的可行性也大受質疑。當時由於
音爆會造成困擾，美國在 1973 年未雨綢繆，直接禁止超音速商業

航班在陸地上空飛行，[25] 這也讓協和號想要提供美國東西兩岸城市快速往返服務的夢想破滅。顯然這種新型飛機最後只能去飛一些越過海洋或沙漠等無人地區的航線。而最後還有更不利的一點在於，成本不斷上漲，讓人開始質疑：就算真的造出了飛機，又有哪些航空公司真的會採購？[26]

1976 年，距離英法簽下雙邊合作協議已經過了十四年，協和號終於研發成功，但是成本大幅膨脹。最早在 1960 年代初期估計，整項計畫的成本為七千萬英鎊（相當於今日的十四億二千萬英鎊），但到最後交機的時候，計畫總成本暴增到大約二十億英鎊 [27]（相當於今日的一百三十億英鎊）。[28] 這整套研究、開發與生產的成本，將永遠不可能回收。[29]

最後，協和號客機只售出十四架，買家也就是這兩個參與國的國營航空（法航與英航），兩國政府承諾會補貼協和號的維修支援成本。[30]

協和號雖然是航空工程上的壯舉，但研發過程昂貴而漫長，對於各個參與方來說，就是個經濟上的失敗。

〔事實上，協和號還不是首架商用超音速客機。這項榮譽要屬於蘇聯圖波列夫公司（Tupolev）的 Tu-144，西方稱為 Concordski（協和斯基），首飛日期比英法的協和號早了兩個月。然而，Tu-144 在可靠度與安全方面都有問題，服役僅短短三年，客運只飛了五十五架次。[31] 美國當時也曾經設計自己的超音速客機「波音2707」，但在 1971 年喊停，原因與協和號面臨的問題如出一轍：研發成本膨脹、沒有明確的市場。[32]〕

沉沒成本謬誤

研發過程或建設工程中的意外延誤或成本超支，並不罕見，但要努力克服各種重大難關的時候，都會反覆出現一項疑問：根據這專案的價值，現在到底是應該繼續推進、還是要止血喊卡？

就協和號的案例來說，一發現超音速飛行的技術挑戰過高、研發成本急劇膨脹、而且新機的市場還在萎縮，協和號這項商業投資實在就該壯士斷腕。但兩個出資政府卻決定繼續，就因為已經「投入太多，不容放棄」。[33] 當然，協和號此時已經是個關於國家榮譽與威望的問題，更因為還有英法雙邊的協議，讓這顆頭一洗下去就無法中間喊停。[34]

大家很容易覺得，要是中途放棄某項計畫，等於是過去花的錢都浪費了。但要評估任何投資的時候，真正理性的做法就是只看它未來究竟是會獲利、還是會虧本。不論是要開始一項新的投資、或是評估現有的投資，應該要做的都是這相同的判斷。如果你的投資組合裡，有一支股票價格正在大跌，你就該把它賣了，不管當初買進的價格是高是低、也不管你持有這支股票的時間是長是短。當然，股價可能反彈回到原本價位，但光是讓資金綁在這裡、而不去投資那些短期內會繼續上漲的股票，其實也是一種成本。要是人類真用理智來行動，就不會讓過去的投資影響未來的決策。[35]

如果某個專案碰到嚴重的問題，成本不斷上升，理性的反應就是停損、放下。已經發現是個錢坑，卻還一直繼續丟錢進去，

實在是說不通。就算真的能憑著滿腔熱血一路硬幹到完成，過程中仍然會蒙受巨大的損失。而協和號的狀況正是如此：就算早就知道這項計畫在商業方面沒道理、未來不可能獲利，卻還是繼續投入大筆資金、繼續研發。

協和號這個例子，特別能點出所謂的沉沒成本謬誤（sunk cost fallacy）：只要投了第一筆錢之後，就算報酬明顯不如人意，大家通常還是會繼續投錢下去。而現在也有人把這種謬誤稱為「協和號謬誤」。[36] 執行這項計畫的英法團隊，當初實在應該聽聽喜劇演員費爾茲（W.C. Fields）的話：「要是一開始不成功，該再努力一下、再試一次。但再不行就該放手了。再硬撐下去就蠢了。」

也正是因為沉沒成本謬誤強大的影響力，才會讓一些國家就算早就發現不可能達成當初的目標，而且成本還在繼續上升，卻還是深陷在戰爭之中，不願抽身。像是如果以 1975 年西貢淪陷做為結束，美國捲入越戰的時間長達二十年，前後經歷了五任總統（共和黨和民主黨都有），分別是：艾森豪、甘迺迪、詹森、尼克森、福特。期間國會反覆辯論，卻還是通過讓戰爭繼續，有一部分原因是希望不讓先前陣亡的將士白白犧牲。但隨著戰爭延續的時間愈長，損失愈來愈慘重，也就讓人愈來愈難接受一無所獲的結果。[37] 所以還是一樣：光是為了不讓生命白白犧牲，反而要去犧牲更多的生命，這實在沒有道理。

而在四十年後，美國又一次捲入了一場持久戰，彷彿看不到盡頭。2001 年 9 月 11 日攻擊事件之後，美國率領聯軍發動反恐戰爭，入侵阿富汗，主要是為了推翻基本教義派的塔利班政府，

並將目標瞄準了賓拉登與他的基地組織。

　　經過十六年的軍事行動，也仍然沒有明確的辦法能得到最終的勝利，但是川普總統仍在 2017 年 8 月宣布，將擴大美國軍事部署，無限期在當地駐軍。[38] 雖然確實有些好理由是關於要維持阿富汗的安全與穩定，但川普提到要維持駐軍的原因卻是「我們犧牲了許多生命與金錢」，這正是反映出沉沒成本謬誤的概念：「我們國家必須尋求光榮而長久的成果，才能不負所付出的巨大犧牲，特別是生命的犧牲。」[39]

　　等到美國終於在 2021 年 8 月撤軍，阿富汗戰爭已經成了美國史上持續最久的衝突，甚至超過了越戰。而結果是阿富汗安全部隊迅速垮臺，阿富汗再次落入塔利班手中。

損失規避

　　損失規避（loss aversion）也是一種根深柢固的認知偏誤，影響人類許多更複雜的互動，在國際關係和衝突中，扮演著強大的角色。歸根究柢，就算是同樣程度的損失與收益，在我們心裡就是有著根本上的不對稱。發現自己弄丟（或被偷）一百英鎊所感受到的不悅，會遠大於樂透贏了一百英鎊所感受到的愉悅。損失就是會比收益，讓人更有感覺。[40]

　　事實上，有些心理實驗透過設計一些經濟上的情境，已經能夠將這種不平等的情形量化呈現：他們發現，損失給人的影響通常是收益的 2 倍到 2.5 倍。所以，對於生活中發生的好事，我們

習慣的速度會比發生壞事時的習慣速度快得多。舉例來說，加薪會讓整體幸福感提升，但不久就會習慣而回歸常態；但減薪會讓整體幸福感下降，而且要習慣所需的時間就長多了。

許多其他的認知偏誤，像是安於現狀的偏誤（status quo bias）與稟賦效應（endowment effect），背後的基礎也是在於想要規避損失。[41] 安於現狀的偏誤是因為我們對於改變的恐懼，已經超越了覺得改變可能帶來的好處，於是只想維持現狀，不想追求其他的可能；這也正是保守主義的心理基礎。至於稟賦效應，指的則是我們把一樣東西拿在手上所感受到的價值，會比沒拿到之前感覺的更高。

如果必須在情況不明的時候做出決定，這些偏誤就會大大影響我們願意接受的風險是高或低。人們評估風險的時候，會去判斷做出某項行動可能得到多大的好處（雖然每個人的個性也會造成差異，但那就是另一個問題了），我們會比較喜歡「機率大、可能收益小」的選項，而不是「機率小、可能收益大」的選項。也就是說，我們會想去規避風險。

舉例而言，我們會寧可選擇丟個機率 50/50 的銅板，看看能不能贏個 10 英鎊，比較不會選擇丟個機率 1/6 的骰子，看看能不能贏得 40 英鎊。但是這項選擇並不符合真正的經濟理性：真正理性的人其實會選擇丟骰子，因為這個選項的平均期望報酬其實更高（丟骰子是 6.66 英鎊，丟銅板只有 5 英鎊）。

然而如果今天是從可能的損失切入，我們的偏好就會逆轉，寧可去冒個險，想要選擇「可能避免的損失大、但機率小」，而

不是「可能避免的損失小、但機率大」的選項。結果就是，在我們已經開始虧錢的時候，反而會想賭得更大，希望能夠一舉贏回至今的損失。這種虧錢的時候反而想冒險的傾向，還會讓前面提過的沉沒成本謬誤，變得更嚴重。

從演化來看，這種偏好逆轉的情況其實也很有道理。在人類祖先所處的自然環境裡，一旦失去食物或其他資源，可能就是生死之別。而既然都有可能活不下去了，當然值得冒一下更大的風險：在絕望的時候，更需要採取絕望的做法。[42]

展望理論

瞭解了損失規避、安於現狀的偏誤、稟賦效應這三種緊密相關的認知偏誤之後，我們得以整合出一套統一的理論，解釋人類在面對不確定性的時候，如何做出決策。

相較於傳統經濟學假設人是完全理性的動物，並曾以此發展出一些過去的決策模型，現在整合出的展望理論（prospect theory，前景理論）則具備實際的實驗基礎，是實際瞭解了人類下判斷與決定時的行為。當時是 1979 年，康納曼（見第 293 頁）與特沃斯基（Amos Tversky）長期研究心理學與經濟學的相互影響，而提出了這套理論。[43] 這套關於人類在不確定性當中，如何做出判斷與決策的研究，讓康納曼在 2002 年榮獲諾貝爾經濟學獎（特沃斯基早了六年過世，諾貝爾獎從不追贈過世者）。主要也正是因為這些研究，才誕生了行為經濟學這個領域。[44]

　　展望理論的核心，就在於人類天生就想規避損失；這套理論
告訴我們，這種認知偏誤會造成嚴重的後果，特別是在各種協商
與談判過程。

　　以國貿協議的談判為例，國與國之間希望就各項商品或成品
所適用的稅項與關稅、配額和其他限制、違反條款的處罰等細節
達成協議。而要達成協議，需要雙方對彼此的規定與要求有所讓
步。這時在任一方看來，自己的讓步就是損失，對方的讓步則是
收益。但由於我們厭惡損失、再加上稟賦效應，各方都會覺得自
己讓得比較多，不夠公平。結果就是雖然各方都只想讓一尺、卻
又都期待對方應該讓一丈，於是因為認知偏誤，而讓協商難以圓
滿。[45]

核不擴散條約

　　如果是國家安全甚至生存受到威脅，這種情況就更為危急。
像是從 1970 年代初開始，美國與蘇聯（以及後來的俄羅斯）這
兩個超級大國就開始了一系列關於戰略核武的雙邊協商，目的是
各自裁減軍火庫裡的核彈頭數量，以及削減攜帶核彈頭所需的彈
道飛彈與遠程轟炸機。[46]

　　當時談判常常陷入僵局，往往長達數年，才有突破。問題有
一部分在於，雙方的核武在當量、精準度或射程方面並無法直接
比較，結果就形成了複雜的討價還價過程。例如，如果美國擁有
某特定彈道飛彈若干枚，蘇聯該擁有幾枚某種彈道飛彈，才算是

兩方達成平衡？但厭惡損失的心理也在這裡造成強大影響：就算協商之後，雙方拆除的核彈均等、雙方的安全也有了同樣程度的提升，但各方看著自己的損失，仍然會覺得是自己吃了虧。[47]

也是出於同樣的認知偏誤，在國際關係上最好是能夠防患未然，讓事情從一開始就不要發生。否則等到某國已經開始行動，想再逼迫停手，就會難上加難。

由於稟賦效應，要讓一個國家放棄手上的東西，要比說服另一個國家不去取得那樣東西，困難得多。[48] 像是自第二次世界大戰以來，共有八個國家研發出核武：美國、蘇聯、英國、法國、中國、印度、巴基斯坦、北韓。一般相信，以色列其實也擁有核武，但該國拒絕承認，政策上一直採取刻意模糊。

到如今，《核不擴散條約》（Non-Proliferation Treaty）已經成功阻止其他將近一百九十個主權國家發展核武。但只有南非這一個國家曾經成功研發核武、卻又肯自願放棄。種族隔離時期的南非曾經組裝了六枚核彈，但在 1990 年代初，非洲國大黨勝選上臺之前，就全數拆除了。[49] 蘇聯解體後，前蘇聯國家烏克蘭、白俄羅斯與哈薩克，都將原本位於其境內的核武庫，移交給俄羅斯。

展望理論強調，人類評估己身得失的時候，常常沒有一套絕對的標準，而是會有某個相對的參考點——經常就是自己手上擁有的現況。就核武裁撤的例子來說，美蘇雙方至少還很清楚彼此手上擁有的核武數量；但在其他例子裡，如果關於「擁有」的歷史太過漫長而曲折，就可能讓雙方對於現狀的評估大有出入。

領土爭議往往就是如此：在某塊土地多次易手的情況下，只

要一方聲稱擁有這塊土地，爭議就會鬧得更僵，也更血腥。以中東為例，以色列與巴勒斯坦都聲稱自己擁有約旦河西岸與加薩走廊，也都認為是對方侵略了自己歷史上就擁有的土地。就算有人想解決這個問題，不論如何劃分領土，雙方都會因為自己所認知的「現狀」而覺得嚴重損害自己的利益、完全得不償失。[50]

和平解決北愛爾蘭問題

北愛爾蘭也有類似情況，但《耶穌受難日協議》（Good Friday Agreement）就是個成功範例，讓人看到展望理論能夠如何和平解決此類爭端。

愛爾蘭在 1921 年被英國分裂，北部建立了北愛爾蘭，成員主要是希望留在聯合王國裡的聯合主義者或保皇派，而且這些十七世紀英國殖民者的後裔也多數是新教徒。至於愛爾蘭的南部則成為愛爾蘭自由邦，後來再成為愛爾蘭共和國，成員多半是信仰天主教的愛爾蘭民族主義者，希望能建立統一獨立的愛爾蘭。

緊張局勢持續，在北愛爾蘭屬於極少數的天主教民族主義者也覺得受到由聯合主義者把持的政府所歧視。動盪不斷加劇，宗教派系間的衝突終於在 1960 年代晚期爆發，成為所謂的北愛爾蘭問題（The Troubles）。

經過三十年的衝突，到了 1998 年 4 月，似乎終於有可能迎來持久的和平，一方面北愛爾蘭大多數的政黨達成共識，二方面英國政府與愛爾蘭共和國政府之間也完成協定，統稱為《耶穌受難

日協議》。這項協議涵蓋了一系列複雜的議題，包括北愛爾蘭的主權、治理、武裝解除與治安維護。新北愛爾蘭議會的成立，讓北愛爾蘭有了英國權力下放的立法機構，也有了英國權力下放的行政機構，部長來自各黨各派。另外也有各項體制的建立：在南北之間，確保北愛爾蘭與愛爾蘭共和國能在政策上加強協調；至於在東西之間，英國與愛爾蘭也成立部長理事會，以加強合作。為了結束宗教派系間的暴力，準軍事團體承諾解除武裝，換取讓準軍事囚犯提前獲釋、警務改革，以及將英國武裝部隊減少到「與正常和平社會情況相符的程度」。

《耶穌受難日協議》之所以意義重大，其一在於無論聯合主義者或民族主義者都願意接受（這兩個團體原本對於北愛爾蘭最終狀態的目標，根本截然相反）；其二則在於為現代史上為時最長的衝突，提供了一個堅實的和平契機。然而，這些對立的政治領袖不是自己談好協議就行，他們還得讓大眾都願意接受，才能讓協議通過全民公投而生效。[51]

所以，就展望理論而言，究竟為什麼《耶穌受難日協議》能夠在政治協議與人民支持這兩方面，都得到成功？

正如前面所提，展望理論的一項重點在於，人類很重視自己做決定時「可能的損失」。所以如果想要避免「損失規避」的心理導致協議破裂、甚至是要反過來加以利用，就必須好好針對可能的損失，提出一個絕佳的替代選擇。[52]

《耶穌受難日協議》成功的關鍵在於，無論聯合主義者或民族主義者都同意，如果不想失去停火以來得到的安全、也不想損

失經濟大幅改善的可能，這項協議會是個最好的機會。而且最重要的是，聯合主義或民族主義的領導者對這項協議的詮釋，都能得到追隨者的支持。聯合主義者的詮釋認為，這是避免將主權讓給愛爾蘭共和國的最佳解決方案，同時也能強化北愛爾蘭與英國的關係。而民族主義者所強調的重點，則在於這項協議能讓北愛爾蘭所有公民人人平等，雖然愛爾蘭統一的目標尚未達成，但這項協議能為人民帶來更好的政治工具。

《耶穌受難日協議》是刻意先不去談北愛爾蘭的未來（要留在聯合王國、還是要與愛爾蘭共和國統一），好讓雙方都能夠支持，也讓討論集中在「如果協議失敗，可能會失去什麼」。[53]

在北愛爾蘭的大多數政黨、以及英國與愛爾蘭共和國政府都簽署協議之後，北愛爾蘭與愛爾蘭共和國都舉行了關於是否贊成該協議的全民公投。結果在南北兩地，「贊成」都得到了絕大多數的選票。雖然協議的執行複雜、也不能說沒有遇上難關，但是和平至今已經維持了二十多年。

人人相習，代代相傳

　　《人類文明》這本書逐章探索了人類的生物機制（也就是我們與生俱來、做為「人」這回事的本質），看看這些機制如何對歷史產生決定性的影響。

　　我們看到了人類的心理軟體，怎樣發展出社群生活、利他主義，以及我們又是怎樣因為有了廣泛合作，能夠有了「文明」這個眾人大規模的協調配合。我們也看到人類獨特的生殖行為，如何催生出家庭與家族，以及各個文化的王朝又怎樣解決需要有繼承人的問題。我們還討論了人類容易受到哪些感染，以及地方病與流行病肆虐的後果。我們探討了人口特徵（也就是人類族群達到規模之後的特性）的力量，也思考了利用精神刺激物質來改變意識體驗的後果。我們用實際的例子，談到 DNA 基因缺陷在歷史上造成怎樣的結果。最後，我們也看了許許多多影響人類行為的認知缺陷與偏誤。

突破許多自然限制

　　人類歷史的發展，一直就是看我們這個物種的能力與缺陷之間，如何達成平衡。

　　但我們絕不是只能受困於這些生物機制，無能為力。從人類的科技進步，就能看到我們努力強化提升自己與生俱來的能力，彌補克服自己許多生物條件上的不足。

　　人類不像其他動物有鋒利的爪子或利劍般的牙齒，但發展出手斧或尖矛等石器來狩獵屠宰獵物，於是能有肉類讓飲食更多樣

豐富。也是這些武器，讓人類能夠抵禦掠食者，又或是彼此互相攻擊。

懂得用火烹飪，加上發展出陶器土器，就讓人類得以消除毒素，以及將食物保存儲存起來。這也等於提供了體外的一套預消化系統，讓人能夠從食物裡取得更多營養。同樣的，人類從小型手磨器發展到大石磨，能夠將穀物磨碎、擊搗成麵粉穀粉，也等於是用科技讓臼齒得以延伸。

從把獸皮縫製成衣服，到發展出織布機技術，都讓我們得以保護無毛的身體，抵禦惡劣天氣，於是能夠離開熱帶非洲，走向全世界更寒冷的地方。

這些發展都是人類文化的眾多面向，文化也就是各種我們學來的行為與做法，人人相習、代代相傳。事實上，人類的文化演化能力極其強大，讓人類得以突破許多自然本質上的限制。

就像本書已經深入探討的那樣，人類天生的生物機制，對社會與文明的歷史產生了深遠的影響。但這種影響也是雙向的：人類的文化創新，同樣在人類的基因體留下了印記。

像是在過去一萬年，隨著人類馴化了山羊、綿羊、特別是乳牛，在歐洲、中東以及非洲與亞洲部分地區，人們開始以獸奶做為食物的補充。人類身為哺乳動物，在嬰兒時期會吃母乳，但等到斷奶後，就會自然停止產生乳糖酶，這是消化奶類所需的關鍵酵素。但有些現代人類族群，因為是那些酪農業祖先的後裔，乳糖酶基因也就適應了環境，就算到成人時期也依然開啟。[1] 人類的演化，就讓自己在生物機制上更適合自己所屬的文化環境。如

今，北歐人口有 95% 擁有乳糖酶持續性（lactase persistence），所以早餐吃穀片或是喝茶的時候，都能開心加入牛奶。但全世界許多地方的成人，如果還想喝牛奶，就得應付乳糖不耐症的麻煩。[2]所以，我們用文化創新來增強自己的生物能力，但這些創新也會反過頭來改變人類的生物機制。

強化了生命，弱化了體能

自文明誕生以來，文化變革的步調不斷加速，技術也愈來愈先進複雜。從石器製造技術、進步到金屬加工技術之後，不但工具的功能更為廣泛，也能製造出更耐用的武器、防護性更佳的盔甲，保護我們柔軟的肉體和脆弱的頭顱。

發明了書寫文字，大大擴充了能夠儲存的資訊，記憶不再受限於大腦和口語，於是人類得以跨越時空，向從未謀面的人傳遞思想。而我們從黏土板的銘文、莎草紙與羊皮紙的書寫，一路走到了紙張與印刷術，現在還來到網際網路，從自己掌上就能有效取得無限的資訊。

我們發明了眼鏡來矯正視力模糊，也發明望遠鏡與顯微鏡，讓視野擴展到原本看不見的領域。在現代醫學裡，有抗生素、疫苗與預防藥劑，能夠輔助免疫系統，讓我們免受許多疾病侵害；也有藥物能夠掩飾基因缺陷的影響；還有高明的手術技術，能夠修復各種生理畸形或損傷。我們還能控制自己的生育繁衍：有保險套、避孕藥和其他各種避孕措施，醫學上也能安全墮胎，於是

讓性與生育脫鉤，也讓我們能夠選擇對象與生育時間，進而控制家庭規模與人口成長。就算遇到困難，現代科技也有助於繁衍，例如試管嬰兒的技術，就給不孕夫妻帶來希望。

透過以上種種以及更多的創新，人類得以擴展原本的能力，還能補償原本的缺陷。所以到了今天，至少在已開發國家，個人存活率與生育成功率的差異，已經很少是因為基因的影響。天擇失去了運作的原料，其實也就讓人類這個物種基本上不再演化。[3]

大多數人現在生活的世界，幾乎完全能夠由自己來創造與掌控。但還不能說，人類已經從此擺脫生物學上的限制。

讓我們來看看幾個例子。在現代都市社會，在田裡或工廠裡勞動的人愈來愈少，許多人不論是在金融業或是客服中心工作，總之就是得整天長時間待在辦公桌前，彎腰坐著。經過無數世代的狩獵採集、農業勞動、或是從工業工作，現在我們多半就是坐在那裡，缺少活動。

由於現在工作大部分時間採坐姿，更糟的是連休息都多半是懶洋洋倒在沙發上，所以那些會在我們站立時支撐脊柱、保持直立的重要姿勢型肌肉群，就會出現萎縮，讓絕大多數人這輩子難逃慢性背痛的折磨，特別是下背部疼痛。此外，已開發國家幾乎人人都有車，也有完善的大眾運輸，就大大減少了日常往來各處的體力消耗。

在過去的狩獵採集或農業生活，人一輩子都得不斷站著、不停活動，但隨著現代工業化世界的興起，開始出現一種新奇的概念：運動！隨著日常生活太少消耗體力，我們又得刻意將消耗體

力，重新納入日常生活。英文 gymnasium（體育館、健身房）的語源是希臘文的 gymnos，意為裸體；在古希臘，去體育館運動是一種消遣，專屬於那些擁有奴隸來負責各種勞動的社會特權階級；而如今，我們則是得在上班前或下班後，趕去健身房，就為了保持健康。

我們也只能猜想，如果中世紀農民看到這幅景象，肯定覺得荒謬到了極點：為什麼會有一群人，花錢來到某個地方原地走路或跑步，在跑步機上踩著踩著，就說自己跑了幾英里？（說巧不巧，跑步機在十九世紀早期，還是英國監獄的一種懲罰勞役。）

各種文明病伴隨而來

生活主體轉向室內，也影響了人類的視力。隨著年紀愈來愈大，眼睛的水晶體彈性下降，會愈來愈難聚焦在近處的物體，也就是人變老的時候常常會得到遠視。但自從維多利亞時代以來，反而是近視這個相反的問題激增，連兒童都無法倖免。我們愈來愈常看近距離的物體，特別是各種螢幕，又愈來愈少在戶外望向遠處，於是都市環境裡的近視率已經高達 50%。[4]

已開發國家的現代生活，也大大增加了各種過敏反應，像是氣喘、溼疹、食物過敏、花粉熱（又稱乾草熱，但人類就是從草原上的物種演化而來，實在有點諷刺）。這些病症都是因為體內軟組織發炎引起，是免疫系統對某些其實無害的因素反應過度。雖然維護個人衛生是減少傳染病的關鍵，但我們已經變得太小心

維護家中整潔，也不喜歡讓嬰兒玩的時候，在戶外的地上接觸泥沙。而免疫系統需要訓練，才能區分哪些是真正的威脅、哪些又是無害的刺激，如果沒有及早接觸灰塵、細菌與寄生蟲，免疫系統得不到正確的訓練，就會變得太過敏感，容易出現過敏反應。

更重要的是，目前在已開發國家的主要死因，已不再是瘟疫或饑荒，而是那些我們自找的、基本上可以預防的疾病：肥胖、糖尿病、高血壓、心臟病。這些「生活習慣病」（lifestyle disease）背後的問題，一方面在於我們的生活習慣太少活動與運動，另一方面也在於我們太貪婪於攝取過度豐盛的食物。現在常見的流行病並非傳染病，而是因為過度消費、缺乏身體活動，造成了一些本可避免的後果。

工業化農業靠著高效率的機械化、人造化肥、殺蟲劑與除草劑，讓農業產出大增；肉類開始大規模生產，大家都吃得到肉、也吃得起，我們實在是處於一個物產豐隆的時代。然而，現在能得到的食物數量雖然不是問題，但我們對於食物種類的選擇，卻常常有問題。整體而言，如果是新鮮蔬果，我們吃的量並不會多到影響健康。而我們之所以會吃一些其他食物吃到太過放縱，根本原因還是在於：深藏於人類生物機制裡的設計。

對於住在非洲大草原上的人類祖先來說，光是活下去就不是簡單的事，於是演化好好設計了我們的味覺，讓我們特別喜歡那些在這種環境裡難以取得的重要營養與礦物質，像是糖、脂肪和鹽。然而，目前人類的文化環境已經改變，演化卻沒跟上腳步，於是我們還保留著舊石器時代的味覺偏好，雖然這些食物在如今

處處可得，我們依然百吃不厭。

　　從這個觀點，現代速食的代表作：起司漢堡配薯條汽水，簡直就是老祖宗的美夢成真。油滋滋的蛋白質，配上高熱量的碳水化合物，撒上大量的鹽，再咕嚕咕嚕灌下由糖水配成的飲料。這簡直是天作之合，能夠滿足人類所有的原始飲食欲望，讓我們大腦的快樂中樞整個亮了起來。這些類型的食物，會像之前談論的各種成癮物質一樣，刺激著大腦的多巴胺報償路徑，[5] 於是我們不只得到當下的滿足，還會在日後感覺到想吃的衝動。事實上，幾乎所有現代加工食品都屬於高油、高鹽、高糖，而且我們所吃的肉類也幾乎都由工廠機器絞成肉泥 —— 連「咀嚼」這項工作也都外包了。

　　針對為人體提供熱量這一點，現代飲食擁有高熱量、還柔軟易消化，等於是為一具也不怎麼活動的機器，提供了火箭在使用的燃料。人類祖先基因演化時的環境，與我們給自己創造的現代世界，兩者有明顯的落差。於是，如果我們讓祖先留下的飲食衝動決定自己現在的飲食，就很容易染上所謂的錯配疾病（mismatch disease）。攝取過多的熱量，就會在體內以脂肪的形式儲存起來，導致肥胖；過多的鹽會造成高血壓，導致心臟病；血糖升高則會帶來糖尿病。

　　雖然我們或許早就知道，加工食品與甜食會帶來各種健康危害與發胖危機，卻還是如此難以抗拒，主因之一又是出在認知偏誤。我們之所以無法做出理性的決定，是因為高估了這種選擇在眼前的報償，卻忽略了長期的後果。但這種傾向在演化上，其來

有自。如果整個世界充滿了不確定性與危險，實在就應該把握當
下，因為誰曉得以後還有沒有機會這樣吃？我們當然應該更專注
於眼前的威脅，而不是擔心那些還在遠方的問題。

現時偏誤

　　然而在現代世界，這種會造成短視近利的現時偏誤（present
bias），除了可能讓人養成不健康的飲食習慣，也可能讓人選擇花
光手上的閒錢、而不想為未來儲蓄，選擇先追求當下的享受、而
把家事或工作拖到以後再說（甚至就此裝死不做）。有幾種認知
偏誤，讓我們一直無法有效應對像是氣候變遷這種很嚴重、但又
還在發展中的問題，現時偏誤便是其中一種。

　　「人類活動造成地球氣候暖化」這件事，早在科學上得到充
分證實，再不迅速果斷採取行動，後果可能極度堪憂。要有效解
決這個問題，不僅需要每個人改變自己的行為、減少排放溫室氣
體，還需要政府和產業由上而下，改變整體的政策與實務（而且
政府與產業也是在回應我們這些選民與消費者所表達的期望）。

　　氣候變遷最讓人擔心的一點，或許在於暖化的影響在過去幾
年已經變得如此明顯。在我看來，大多數人早就清楚現在的生活
方式需要改變，但問題是，這是在要求我們犧牲眼前的利益（像
是能開一臺寬敞的大車、暑假能搭飛機出國、或是大啖肉類與乳
製品），而去保護環境，守護那個長遠的未來。又例如，就算節
能電器能為我們一輩子省下更多電費，但因為節能電器在一開始

的售價較高，我們就會受到現時偏誤的影響，不願掏錢購買。

第八章〈心智的弱點〉談過的沉沒成本謬誤，對這個問題也有影響。就算我們已經清楚知道某件事情應該改變，但要是先前投入了愈多時間、精力或資源，現在就愈可能死撐著不願放手。正是因為這種認知偏誤從中作梗，才讓我們的基礎設施依然繼續依賴化石燃料，不顧早就有愈來愈多的證據顯示，再生或碳中性選項更為理想。

而且當然，前提還需要你已經相信了問題的嚴重性：仍然有不少民眾認為氣候變遷是個謊言。我們多數人是從大眾媒體取得新聞資訊，但這些媒體的意識型態與立場也愈來愈兩極。對於不相信氣候變遷嚴重性的人而言，由於確認偏誤的影響，他們只會愈來愈不信。

例如有一項研究，找來了相信與不相信氣候變遷的人，請他們閱讀兩篇文章，第一篇談的是普遍的科學共識，第二篇則是提出質疑。相信氣候變遷的人認為第一篇文章比較可靠，但不相信的人則剛好相反；最重要的是，經過這場實驗，兩群人都對自己先前的信念更加堅信不移。[6]

生物機制繼續塑造未來史

面對像是氣候變遷這種看似遙遠、漸進發展、情勢複雜的問題，似乎人類就是會因為許多天生的認知偏誤，變得無力應對。

　　認知偏誤、加上人類許多其他的生物機制，以及演化過往的點點滴滴，在過去就已經深深影響了人類的歷史，如今也必然繼續深深影響我們將創造的未來。[7]

圖片來源

第41、42頁的華森選擇題說明圖，圖片來源：本書作者。

第84頁的神聖羅馬帝國皇帝馬克西米利安一世肖像：Portrait of Maximilian I, Holy Roman Emperor by Bernhard Strigel.Kunsthistorisches Museum Wien ID: 1177967c79。公有領域圖片：https://commons.wikimedia.org/wiki/File:Bernhard_Strigel_014.jpg。西班牙國王卡洛斯二世肖像：König Karl II. von Spanien by Juan Carreño de Miranda. Kunsthistorisches Museum Wien ID: 941e1aaaba。公有領域圖片：https://commons.wikimedia.org/wiki/File:Juan_de_Miranda_Carreno_002.jpg。

第180頁的俄羅斯人口金字塔，圖片來源：本書作者以Mathematica 12製作，參考聯合國經濟和社會事務部人口司人口數據 https://population.un.org/wpp/Download/Standard/Population。

第265頁《百夫長號奪取科瓦東加聖母號，1743年6月20日》：The Capture of the Nuestra Sñora de Cavadonga by the Centurion, 20 June 1743 by Samuel Scott. 公有領域圖片：https://commons.wikimedia.org/wiki/File:Samuel_Scott_1.jpg。

第296頁〈輕騎兵的衝鋒〉圖示，圖片來源：本書作者。地形圖取自 The Destruction of Lord Raglan by Christopher Hibbert (Longman, 1961), available from Stephen Luscombe at http://www.britishempire.co.uk。部隊位置參考了以上文獻，以及 Our Fighting Services by Evelyn Wood (Cassell, 1916) p.451。

資料來源注記

以下各章裡的編號，皆對應至該章內文的上標數字，代表該句陳述的資料來源。
此處僅列出簡稱，例如Collins (2006)，即為〈參考文獻〉中的Collins, L. (2006).
'Choke Artist'. *New Yorker*, 8 May 2006.

資料來源若為書籍，將會標示書籍中的頁數；若為電子書，則以 loc.（location）標
示其位置。

引言　歷史與文明的原動力

1. Collins (2006); White (2020). • 2. National Safety Council (2022). • 3. Lents (2018), loc.340. • 4. Darwin (1859), ch.6. • 5. Yu (2016), p.31. • 6. Steele (2002). • 7. Marcus (2008), p.107. • 8. 'Phoneme', in Brown, K. (ed.). *Encyclopedia of Language & Linguistics* (Second Edition). Elsevier. • 9. Maddieson (1984). • 10. Pereira (2020).

第一章　文明背後的軟體

1.有幾本近期的著作，清楚介紹了這些讓我們得以活在太平社會裡的演化適應，也成為這一章的基礎：Sapolsky (2017); Christakis (2019); Wrangham (2019); Raihani (2021). • 2.Wrangham (2019), p.180. • 3. Mitani (2010); Wilson (2014). • 4. Wrangham (2019), loc.350. • 5. Wrangham (2019), loc.2804, loc.2825. • 6. Johnson (2015). • 7. Wrangham (2019), loc.2120. • 8. Raihani (2021), p.226. • 9. Christakis (2019), loc.5860. • 10.Wrangham (2019), loc.640; Kruska (2014). • 11. Wrangham (2019), loc.1112, loc.1410. • 12. Wrangham(2019), loc.1415; Theofanopoulou (2017). • 13. Wrangham (1999). • 14.Spiller (1988); Glenn (2000); Jones (2006); Strachan (2006); Engen (2011). • 15. Singh (2022). • 16.Powers (2014); Mattison (2016). •

17. Anter (2019). • 18.Stewart-Williams (2018), loc.749. • 19. Dugatkin (2007). • 20.Stewart-Williams (2018), loc.4258; Cartwright (2000); Burton-Chellew (2015). • 21. Visceglia (2002); Vidmar (2005). • 22.Trivers (1971); Trivers (2006); Schino (2010). • 23. Raihani (2021), p.133. • 24.Stewart-Williams (2018), loc.4613; de Waal (1997); Jaeggi (2013); Dolivo (2015); Voelkl (2015). • 25. Raihani (2021) p.134. • 26. Raihani (2021) p.134. • 27. Stewart-Williams (2018), loc.620; Massen (2015). • 28.Raihani (2021), p137. • 29. Cosmides (1994); Christakis (2019), loc.4780. • 30. Christakis (2019) loc.5168; Winston (2003), p.313; Stewart-Williams (2018), loc.4780. • 31.Alexander (2020); Nowak (2006); Nowak (2005). • 32. Sapolsky (2017), p.633. • 33. Haidt (2007). • 34. Wrangham (2019), loc.3702. • 35.Edwardes (2019), p.112; Jensen (2007). • 36. Christakis (2019), loc.5209; Fehr (2002). • 37.Wolf (2012). • 38. Kurzban (2015); Raihani (2021), p.163. • 39.Kurzban (2015); Yamagishi (1986); Fehr (2002). • 40.Sapolsky (2017), p.610; de Quervain (2004) • 41. Kahneman (2012), p.308. • 42.Kahneman (2012), p.308. • 43. Sapolsky (2017), p.636. • 44.Edwardes (2019). • 45.Christakis (2019), loc.5280; Fehr (2002); Boyd (2003); Fowler (2005); Boyd (2010). • 46. Dunbar (1992). • 47. McCarty (2001). • 48.請參見 Linderfors (2021)，其中討論了為什麼想為這項限制提出一個明確的數字會有問題。• 49. Zhou (2005). • 50. Carron (2016). • 51. Dunbar (2015). • 52.Fuchs (2014). • 53. Wason (1968); Wason (1983). • 54.Winston (2003), p.334; Wason (1983). • 55. Winston (2003), p.334. • 56.Cosmides (1989) Cosmides (2010); Haselton (2015). • 57.Cosmides (2015). • 58. Cosmides (1989). Cosmides (2010). • 59.Atran (2001); Stone (2002); Carlisle (2002); Pietraszewski (2021). • 60.Wrangham (2019), loc.3718. • 61. Haidt (2007). • 62. Krebs (2015). • 63.Krebs (2015); Christakis (2019), loc.4066. • 64. Raihani (2021), p.118. • 65. Kanakogi (2022). • 66.Fernández-Armesto (2019), loc.1950; Roth (1997). • 67. Jones (2015). • 68.Raihani (2021), p163; Greif (1989). • 69.Luca (2016); Holtz (2020); Chamorro-Premuzic (2015); Raihani (2021), p.163. • 70. Morris (2014).

第二章　家庭、家族與權位傳承

1. Gruss (2015); Trevathan (2015). • 2. van Leengoed (1987). • 3. Kendrick (2005). • 4. Lee (2009). • 5.Acevedo (2014); Fisher (2006). • 6. Schmitt (2015); Flinn (2015); Young (2004). • 7. Christakis (2019), p.179. • 8. Hanlon (2020). • 9.Schmitt (2015); Fisher (1989). • 10. Raihani (2021), p.47. • 11.Campbell (2015). • 12. Hareven (1991). •

13. 'heirloom, n.'. OED Online. December 2022. Oxford University Press. https://www. oed.com/view/ Entry/85516 • 14. Duindam (2019), loc.1411. • 15.Rady (2017), loc.464. • 16. Kenneally (2014), p.192. • 17. Shammas (1987). • 18. 'Patriarchy' in Ritzer (2011). • 19.Archarya (2019); Duindam (2019), loc.3010; Hartung (2010); Fortunato (2012). • 20.Wilson (1989); Price (2014). • 21. Barboza Retana (2002). • 22.Haskins (1941); Brewer (1997). • 23. Hrdy (1993). • 24.Herre (2013); Economist Intelligence (2022). • 25. Duindam (2015), loc.340. • 26. Bartlett (2020). • 27. Rady (2020), loc.208. • 28.Rady (2017), loc.477. • 29.Rady (2017), loc.510; Rady(2020), loc.1105. • 30. Bartlett (2020), loc.4085–4261. • 31.Rady (2017), loc. 510. • 32. Rady (2017), loc.,430; Rady (2017), loc.750. • 33. Rady (2017), loc.530; Rady (2020), loc.1340. • 34.Rady (2020), loc.1533. • 35. Rady (2017), loc.530. • 36.Rady(2020), loc.1120. • 37. Bartlett (2020). • 38. Rady (2017), loc.425. • 39. Rady (2020), loc.380. • 40.Rady (2020), loc.377; Rady (2020), loc.1340. • 41. Rady (2017), loc.530; Rady (2020), loc.110. • 42. Rady (2017), loc.840. • 43.Murdock (1962); White (1988); Stewart- Williams (2018), loc.3860; Schmitt (2015); • 44. Schmitt (2015) • 45. Campbell (2015). • 46. Duindam (2019), loc.675. • 47.Christakis (2019), loc.2740; Duindam (2019), loc.670; Starkweather (2012); Schmitt (2015). • 48.Christakis (2019), loc.2750; Monaghan (2000), loc.1290. • 49. Christakis (2019), loc.2585. • 50.Zimmer (2019), loc.3210. • 51. Meekers (1995). • 52.Payne (2016); Scheidel (2009a). • 53. Duindam (2019), loc.670. • 54.Schmitt (2015); Stewart-Williams (2018), loc.5550. • 55.Christakis (2019), loc.2390; MacDonald (1995); Scheidel (2009a). • 56.Payne (2016); Betzig (2014); Scheidel (2009a). • 57.Christakis (2019), loc.2395; Payne (2016). • 58. Christakis (2019), loc.2396. • 59.Stewart-Williams (2018), loc.3870. • 60. Kramer (2020). • 61. Archarya (2019). • 62. Duindam (2019), loc.3497. • 63. Kokkonen (2017). • 64. Montesquieu (1777). • 65.Kokkonen (2017); Duindam (2019), loc.3590. • 66. Kokkonen (2017). • 67. Peirce (1993), p.46. • 68. Duindam (2019), loc.3235. • 69.Duindam (2019), loc.3300, loc.3310. • 70. Payne (2016). • 71. Betzig (2014). • 72.Bartlett (2020). • 73. Duindam (2019), loc.3250. • 74.Betzig (2014); Xue (2005). • 75. Zerjal (2003); Betzig (2014). • 76.Bartlett (2020). • 77. Duindam (2019), loc.3680. • 78. Duindam (2019), loc.2830. • 79. Duindam (2019), loc.3760, loc.788. • 80. Duindam (2019), loc.3295. • 81. Duindam (2019), loc.3718. • 82.Peirce (1993), p.46. • 83. Betzig (2014). • 84.Dale (2017); Dale (2018), p.2. • 85. Betzig (2014). • 86. Duindam (2019), loc.6055. • 87. Betzig (2014).

• 88. Duindam (2019), loc.3450; Betzig (2014). • 89. Bixler (1982); Scheidel (2009). • 90.Christakis (2019), loc.3445; Hegalson (2008). • 91.Rady (2020), loc.1662; Alvarez (2009); Helgason (2008). • 92. Vilas (2019). • 93.Rady (2020), loc.1670. • 94. Vilas (2019). • 95. Vilas (2019). • 96.Rady (2020), loc.1670; Zimmer (2019), loc.310. • 97. Rady (2020), loc.1670. • 98. Alvarez (2009). • 99. Alvarez (2009). • 100. Alvarez (2009). • 101. Zimmer (2019), loc.410; Stanhope (1840), p.99. • 102.Alvarez (2009). • 103. Rady (2020), loc.1919. • 104.Rady (2020), loc.2920. • 105. Rady (2020), loc.2918. • 106.Zimmer (2019), loc.420. • 107. Falkner (2021). • 108. Bartlett (2020). • 109. Duindam (2019), loc.1984. • 110. *The Boston Globe* (2021). • 111. Duindam (2019), loc.2005. • 112. Hess (2015); *The Boston Globe* (2021). • 113. Landes (2004); Duindam (2019), loc.2066.

第三章　地方病 —— 歷史場域的主場優勢

1. Badiaga (2012); Holmes (2013). • 2.Schudellari (2021); Khateeb (2021). • 3. Lacey (2016). • 4. Taylor (2001). • 5. Taylor (2001). • 6. Gurven (2007). • 7. Martin (2015), loc.208. • 8.Sharp (2020); Monot (2005). • 9. Crawford (2009), ch5. • 10.Clark (2010), p.50; Webber (2015), loc.2976; Martin (2015), loc.1770. • 11. Carroll (2007). • 12. Winegard (2019), loc.2334. • 13. Webb (2017). • 14.Phillips-Krawczak (2014); Depetris-Chauvin (2013); McNeill (1976); Yalcindag (2011). • 15. Winegard (2019), loc.2774. • 16.Gianchecchi (2022). • 17. Winegard (2019), loc.370, loc.2774. • 18.Crawford (2009), ch.5. • 19. Acemoglu (2001); Bryant (2007); Gould (2003). • 20. Winegard (2019), loc.3628. • 21. Winegard (2019), loc.3640. • 22. Winegard (2019), loc.3600. • 23.Green (2017); Martin (2015), loc.2780. • 24. Green (2017). • 25. Whatley (2001) • 26. Miller (2016); Winegard (2019), ch.10; Carroll (2007); Armitage (1994); McNeill (2015), pp.105–123. • 27.Winegard (2019), loc.4190; McNeill (2010), p.201. • 28. Winegard (2019), loc.2847. • 29.Guerra (1977). • 30. Achan (2011); Foley (1997). • 31.Winegard (2019), loc.4184. • 32. Sherman (2005), p.347. • 33.Winegard (2019), loc.4340. • 34. Winegard (2019), loc.4345. • 35.Sherman (2005), p.348. • 36. Sherman (2005), p.349. • 37.Winegard (2019), loc.4400; McNeill (2010), p.222. • 38.Sherman (2005), p.349; Winegard (2019), loc.4240; McNeill (2010), p.199. • 39.Winegard (2019), loc.4250; McNeill (2010), p.199; McCandless (2007). • 40. McNeil (2010), ch.7; Winegard (2019), ch.13. • 41. Watts (1999), p.235. • 42.Watts (1999), p.235. • 43.

Winegard (2019), loc.4530. • 44.Oldstone (2009), loc.172. • 45. Sherman (2005), p.341. • 46.Depetris-Chauvin (2013); Webb (2017); Winegard (2019), loc.607; Webber (2015), loc.763; Doolan (2009). • 47. Nietzsche (1888). • 48. Mohandas (2012). • 49. Webb (2017); He (2008). • 50. Meletis (2004); Parsons (1996). • 51. Weatherall (2008). • 52. Mitchell (2018); Randy (2010). • 53.Dyson (2006); Lichtsinn (2021); Dove (2021). • 54.Williams (2011); Gong (2013). • 55.Webber (2015), loc.795; Akinyanju (1989); Dapa (2002). • 56. Malaney (2004). • 57. Kato (2018). • 58.Pittman (2016); Swerdlow (1994); Glass (1985). • 59.Pittman (2016); Webber (2015), loc.2324; Galvani (2005); Dean (1996); Stephens (1998); Lalani (1999); Novembre (2005). • 60. Josefson (1998); Poolman (2006). • 61. Sherman (2005), p.341. • 62. Sherman (2005), p.341; Zinsser (1935), p.160; Clark (2010), p.237; Winegard (2019), loc.4637. • 63. Winegard (2019), ch.13; McNeill (2010), ch.7. • 64. Girard (2011). • 65. Winegard (2019), loc.4656. • 66.Oldstone (2009), loc.175; Winegard (2019), loc.4660. • 67.Winegard (2019), loc.4606; Sherman (2007), p.147. • 68. 關於相當於今日的金額，計算使用了 CPI Inflation Calculator（消費者物價指數通貨膨脹計算器），網址為：www.officialdata. org • 69. Bush (2013). • 70. 本節談到疾病環境、殖民地的榨取與殖民的長期影響，內容參考 Acemoglu (2001). • 71. Clark (2010), p.122. • 72. Acemoglu (2001). • 73.Bernstein (2009), loc.4747. • 74. Esposito (2015); Bernstein (2009), loc.4755 • 75. Winegard (2019), loc.2852. • 76. Winegard (2019), loc.2861. • 77. Morris (2014), p.220. • 78. Morris (2014), p.195. • 79.Winegard (2019), loc.2658. • 80. Winegard (2019), loc.2848. • 81.Roberts (2013), p.792; Sherman (2007), p.324. • 82.Sherman (2007), p.322 • 83. Roberts (2013), p794.

第四章　流行病 —— 改變歷史走向的瘟疫

1. Diamond (1987). • 2.Martin (2015), loc.257; Oldstone (2009), loc.2176. • 3. Webber (2015), loc.2266. • 4.Martin (2015), loc.257; Stone (2009). • 5. Grange (2021). • 6.Clark (2010), p.115; Smith (2003) • 7. Clark (2010), p.125. • 8. Clark (2010), p.115. • 9. Outram (2001). • 10. Outram (2001); Parker (2008). • 11.Harrison (2013). • 12. Green (2017). • 13. Crawford (2009), ch.3. • 14. Thucydides. *The History of the Peloponnesian War*, Book II, Chapter VII. Translated by Richard Crawley (1874). Available from Project Gutenberg: https://www.gutenberg.org/files/7142/7142-h/7142-h. htm • 15. Martin (2015), loc.540. • 16.Martin (2015), loc.690; Crawford

(2009), ch.3. • 17. Martin (2015), loc.755. • 18.Crawford (2009), ch.3. • 19. Martin (2015), loc.760; Crawford (2009), ch.3. • 20. Crawford (2009), ch.3; Martin (2015), loc.770; Alfani (2017). • 21. Martin (2015), loc.770; Alfani (2017). • 22.Harper (2017), ch.4. • 23.Winegard (2019) loc.1570; Harper (2015); Huebner (2021). • 24. Harper (2015). • 25.Clark (2010), p.166. • 26. Harper (2015). • 27. Sherman (2005), p.60. • 28. Harper (2015). • 29. Crawford (2009), ch.3. • 30.Martin (2015), loc.832; Alfani (2017). • 31. Harbeck (2013). • 32.Green (2017). • 33. Clark (2010), p.91. • 34.Martin (2015), loc.880. • 35. Winegard (2019), loc.1680. • 36.Winegard (2019), loc.1680; Crawford (2009), ch.3. • 37.Alfani (2017); Webber (2015), loc.1302. • 38. Alfani (2017). • 39. Martin (2015), loc. 965; Alfani (2017). • 40. Eisenberg (2019). • 41. Alfani (2017). • 42.Martin (2015), loc.930; Sarris (2007). • 43.Alfani (2017); Sarris (2002); Sarris (2007). • 44. Martin (2005), loc.938. • 45. Alfani (2017). • 46. Alfani (2017). • 47. Eisenberg (2019). • 48.Martin (2005), loc.940; McNeill (1976), p.123 • 49. Martin (2005), loc.940. • 50.Shahraki (2016). • 51. Clark (2010), p.91. • 52.Sarris (2002); Mitchell (2006); Harper (2017); Little (2006). • 53. Green (2017). • 54. Wheelis (2002). • 55.Webber (2015), loc.1240; Martin (2002), loc.855. • 56. Martin (2002), loc.850. • 57. Martin (2002), loc.850; 'bubo, n.'. OED Online. Oxford University Press. https://www.oed.com/view/Entry/24087. • 58. Martin (2002), loc.840. • 59.Alfani (2017). • 60. Martin (2002), loc.1240. • 61.Webber (2015), loc.1260 • 62. Martin (2002), loc.855. • 63. Sussman (2011). • 64. Webber (2015), loc.1270; Alfani (2017). • 65.Clark (2010), p.218. • 66. Alfani (2017); Pamuk (2007); Pamuk (2014). • 67. Alfani (2017). • 68. Clark (2010), p.218. • 69.Martin (2002), loc.1486. • 70. Clark (2010), p.221. • 71.Alfani (2017); Clark (2010), p.221. • 72. Alfani (2017); Clark (2010), p.221. • 73.North (1970). • 74. Herlihy (1997), p.39. • 75. Herlihy (1997), p.48. • 76. Alfani (2013). • 77. Alfani (2017). • 78.Alfani (2017); Alfani (2017). • 79. Webber (2015), loc.1287; Brook (2013), p.254. • 80. Crawford (2009), ch.5; Sherman (2007), p.53. • 81.Winegard (2019), loc.2518; Crawford (2009), ch.5. • 82. Sherman (2007), p.53. • 83. Oldstone (2009), loc.705; Crawford (2009), ch5; Clark (2010), p.200. • 84. Watts (1999) p.90; Clark (2010), p.200. • 85.Crawford (2009), ch.5. • 86. Webber (2015), loc.1658. • 87.Oldstone (2009), loc.700. • 88. Crawford (2009), ch.5. • 89.Winegard (2019), loc.2505. • 90. Green (2017); Hopkins (2002). • 91.Loades (2003); Webber (2015), loc.1342. • 92. Sherman (2005), p.198. • 93. Sherman (2005), p.198; Crawford (2009), ch.4; Webber

(2015), loc.1351. • 94. Oldstone (2009), loc.146; Hopkins (2002). • 95. Webber (2015), loc.1359; Oldstone (2009), loc.146, loc.734; Sherman (2005), p.198. • 96. Ellner (1998). • 97. Clark (2010), p.200. • 98. Koch (2019); McNeill (1976). • 99.McNeill (1976); Yalcindag (2012). • 100. Koch (2019). • 101. Martin (2002), loc.1568. • 102. Crawford (2009), ch.5. • 103. Wallace (2003). • 104.Kuitems (2022). • 105. Mühlemann (2020). • 106.Koch (2019); McEvedy (1977). • 107. Dobyns (1966); Koch (2019). • 108.Nunn (2010); Koch (2019); Ord (2021), p.124. • 109.Koch (2019); Denevan (1992); Denevan (2010); Alfani (2013). • 110.Ord (2021), p.124. • 111.Crawford (2009), ch.5; Martin (2015), loc.2705; Winegard (2019), loc.2541. • 112. Darwin (1839), ch.12. • 113. Webber (2015), loc.2459. • 114. Crawford (2009), ch.5. • 115. Sherman (2007), p86; Majander (2020). • 116.Gobel (2008); Vachula (2019). • 117.Elias (1996); Jakobsson (2017); Marks (2012). • 118. Levy (2009), p.106; Coe (2008), p.193. • 119.Walter (2017). • 120.Martin (2015); Martin (2002); Mackowiak (2005). • 121. McNeill (1976); Diamond (1998) • 122. Phillips- Krawczak (2014). • 123. Crawford (2009), ch.5. • 124. Winegard (2019), loc.2751. • 125. Winegard (2019), loc.2944. • 126.Spinney (2017), p.2. • 127.Martin (2015), loc.2882; Dobson (2007), p.176. • 128. Martin (2015), loc.2882. • 129.Clark (2010), p.243; Honigsbaum (2020), ch.1. • 130.Spinney (2017), ch.3; Honigsbaum (2020), ch.1. • 131. Ewald (1991). • 132.Taubenberger (2006). • 133. Webber (2015), loc.1946. • 134.Oxford (2018); Spinney (2017), ch.14; Honigsbaum (2020), ch.1. • 135.Spinney (2017), ch.14. • 136. Ewald (1991). • 137.Spinney (2017), ch.12. • 138. Taubenberger (2006). • 139.Oldstone (2009), loc.4743. • 140. Oldstone (2009), loc.4745. • 141.Spinney (2017), p.2. • 142. Spinney (2017), p.2. • 143.Oldstone (2009), loc.4682. • 144. Ayres (1919), p.104 (Diagram 45). • 145.Oldstone (2009), loc.4684. • 146. Oldstone (2009), loc.4690. • 147.Oldstone (2009), loc.4690; Spinney (2017), ch.20. • 148.Stevenson (2011), p.91. • 149. Oldstone (2009), loc.4690; Kolata (2001), p.11. • 150. Zabecki (2001), pp.237, 275. • 151.Stevenson (2011), p.91; Watson (2014), p.528. • 152. Watson (2015), p.339. • 153.Watson (2015), p.528. • 154. Oldstone (2009), loc.2995. • 155.Noymer (2009); Chandra (2012). • 156. Chandra (2014) • 157. Nambi (2020). • 158. Chunn (2015). • 159.Spinney (2017), ch.20; Kapoor (2020). • 160. Chunn (2015), p.207. • 161.Chunn (2015), p.189. • 162. Spinney (2017), ch.20; Arnold (2019). • 163.Chunn (2015), p.190. • 164.Spinney (2017), ch.20; Chunn (2015); Kapoor (2020).

第五章　農業、戰爭、奴隸與人口消長

1. Robson (2006). • 2. Galdikas (1990). • 3.Kramer (2019); Lovejoy (1981). • 4. Kramer (2019); Gurven (2007); Hill (2001). • 5. Kramer (2019). • 6. Bowles (2011). • 7. Marklein (2019). • 8. Armelagos (1991). • 9. Diamond (2003). • 10.Zahid (2016); Bettinger (2016). • 11.Li (2014); Bostoen (2018); Bostoen (2020). • 12. Diamond (2003). • 13. Bostoen (2020). • 14. de Filippo (2012). • 15. de Luna (2018). • 16.Reich (2018), loc.3622; Rowold (2016); Bostoen (2020); Holden (2002). • 17.Reich (2018), loc.3622. • 18. Bostoen (2018). • 19. de Filippo (2012); Rowold (2016). • 20. Reich (2018), loc.3622; Bostoen (2018). • 21.Bostoen (2018). • 22. Bostoen (2020). • 23. Ehret (2016), p.113. • 24.Webb (2017); Dounias (2001); Yasuoka (2013). • 25. Bostoen (2018). • 26. Tishkoff (2009). • 27. Pakendorf (2011) 對於這件事的基因證據有很詳盡的回顧。• 28. Bostoen (2020). • 29. de Luna (2018); Bostoen (2018); Bernie ll-Lee (2009). • 30. Bostoen (2018). • 31. de Luna (2018) 提供了關於班圖擴張歷史研究的完整概述,並參考了最新的語言學、考古學與遺傳學研究成果。關於班圖擴張的語言學分析,請參見:Cavalli-Sforza (1994)、Rowold (2016). • 32.Gartzke (2011). • 33. Beare (1964). • 34. Knowles (2005). • 35. von Clausewitz, C. (1832) *On War*, Book III, Chapter VIII. • 36. Morland (2019), loc.308. • 37.Zamoyski (2019); Roberts (2015); Tharoor (2021). • 38. Gates (2003), p.272. • 39. Clodfelter (2008). • 40. Morland (2019), loc.799; Office of Population Research (1946) • 41. Blanc (2021). • 42. Beckert (2007). • 43. Desan (1997). • 44.Desan (1997). • 45. Grigg (1980), p.52. • 46. Cummins (2009). • 47. Morland (2019), loc.1284. • 48. Wrigley (1985). • 49. 關於歷史上的生育率資料,取自www.statista.com,例如:https://www. statista.com/statistics/1037303/crude-birth-rate-france-1800-2020/ • 50. Clark and Alter (2010). • 51. Cummins (2009). • 52.Morland (2019), loc.820. • 53. Morland (2019), loc.917. • 54.Perrin (2022). • 55. Beckert (2007). • 56. 關於法國、英國與德國的歷史人口資料,取自:www.ourworldindata.org • 57. Morland (2019), loc.1510. • 58. 北愛爾蘭2021年人口普查資料,取自北愛爾蘭統計調查署(Northern Ireland Statistics and Research Agency),請參見:https://www.nisra.gov.uk/statistics/census/2021-census; Compton (1976); Anderson (1998); Gordon (2018); Carroll (2022); Morland (2019)。• 59. BBC News (2022). • 60. Brainerd (2016); Glantz (2005). • 61. Glantz (2005), p.546. • 62. Brainerd (2016). • 63. Brainerd (2016). • 64.Brainerd (2016); Ellman (1994). • 65. Vishnevsky (2018). • 66.Vishnevsky (2018). • 67. Brainerd (2016); Ellman (1994).

• 68. Strassman (1984). • 69. 印度與中國的性別比例資料取自：www.statista.com • 70. Central Intelligence Agency (2021). • 71. Brainerd (2016). • 72. Brainerd (2016); Sobolevskaya (2013). • 73. Bethmann (2012). • 74. Pedersen (1991); Schacht (2015). • 75. Kesternich (2020). • 76. Bethmann (2012). • 77. Gao (2015). • 78. Fernandez (2004). • 79. Bethmann (2012). • 80.Manning (1990), p.104; Teso (2019); Nunn (2017) • 81. Manning (1990), p.85; Nunn (2017). • 82. Nunn (2008). • 83. Nunn (2010). • 84.Nunn (2011); Nunn (2017); • 85. Nunn (2008); Green (2013); Whatley (2011). • 86. Zhang (2021). • 87.Teso (2019); Lovejoy (2000); Lovejoy (1989) • 88. Teso (2019); Lovejoy (1989). • 89.Teso (2019); Thornton (1983); Manning (1990). • 90. Teso (2019). • 91. Teso (2019). • 92. Teso (2019). • 93.Manning (1990); Edlund (2011); Dalton (2014); Bertocchi (2015). • 94. Bertocchi (2019) • 95. Bertocchi (2019). • 96.Ciment (2007); Nunn (2008); Nunn (2010); Zhang (2021). • 97. Winegard (2019), loc.4425. • 98.Winegard (2019), loc.4426. • 99. Simpson (2012), ch.1. • 100.Hill (2008), p.90, p.140. • 101. Simpson (2012), ch.2. • 102. Godfrey (2018). • 103. Grosjean (2019). • 104. Grosjean (2019). • 105. Grosjean (2019). • 106. Pedersen (1991). • 107.Behrendt (2010). • 108. Grosjean (2019); Raihani (2021), p.58.

第六章　操弄精神意識的四種物質

1. Campbell-Platt (1994). • 2. Jennings (2005). • 3.McGovern (2018). • 4. Hames (2014), p.6. • 5. Katz (1986). • 6.Dominy (2015). • 7. Standage (2006), p.23. • 8. Hames (2014), p.10. • 9. Phillips (2014), p.4. • 10. Philips (2014), p.4. • 11.Doig (2022), p.257; Carrigan (2014). • 12. Brooks (2009). • 13.Doig (2022), p.257; Edenberg (2018); Hurley (2012). • 14.Doig (2022), p.260. • 15. Miron (1991). • 16. Bostwick (2015). • 17.Toner (2021). • 18. Macdonald (2004). • 19. Sapolsky (2017), p.64. • 20. Bowman (2015). • 21. Sapolsky (2017), p.65. • 22.Bowman (2015). • 23. Barron (2010). • 24.Kringelbach (2010); Olds (1954). • 25. Sapolsky (2017), p.70. • 26. Pendergrast (2009). • 27. Hanson (2015), p.147. • 28. Tana (2015). • 29.Wild (2010), p.31. • 30. Wild (2010), p.13; Schenck (2019), p.20. • 31.Winkelman (2019), p.42; Halpern (2004); Halpern (2010). • 32.Cowan (2004). • 33. Wild (2010), p.13. • 34. Topik (2004). • 35.Bragg (2019). • 36. Bragg (2004). • 37. Benn (2005). • 38.Bragg (2004). • 39. Wild (2010), p.16. • 40. Luttinger (2006), ch.1. • 41. Pendergrast (2010), p.24. • 42. Walker (2018), loc.235. • 43.Walker (2018), loc.458; Bjorness (2009). • 44. Walker (2018), loc.465. •

45. Nathanson (1984). • 46.Wright (2013); Couvillon (2015); Stevenson (2017). • 47. Solinas (2002). • 48.Ohler (2016), ch.2; Wolfgang (2006); Doyle (2005). • 49.Pollan (2021), loc.1550; Bragg (2004). • 50. Pollan (2021), loc.1580. • 51.Walker (2018), loc.593. • 52. Öberg (2011) • 53. World Health Organisation (2021), p.17. • 54. Plants of the World Online, Royal Botanical Gardens, Kew. https://powo.science.kew.org/taxon/325974-2 • 55. Carmody (2018); Tushingham (2013); Duke (2021). • 56. Duke (2021). • 57. Gately (2003), p.3. • 58. Gately (2003), p.14. • 59.Watson (2012), p.216; Gately (2003), p.10. • 60. Elferink (1983). • 61.Gately (2003), p.10; Elferink (1983). • 62. Mineur (2011). • 63.Charlton (2004); Mishra (2013); Goodman (1993), p.44; Gately (2003), p.4. • 64. Gately (2003), p.39. • 65. Gately (2003), p.44. • 66.Doll (1998). • 67. Gately (2003), p.23. • 68. Gately (2003), p.7. • 69. Gately (2003), p.4. • 70.Watson (2012), p.215; Gately (2003), p.8. • 71. Gateley (2003). • 72. Gately (2003), p.23. • 73.Hodge (1912), p.767. • 74. Doig (2022), p.272. • 75. Ho (2020). • 76. Biasi (2012). • 77. Gately (2003), p.37. • 78.Gately (2003), p.38; Burns (2006), p.29. • 79. Benedict (2011). • 80.Gately (2003), pp.44, 60. • 81. Burns (2006), p.43. • 82.Burns (2006), pp.50, 52. • 83. Doig (2022), p.268; Gately (2003), p.57. • 84.Woodward (2009), p.191. • 85. Gately (2003), p.70; Burns (2006), p.57. • 86. Gately (2003), p.59; Doig (2022), p.71. • 87.Sherman (2005), p.59. • 88. Gately (2003), p.72. • 89. Mann (2011), ch2. • 90. Wells (1975), p.160. • 91. Mabbett (2005); Lisuma (2020). • 92. Carr (1989). • 93. Gately (2003), p.65. • 94.Gately (2003), p.72. • 95. Milov (2019), p.2. • 96. Milov (2019), p.22. • 97.Wigner (1960). • 98. Verpoorte (2005). • 99. Verpoorte (2005). • 100. Ostlund (2017). • 101. Zimmerman (2012). • 102. Sporchia (2021). • 103. Steppuhn (2004). • 104. Morris (2011), loc.244. • 105. Bernstein (2009), loc.4965; Hanes (2002), p.20. • 106. Harrison (2017). • 107. Bernstein (2009), loc.4965. • 108. Bernstein (2009), loc.4970. • 109. Brownstein (1993); Norn (2005). • 110. Morris (2011), loc.250. • 111. Roxburgh (2020). • 112.Marr (2013), loc.7670. • 113. Morris (2011), loc.250. • 114.Bernstein (2009), loc.4970. • 115. Standage (2006), p.156. • 116.Pollan (2021), loc.1770. • 117.Paine (2015), p.522; Bernstein (2009), loc.4980. • 118.Bernstein (2009), loc.4980; Greenberg (1969), p.110. • 119. Paine (2015), p.522; Bernstein (2009), loc.5020. • 120. Morris (2011), figure 10.5. • 121. Marr (2013), loc.7690. • 122. Bernstein (2009), loc.5009; Bernstein (2009), loc.5019; Kalant (1997). • 123. Morris (2011), loc.8100. • 124.Bernstein (2009), loc.5020. • 125. Bernstein (2009), loc.5025. • 126.Bernstein (2009), loc.5025; Morris (2011), loc.8100; Hanes (2002) (2006), p.37.

• 127. Hanes (2002) (2006), p.49. • 128.Marr (2013), loc.7655; Hanes (2002) (2006), p.55. • 129.Morris (2011), loc.250; 關於換算成如今的英鎊金額，計算使用英格蘭銀行（Bank of England）的歷史通膨計算器，網址為：https://www.bankofengland. co.uk/monetary-policy/inflation/inflation-calculator • 130. Hanes (2002), ch4. • 131.Fay (1997), p.261; Hanes (2002), pp.115, 199. • 132. Hanes (2002), ch.11. • 133. Newman (1995). • 134. Zheng (2003). • 135.Hanes (2002) (2006), p.296. • 136. United Nations Office on Drugs and Crime (2021); United Nations Office on Drugs and Crime (2022). • 137. Centers for Disease Control and Prevention (CDC) (2022). • 138. Health and Human Services (2017). • 139. CDC (2022); Volkow (2021).

第七章　身體的瑕疵 —— DNA 編碼錯誤

1. Willyard (2018). • 2. Nachman (2000); Xue (2009). • 3.Carter (2009). • 4. Ojeda-Thies (2003). • 5. Hibbert (2007), p.148. • 6. Cartwright (2020), loc.3230. • 7. Arruda (2018). • 8.Cartwright (2020), loc.3228. • 9. Ojeda-Thies (2003). • 10.Massie (1989), p.141. • 11. Stevens (2005). • 12.Ojeda-Thies (2003); Stevens (2005). • 13. Ojeda-Thies (2003). • 14. Ojeda-Thies (2003). • 15. Cartwright (2020), loc.3241. • 16. Figes (1997), p.27. • 17.Stevens (2005). • 18. Massie (1989), p.184 • 19. Fuhrmann (2012). • 20. Stevens (2005); Fuhrmann (2012). • 21. Massie (1989), p.191. • 22. Fuhrmann (2012). • 23. Massie (1989), p.177. • 24.Harris (2016) • 25. Stevens (2005). • 26. Figes (1997), p.278. • 27.Figes (1997), p2.77. • 28. Figes (1997), p.278 • 29. Figes (1997), p.33. • 30. Figes (1997), p.33. • 31. Figes (1997), p.33. • 32.Massie (1989), p.154. • 33. Cartwright (2020), loc.3435. • 34.Figes (1997), p.34. • 35. Figes (1997), p.284. • 36. Massie (1989), p.217. • 37. Stevens (2005). • 38. Cartwright (2020), loc.3445. • 39.Cartwright (2020), loc.3500. • 40. Harris (2016). • 41. Pitre (2016). • 42. McCord (1971). • 43. Lamb (2001), p.117; Allan (2021). • 44. Lamb (2001), p.117. • 45. Hawkins (1847), Section XVI; Vogel (1933). • 46. Brown (2003), p.3. • 47. Paine (2015), p.476. • 48. Lents (2018), loc.2914. • 49. Lents (2018), loc.2920. • 50.Crittenden (2017). • 51. Webber (2015), loc.2711; Lents (2018), loc.780. • 52. McGee (2004), p534; Han (2021). • 53. Kluesner (2014). • 54. Baron (2009). • 55. Linster (2006). • 56. Johnson (2010). • 57. Lents (2018), loc.590; Nishikimi (1992); Cui (2010). • 58.Lents (2018), loc.585. • 59. Lents (2018), loc.625. • 60.Baron (2009). • 61. Severin (2008), p.17. • 62.Baron (2009); George (2016). • 63. Baron (2009). • 64. Baron (2009); Vogel (1933). • 65. Baron

(2009). • 66. Baron (2009). • 67. Baron (2009). • 68.Baron (2009). • 69. Baron (2009). • 70. Vale (2008); Baron (2009). • 71. Baron (2009); Lloyd (1981). • 72. Brown (2003), p.201. • 73. Birkett (1984). • 74. Graham (1948). • 75. Duffy (1992), p.62. • 76. Graham (1948). • 77. Graham (1948). • 78. Graham (1948). • 79. Mahan (1895); Barnett (2005). • 80. Baron (2009); Lloyd (1981). • 81. Baron (2009); Lloyd (1981). • 82.Brown (2003), p.197; Loyd (1981). • 83. Brown (2003), p.195; Lloyd (1981). • 84.Southey (1813), ch.8. • 85. Allan (2021). • 86. Baron (2009). • 87.Baron (2009); Lloyd (1981). • 88. Riehn (1990), p.395. • 89.Baron (2009). • 90. Attlee (2015), p.64. • 91.Baron (2009); Carpenter (2012). • 92. Baron (2009). • 93. Watt (1981). • 94.Baron (2009). • 95. Baron (2009); Attlee (2015), p.64. • 96. Williams (1991) • 97. 'Limey, n.'. OED Online. December 2022. Oxford University Press. https://www.oed.com/view/Entry/108467 • 98. Dimico (2017). • 99. Cavaioli (2008) • 100. Rajakunmar (2003); Wheeler (2019). • 101. Schæbel (2015). • 102.Kedishvili (2017). • 103. Unicef (2021); Zhao (2022). • 104. Beyer (2002).

第八章　心智的弱點 —— 認知偏誤

1. Bernstein (2009), loc.2810. • 2.Shermer (2012), loc.4970; Kingsbury (1992). • 3. Nickerson (1998). • 4.Wrangam (2019), p.53. • 5. The White House (2005). • 6. Lents (2018), loc.2440. • 7. Lents (2018), loc.2445; Shermer (2012), loc.4576; Münchau (2017); Lerman (2018); Knobloch-Westerwick (2017); Kobloch-Westerwick (2015); Dahlgren (2019); Knobloch-Westerwick (2019). • 8.Watson (2022); Walker (2021); Ofcom (2019). • 9. Simon (1955). • 10. Miller (1956); Cowan (2010). • 11. Lents (2018), loc.2435. • 12. Kahneman (2012), p.4. • 13. Rozenkrantz (2021). • 14.Tversky (1974). • 15. Kahneman (2012), p.20. • 16. Howard (2019). • 17. Haselton (2015); Wilke (2009). • 18.Cosmides(1994); Gigerenzer (2004); Haselton (2015), p.963. • 19.Koehler (2004), p.10; Evans (2003); Kahneman (2012), p.20; Stanovich (2008). • 20.Tobin (2009) 認為英文 curse of knowledge（知識詛咒）一詞最早是由 Camerer (1989) 所創。• 21.〈輕騎兵的衝鋒〉相關事件細節，參考了 Brighton (2005) 與 David (2018)。認為〈輕騎兵的衝鋒〉是因為知識詛咒造成的溝通不良案例，出於 Polansky (2020) 為美國國防部所撰寫的報告；報告引用 Pinker (2014)，該文認為 這種偏誤會妨礙科學清晰傳播。Harford (2021) 這集精采的podcast對整件事有更 完整的介紹。• 22. Klein (2005), ch.6. • 23. Tobin (2009). • 24. 關於群體常常能比其

中的任何個體做出更好的決定，參見：Surowiecki (2004)。關於哪些時候群體並無法做出更好的決定，參見：Kahneman (2012), p.84。• 25.*The New York Times* (1973).• 26.關於協和號設計研發的細節，參見：Leyman (1986); Collard (1991); Talbort (1991); Eames (1991)。• 27. Seebass (1997). • 28.關於約合今日金額的計算，使用了 Inflation Calculator（通膨計算器），網址為：www.inflationtool.com • 29. Eames (1991). • 30. Eames (1991). • 31. Dowling (2020). • 32. Dowling (2016). • 33. Teger (1980). • 34. Eames (1991). • 35. Shermer (2012), loc.4690. • 36. Dawkins (1976); Arkes (1999). • 37. Teger (1980); Schwartz (2006). • 38. BBC News (2017). • 39.The White House (2017); Owens (2021); Coy (2021). • 40.Vis (2011); Kahneman (1979); Kahneman (2012), p.302 • 41. Kahneman (1991). • 42. Lents (2018), loc.2740. • 43. Kahneman (1979). • 44. The Royal Swedish Academy of Sciences (2002). • 45. McDermott (2009); Vis (2011). • 46. Kimball (2022). • 47.McDermott (2009). • 48. Mercer (2005); Schaub (2004). • 49.Liberman (2001). • 50. McDermott (2004). • 51. Hancock (2010). • 52. Tversky (1981); Livneh (2019). • 53. Hancock (2010).

尾聲　人人相習，代代相傳

1. Swallow (2003); Ségurel (2017). • 2. Gerbault (2011). • 3.Balter (2005); Stock (2008). • 4.Cregan-Reid (2018), p.168; Pan (2011); Holden (2016). • 5. Rao (2018); Blumenthal (2010). • 6. Corner (2012). • 7.本節關於認知偏誤與氣候變遷的參考資料包括：Clayton (2015); Zaval (2016). King (2019); Zhao (2021); Moser (2021)。

參考文獻

Acemoglu, D., Johnson, S. and Robinson, J. A. (2001). 'The colonial origins of comparative development: an empirical investigation'. *American Economic Review*, 91 (5), 1369-1401.

Acevedo, B. P. and Aron, A. P. (2014). 'Romantic love, pair-bonding, and the dopaminergic reward system'. *American Psychological Association*, 55-69.

Achan, J., Talisuna, A. O., Erhart, A., Yeka, A., Tibenderana, J. K., Baliraine, F. N., Rosenthal, P. J. and D'Alessandro, U. (2011). 'Quinine, an old anti-malarial drug in a modern world: role in the treatment of malaria'. *Malaria Journal*, 10 (144).

Akinyanju, O. O. (1989). 'A profile of sickle cell disease in Nigeria'. *Annals of the New York Academy of Sciences*, 565, 126-136.

Alexander, R. D. (2020). 'The Biology of Moral Systems'. *Canadianv Journal of Philosophy*, 21 (2).

Alfani, G. (2013). 'Plague in seventeenth-century Europe and the decline of Italy: an epidemiological hypothesis'. *European Review of Economic History*, 17 (4), 408-430.

Alfani, G. and Murphy, T. E. (2017). 'Plague and lethal epidemics in the pre-industrial world'. *Journal of Economic History*, 77 (1).

Allan, P. K. (2021). 'Finding a cure for scurvy'. *Naval History Magazine*, 35 (1).

Alvarez, G., Ceballos, F. C. and Quinteiro, C. (2009). 'The role of inbreeding in the extinction of a European royal dynasty'. *PLoS One*, 4 (4).

Anderson, J., and Shuttleworth, I. (1998). 'Sectarian demography, territoriality and political development in Northern Ireland'. *Political Geography*, 17 (2), 187-208.

Anter, A. (2019). 'The Modern State and Its Monopoly on Violence'. In: Hanke, E., Scaff, L. and Whimster, S. (eds).*The Oxford Handbook of Max Weber*. Oxford University Press.

Archarya, A. and Lee, A. (2019). 'Path dependence in European development: medieval politics, conflict and state building'. *Comparative Political Studies*, 52 (13).

Arkes, H. R. and Ayton, P. (1999). 'The sunk cost and Concorde effects: are humans less rational than lower animals?' *Psychological Bulletin*, 125, 591-600.

Armelagos, G. J., Goodman A. H. and Jacobs, K. H. (1991). 'The Origins of Agriculture: Population Growth during a Period of Declining Health'. *Population and Environment*, 13 (1), 9-22.

Armitage, D. (1994). 'The projecting age: William Paterson and the Bank of England'. *History Today*, 44 (6).

Arnold, D. (2019). 'Death and the modern empire: the 1918-19 influenza epidemic in India'. *Transactions of the Royal Historical Society*, 29, 181-200.

Arruda, V. R., and High, K. A. (2018). 'Coagulation disorders'. In: Jameson, J., Fauci, A. S., Kasper, D. L., Hauser, S. L., Longo, D. L., and Loscalzo, J. (eds). *Harrison's Principles of Internal Medicine*, 20e. McGraw Hill.

Atran, S. (2001). 'A cheater-detection module?' *Evaluation and Cognition*, 7 (2), 1-7.

Attlee, H. (2015). *The land Where Lemons Grow: the story of Italy and its citrus fruit*. Penguin.

Ayres, L. P. (1919). *The war with Germany: a statistical summary*. Washington Government Printing Press. Available at: https://archive.org/details/ warwithgermanyst00ayreuoft

Badiaga, S. and Brouqui, P. (2012). 'Human louse-transmitted infectious diseases'. *Clinical Microbiology and Infection*, 18 (4), 332-337.

Balter, M. (2005). 'Are humans still evolving?' *Science*, 309 (5732), 234-237.

Bamford, S. (2019). *The Cambridge Handbook of Kinship*. Cambridge University Press.

Barboza Retana, F. A. (2002). 'Two Discoveries, Two Conquests, and Two Vazquez de Coronado'. *Dialogos Revista Electronica de Historia*, 3 (2-3). Available at: https:// www.redalyc.org/articulo.oa?id=43932301

Barnett, R. W. (2005). 'Technology and Naval Blockade: Past Impact and Future Prospects'. *Naval War College Review*, 58(3), 87-98.

Baron, J. H. (2009). 'Sailors' scurvy before and after James Lind – a reassessment'. *Nutrition Reviews*, 67 (6), 315-332.

Barron, A. B., Sovik, E. and Cornish, J. L. (2010). 'The Roles of Dopamine and Related Compounds in Reward-Seeking Behavior Across Animal Phyla'. *Frontiers in Behavioral Neuroscience*, 4, 163.

Bartlett, R. (2020). *The James Lydon Lectures in Medieval History and Culture*. Cambridge University Press.

BBC News (2017). 'US sends 3,000 more troops to Afghanistan'. BBC News, 18 September 2017. https://www.bbc.co.uk/news/world-us-canada-41314428

BBC News (2022). 'NI election results 2022: Sinn Fein wins most seats in historic election'. BBC News, 8 May 2022. https://www.bbc.co.uk/news/uk-northern-ireland-61355419

Beare, W. (1964). 'Tacitus on the Germans'. *Greece & Rome*, 11 (1), 64-76.

Beckert, J. (2007). 'The "long duree" of inheritance law: discourses and institutional development in France, Germany, and the United States since 1800'. *European Journal of Sociology*, 48 (1), 79-120.

Behrendt, L. (2010). 'Consent in a (Neo)Colonial Society: Aboriginal Women as Sexual and Legal "Other" '. *Australian Feminist Studies*, 15 (33), 353-367.

Benedict, C. (2011). *Golden-Silk Smoke: A History of Tobacco in China, 1550-2010*. University of California Press.

Benn, J. A. (2005). 'Buddhism, Alcohol, and Tea in Medieval China'. In: Sterckx, R. (ed.). *Of Tripod and Palate: Food, Politics, and Religion in Traditional China*. Palgrave Macmillan.

Berniell-Lee, G., Calafell, F., Bosch, E., Heyer, E., Sica, L., Mouguiama-Daouda, P., van der Veen, L., Hombert, J. M., Quintana-Murci, L. and Comas, D. (2009). 'Genetic and demographic implications of the Bantu expansion: insights from human paternal lineages'. *Molecular Biology and Evolution*, 26 (7), 1581-1589.

Bernstein, W. L. (2009). *A splendid exchange: how trade shaped the world*. Atlantic Books.

Bertocchi, G. and Dimico, A. (2015). 'The long-term determinants of female HIV infection in Africa: the slave trade, polygyny, and sexual behaviour'. *Journal of Development Economics*, 140, 90-105.

Bethmann, D. and Kvasnicka, M. (2012). 'World War II, missing men and out of wedlock childbearing'. *Economic Journal*, 123 (567), 162-194.

Bettinger, R. L. (2016). 'Prehistoric hunter-gatherer population growth rates rival those of agriculturalists'. *Proceedings of the National Academy of Sciences*, 113 (4), 812-814.

Betzig, L. (2014). 'Eusociality in history'. *Human Nature*, 25, 80-99.

Beyer, P., Al-Babili, S., Ye, X., Lucca, P., Schaub, P., Welsch, R. and Potrykus, I. (2002). 'Golden rice: introducing the b-carotene biosynthsis pathway into rice endosperm by genetic engineering to defeat vitamin A deficiency'. *Journal of Nutrition*, 132 (3), 506-510.

Biasi, M. D. and Dani, J. A. (2012). 'Reward, addiction, withdrawal to nicotine'. *Annual Review of Neuroscience*, 34, 105-130.

Birkett, J. D. (1984). 'A brief illustrated history of desalination: from the Bible to 1940'. *Desalination*, 50, 17-52.

Bixler, R. H. (1982). 'Sibling incest in the royal families of Egypt, Peru and Hawaii'. *Journal of Sex Research*, 18 (3), 264-281.

Bjorness, T. E. and Greene, R. W. (2009). 'Adenosine and sleep'. *Current Neuropharmacology*, 7 (3), 238-245.

Blanc, G. (2021). 'Modernization Before Industrialization: Cultural Roots of the Demographic Transition in France'. Working paper, available at: http://dx.doi.org/10.2139/ssrn.3702670

Blumenthal, D. M., Gold, M. S. (2010). 'Neurobiology of food addiction'. *Current Opinion in Clinical Nutrition and Metabolic Care*, 13 (4), 359-365.

Bostoen, K. (2018). 'The Bantu Expansion'. *Oxford Research Encyclopedia of African History*. Oxford University Press.

Bostoen, K. (2020). 'The Bantu Expansion: Some facts and fiction'. In: Crevels, M. and Muysken, P. (eds). *Language Dispersal, Diversification, and Contact*. Oxford University Press.

Bostwick, W. (2015). 'How the India Pale Ale Got Its Name'. *Smithsonian Magazine*. Available at: https://www.smithsonianmag.com/history/how-india-pale-ale-got-its-name-180954891/

Bowles, S. (2011). 'Cultivation of cereals by the first farmers was not more productive than foraging'. *Proceedings of the National Academy of Sciences of the United States of America*, 108 (12), 4760-4765.

Bowman, E. (2015). 'Explainer: what is dopamine - and is it to blame for our addictions?' *The Conversation*. Available at: https://the conversation.com/explainer-what-is-dopamine-and-is-it-to-blame-for-ouraddictions-51268.

Boyd, R., Gintis, H. and Bowles, S. (2010). 'Coordinated punishment of defectors sustains cooperation and can proliferate when rare'. *American Association for the Advancement of Science*, 328 (5978), 617-620.

Boyd, R., Gintis, H., Bowles, S. and Richerson, P.J. (2003). 'The evolution of altruistic punishment'. *Proceedings of the National Academy of Sciences of the United States of America*, 100 (6), 3531-3535.

Bragg, M. (2004). *Tea. In Our Time*, BBC Radio 4. Available at: https://www.bbc.co.uk/programmes/p004y24y

Bragg, M. (2019). *Coffee. In Our Time*, BBC Radio 4. Available at: https://www.bbc.co.uk/programmes/m000c4x1

Brainerd, E. (2017). 'The lasting effect of sex ratio imbalance on marriage and family: evidence from World War II in Russia'. *The Review of Economics and Statistics*, 99 (2), 229-242.

Brewer, H. (1997). 'Entailing aristocracy in colonial Virginia: "ancient feudal restraints" and revolutionary reform'. *Omohundro Institute of Early American History and Culture*, 54 (2), 307-346.

Brighton, T. (2005). *Hell Riders: the truth about the Charge of the Light Brigade.* Penguin.

Brook, T. (2013). *The Troubled Empire: China in the Yuan and Ming dynasties.* Harvard University Press.

Brooks, P. J., Enoch, M. A., Goldman, D., Li, T. K. and Yokoyama, A. (2009). 'The Alcohol Flushing Response: An Unrecognized Risk Factor for Esophageal Cancer from Alcohol Consumption'. *PLoS Medicine*, 6 (3).

Brown, S. P. (2003). *Scurvy: How a Surgeon, a Mariner, and a Gentleman Solved the Greatest Medical Mystery of the Age of Sail.* Thomas Dunne Books.

Brownstein, M. J. (1993). 'A brief history of opiates, opioid peptides, and opioid receptors'. *Proceedings of the National Academy of Sciences,* 90 (12), 5391-5393.

Bryant, J. E., Holmes, E. C. and Barrett, A.D.T. (2007). 'Out of Africa: a molecular perspective on the introduction of yellow fever virus into the Americas'. *PLoS Pathogens,* 3 (5).

Burns, E. (2006). *The Smoke of the Gods: a social history of tobacco.* Temple University Press.

Burton-Chellew, M. N. and Dunbar, R.I.M. (2015). 'Hamilton's rule predicts anticipated social support in humans'. *Behavioral Ecology,* 26 (1), 130-137.

Bush, R. D. (2013). *The Louisiana Purchase: a global context.* Taylor & Francis Group.

Buss, D. M. (ed.) (2015). *The Handbook of Evolutionary Psychology.* John Wiley & Sons Inc.

Camerer, C. F., Loewenstein, G. F. and Weber, M. (1989). 'The Curse of Knowledge in Economic Settings: An Experimental Analysis'. *Journal of Marketing,* 53(5), 1-20.

Campbell, L. and Ellis, B. J. (2015). 'Commitment, Love, and Mate Retention'. In: Buss, D. M. (ed.). *The Handbook of Evolutionary Psychology.* Wiley.

Campbell-Platt, G. (1994). 'Fermented foods - a world perspective'. *Food Research International,* 27 (3), 253-257.

Carlisle, E. and Shafir, E. (2002). 'Questioning the cheater-detection hypothesis: New studies with the selection task'. *Thinking and Reasoning,* 11 (2), 97-122.

Carmody, S.B., Davis, J., Tadi, S., Sharp, J., Hunt, R. and Russ, J. (2018). 'Evidence of tobacco from a Late Archaic smoking tube recovered from the Flint River site in southeastern North America'. *Journal of Archaeological Science,* 21, 904-910.

Carpenter, K. J. (2012). 'The Discovery of Vitamin C'. *Annals of Nutrition and Metabolism,* 61, 259-264.

Carr, L. G. and Menard, R. R. (1989). 'Land, labor, and economies of scale in early Maryland: some limits to growth in the Chesapeake system of husbandry'. *Journal of Economic History,* 49 (2), 407-418.

Carrigan, M. A., Uryasev, O., Frye, C. B., Eckman, B. L., Myers, C. R., Hurley, T. D. and Benner, S. A. (2014). 'Hominids adapted to metabolize ethanol long before human-directed fermentation'. *Proceedings of the National Academy of Sciences of the United States of America*, 112 (2), 458-463.

Carroll, R. (2007). 'The sorry story of how Scotland lost its 17th-century empire'. *Guardian*, 11 September 2007. Available at: https://www.theguardian.com/uk/2007/sep/11/britishidentity.past

Carroll, R., O'Carroll, L. and Helm, T. (2022). 'Sinn Fein assembly victory fuels debate on future of union'. *Observer*, 8 May 2022. https://www.theguardian.com/politics/2022/may/07/sinn-fein-assembly-victory-fuels-debate-on-future-of-union

Carron, P. M., Kaski, K. and Dunbar, R. (2016). 'Calling Dunbar's numbers'. *Social Networks*, 47, 151-155.

Carter, M. (2009). 'The last emperors'. *Guardian*, 12 Sep 2009. Available at: https://www.theguardian.com/lifeandstyle/2009/sep/12/queen-victoria-royal-family-europe

Cartwright, F. F. and Biddiss, M. (2020). *Disease and History: From Ancient Times to Covid-19*, 4th edition. Lume Books.

Cartwright, J. (2000). *Evolution and Human Behavior: Darwinian perspectives on human nature*. MIT Press.

Cavaioli, F. J. (2008). 'Patterns of Italian Immigration to the United States'. *Catholic Social Science Review*, 13, 213-229.

Cavalli-Sforza, L. L., Cavalli-Sforza, L., Menozzi, P., Piazza, A. (1994). *The History and Geography of Human Genes*. Princeton University Press.

Centers for Disease Control and Prevention (CDC) (2022). 'Understanding the Opioid Overdose Epidemic'. Available at: https://www.cdc.gov/opioids/basics/epidemic.html

Central Intelligence Agency (2021). *The World Factbook 2021*. Washington, DC. Available at: https://www.cia.gov/the-worldfactbook/field/sex-ratio

Chamorro-Premuzic, T. (2015). 'Reputation and the rise of the rating society'. *Guardian*, 26 October 2015. Available at: https://www.theguardian.com/media-network/2015/oct/26/reputation-rating-society-uber-airbnb

Chandra, S. and Kassens-Noor, E. (2014). 'The evolution of pandemic influenza: evidence from India, 1918-19'. *BMC Infectious Diseases*, 14, 510.

Chandra, S., Juljanin, G. and Wray, J. (2012). 'Mortality from the influenza pandemic of 1918-1919: the case of India'. *Demography*, 49 (3), 857-865.

Charlton, A. (2004). 'Medicinal uses of tobacco in history'. *Journal of the Royal Society of Medicine*, 97 (6), 292-296.

Chittka L. and Peng, F. (2013). 'Caffeine boosts bees' memories'. *Science*, 339 (6124), 1157-1159.

Christakis, N. A. (2019). *Blueprint: the evolutionary origins of a good society*. Little, Brown and Company.

Christian, B. and Griffiths, T. (2016). *Algorithms to Live By: the computer science of human decisions*. Henry Holt and Company.

Chunn, M. (2015). *Death and Disorder: The 1918-1919 Influenza Pandemic in British India*. University of Colorado at Boulder.

Ciment, J. (2007). *Atlas of African-American History*. Infobase Publishing.

Clark, D.P. (2010). *Germs, Genes, & Civilization: how epidemics shaped who we are today*. Pearson.

Clark, A. and Alter, G. (2010). 'The demographic transition and human capital'. In: Broadberry, S. and O'Rourke, K. H. (eds). *The Cambridge Economic History of Modern Europe*. Cambridge University Press.

Clayton, S., Devine-Wright, P., Stern, P. C., Whitmarsh, L., Carrico, A., Steg, L., Swim, J. and Bonnes, M. (2015). 'Psychological research and global climate change'. *Nature Climate Change*, 5 (7), 640-646.

Clodfeiter, M. (2008). *Warfare and Armed Conflicts: a statistical encyclopedia of casualty and other figures, 1494-2007*. McFarland.

Coe, M. D. (2008). *Mexico: From the Olmecs to the Aztecs*. Thames & Hudson.

Collard, D. (1991). 'Concorde airframe design and development'. Journal of *Aerospace*, 100, 2620-2641.

Collins, L. (2006). 'Choke Artist'. *New Yorker*, 8 May 2006. Available at: https://www.newyorker.com/magazine/2006/05/08/choke-artist

Compton, P.A. (1976). 'Religious Affiliation and Demographic Variability in Northern Ireland'. *Transactions of the Institute of British Geographers*, 1 (4), 433-452.

Corner, A., Whitmarsh, L. and Xenias, D. (2012). 'Uncertainty, scepticism and attitudes towards climate change: biased assimilation and attitude polarisation'. *Climatic Change*, 114, 463-478.

Cosmides, L. (1989). 'The logic of social exchange: has natural selection shaped how humans reason? Studies with the Wason selection task'. *Cognition*, 31, 187-276.

Cosmides, L., Barrett, C. and Tooby, J. (2010). 'Adaptive specializations, social exchange, and the evolution of human intelligence'. *Proceedings of the National Academy of Sciences of the United States of America*, 107 (2), 9007-9014.

Cosmides, L., Tooby, J. (1994). 'Better than Rational: Evolutionary Psychology and the Invisible Hand'. *American Economic Review*, 84(2), 327-332.

Cosmides, L. and Tooby, J. (2015). 'Neurocognitive Adaptations Designed for Social Exchange'. In: Buss, D. M. (ed.). *The Handbook of Evolutionary Psychology*. Wiley.

Couvillon, M. J., Al Toufailia, H., Butterfield, T. M., Schrell, F., Ratnieks, F.L.W. and Schurch, R. (2015). 'Caffeinated forage tricks honeybees into increasing foraging and recruitment behaviors'. *Current Biology*, 25 (21), 2815-2818.

Cowan, B. (2004). 'The rise of the coffeehouse reconsidered'. *Historical Journal*, 47 (1), 21-46.

Cowan, N. (2010). 'The magical mystery four: how is working memory capacity limited, and why?' *Current Directions in Physiological Science*, 19 (1).

Coy, P. (2021). 'America's War in Afghanistan Is the Mother of All Sunk Costs'. Bloomberg UK, 19 April 2021. https://www.bloomberg. com/news/articles/2021-04-19/america-s-war-in-afghanistan-is-the-mother-of-all-sunk-costs

Crawford, D. H. (2009). *Deadly companions: how microbes shaped our history*. Oxford University Press.

Cregan-Reid, V. (2018). *Primate Change: How the world we made is remaking us*. Octopus Books .

Crittenden, A. N. and Schnorr, S. L. (2017). 'Current views on huntergatherer nutrition and the evolution of the human diet'. *American Journal of Physical Anthropology*, 162 (63), 84-109.

Cui, J., Pan, Y. H., Zhang, Y., Jones, G. and Zhang, S. (2010). 'Progressive peudogenization: vitamin C synthesis and its loss in bats'. *Molecular Biology and Evolution*, 28 (2), 1025-1031.

Cummins, N. (2009). 'Marital fertility and wealth in transition era France, 1750-1850'. Working Paper No. 2009-16. Paris School of Economics.

Dahlgren, P. M., Shehata, A. and Stromback, J. (2019). 'Reinforcing spirals at work? Mutual influences between selective news exposure and ideological leaning'. *European Journal of Communication*, 34 (2).

Dale, M. S. (2017). 'Running Away from the Palace: Chinese Eunuchs during the Qing Dynasty'. *Journal of the Royal Asiatic Society*, 27(1), 143-164.

Dale, M. S. (2018). *Inside the World of the Eunuch: A Social History of the Emperor's Servants in Qing China*. Hong Kong University Press.

Dalton, J. T. and Leung, T. C. (2014). 'Why is polygyny more prevalent in Western Africa? An African slave trade perspective'. *Economic Development and Cultural Change*, 62 (4).

Dapa, D. and Gil, T. (2002). 'Sickle cell disease in Africa'. *Erythrocytes*, 9 (2), 111-116.

Darwin, C. (1839). *The voyage of the Beagle*. Available at: https://www.gutenberg.org/files/944/944-h/944-h.htm

Darwin, C. (1859). *On the Origin of Species*. Available at: https://www.gutenberg.org/files/1228/1228-h/1228-h.htm

David, S. (2018). 'The Charge of the Light Brigade: who blundered in the Valley of Death?' *History Extra*. Available at: https://www.historyextra.com/period/victorian/the-charge-of-the-light-brigade-whoblundered-in-the-valley-of-death/

Dawkins, R. and Carlisle, T. R. (1976). 'Parental investment, mate desertion and a fallacy'. *Nature*, 262, 131-133.

de Filippo, C., Bostoen, K., Stoneking, M. and Pakendorf, B. (2012). 'Bringing together linguistic and genetic evidence to test the Bantu expansion'. *Proceedings of the Royal Society B*, 279, 3256-3263.

de Barros, J. (1552) Decada Primeira, Livro 3. Translated sections available in Chapter 2 of: Boxer, C.R. (1969) Four Centuries of Portuguese Expansion, 1415-1825: A Succinct Survey. Witwatersrand University Press.

de Luna, K. M. (2018). 'Language Movement and Change in Central Africa'. In: Albaugh, E. A. and de Luna, K. M. (eds). *Tracing Language Movement in Africa*. Oxford University Press.

de Montaigne, M. (1580) 'Of Friendship'. In: Hazilitt, W. C. (Ed.) (1877) *Essays of Michel de Montaigne*. Translated by Charles Cotton. Available from: https://www.gutenberg.org/cache/epub/3586/pg3586.html

de Quervain, D.J.F., Fischbacher, U., Treyer, V., Schellhammer, M., Schnyder, U., Buck, A. and Fehr, E. (2004). 'The neural basis of altruistic punishment'. *Science*, 305 (5688), 1254-1258.

de Waal, F.B.M. (1997). 'The chimpanzee's service economy: Food for grooming'. *Evolution and Human Behavior*, 18, 375-386.

Dean, M., Carrington, M., Winkler, C., Huttley, G. A., Smith, M. W., Allikmets, R. (1996). 'Genetic restriction of HIV-1 infection and progression to AIDS by a deletion allele of the CKR5 structural gene'. *Science*, 273(5283), 1856-62.

Denevan, W. M. (2010). 'The pristine myth: the landscape of the Americas in 1942'. *Annals of the Association of American Geographers*, 369-385.

Depetris-Chauvin, E. and Weil, D. N. (2013). 'Malaria and early African development: evidence from the sickle cell trait'. *Economic Journal* 128 (610), 1207-1234.

Desan, S. (1997). ' "War between Brothers and Sisters" : Inheritance Law and Gender Politics in Revolutionary France'. *French Historical Studies*, 20 (4), 597-634.

Diamond, J. (1987). 'The Worst Mistake in the History of the Human Race'. *Discover Magazine*, May 1, 1987. Pages 64-66.

Diamond, J. (1998). *Guns, Germs and Steel: A short history of everybody for the last 13,000 years*. Vintage.

Diamond, J. and Bellwood, P. (2003). 'Farmers and their languages: the first expansions'. *Science*, 300 (5619), 597-603.

Diamond, J. and Robinson, J. A. (eds) (2011). *Natural Experiments of History*. Harvard University Press.

Dimico, A., Isopi, A. and Olsson, O. (2017). 'Origins in the Sicilian Mafia: the market for lemons'. *Journal of Economic History*, 77 (4), 1083-1115.

Dobson, M. J. (2007). *Disease: The Extraordinary Stories Behind History's Deadliest Killers*. Quercus.

Dobyns, H. F. (1966). 'An appraisal of techniques with a new hemispheric estimate'. *Current Anthropology*, 7 (4).

Doig, A. (2022). *This Mortal Coil: A History of Death*. Bloomsbury Publishing.

Dolivo, V. and Taborsky, M. (2015). 'Norway rats reciprocate help according to the quality of help they received'. *Biology Letters*, 11(2).

Doll, R. (1998). 'Uncovering the effects of smoking: historical perspective'. *Statistical Methods in Medical Research*, 7, 87-117.

Dominy, N. J. (2015). 'Ferment in the family tree'. *Proceedings of the National Academy of Sciences of the United States of America*, 112 (2), 308-309.

Doolan, D.L., Dobano, C. and Kevin Baird, J. (2009). 'Acquired immunity to malaria'. *Clinical Microbiology Reviews*, 22 (1), 13-36.

Dounias, E. (2001). 'The management of wild yam tubers by the Baka pygmies in southern Cameroon'. *African Study Monographs*, suppl. 26,135-156.

Dove, T. (2021). 'How Sickle Cell Trait in Black People Can Give the Police Cover'. *New York Times*, 15 May 2021. https://www.nytimes.com/2021/05/15/us/african-americans-sickle-cell-police.html

Dowling, S. (2016). 'The American Concordes that never flew'. BBC Future. Available at: https://www.bbc.com/future/article/20160321-the-american-concordes-that-never-flew.

Dowling, S. (2020). 'The Soviet Union's flawed rival to Concorde'. BBC Future. https://www.bbc.com/future/article/20171018-thesoviet-unions-flawed-rival-to-concorde

Doyle, D. (2005). 'Adolf Hitler's medical care'. *Journal of the Royal College of Physicians of Edinburgh*, 35, 75-82.

Duffy, B. (2018). *The Perils of Perception: Why we're wrong about nearly everything*. Atlantic Books.

Duffy, M. (1992). *The Establishment of the Western Squadron as the Linchpin of British Naval Strategy. Parameters of British Naval Power, 1650-1850*. University of Exeter Press.

Dugatkin, L. A. (2007). 'Inclusive fitness theory from Darwin to Hamilton'. *Genetics*, 3 (1), 1375-1380.

Duindam, J. (2015). *Dynasties: A Global History of Power, 1300-1800*. Cambridge University Press.

Duindam, J. (2019). *Dynasty: A Very Short Introduction*. Oxford University Press.

Duke, D., Wohlgemuth, E., Adams, K. R., Armstrong-Ingram, A., Rice, S. K. and Young, D. C. (2021). 'Earliest evidence for human use of tobacco in the Pleistocene Americas'. *Nature Human Behaviour*, 6, 183-192.

Dunbar, R.I.M. (1992). 'Neocortex size as a constraint on group size in primates'. *Journal of Human Evolution*, 22 (6), 469-493.

Dunbar, R.I.M., Arnaboldi, V., Conti, M. and Passarella, A. (2015). 'The structure of online social networks mirrors those in the offline world'. *Social Networks*, 43, 39-47.

Dyble, M., Thorley, J., Page, A. E., Smith, D. and Migliano, A. B. (2019). 'Engagement in agricultural work is associated with reduced leisure time among Agta hunter-gatherers'. *Nature Human Behaviour*, 3, 792-796.

Dyson, S. M. and Boswell, G. R. (2006). 'Sickle cell anaemia and deaths in custody in the UK and the USA'. *Howard Journal of Crime and Justice*, 45 (1), 14-28.

Eames, J. D. (1991). 'Concorde Operations'. *Journal of Aerospace*, 100 (1), 2603-2619.

Economist Intelligence (2022). *Democracy Index 2021: the China challenge*. Available from: https://www.eiu.com/n/campaigns/democracy-index-2021/

Edenberg, H. J. and McClintick, J. N. (2018). 'Alcohol Dehydrogenases, Aldehyde Dehydrogenases, and Alcohol Use Disorders: A Critical Review'. *Alcoholism: Clinical and Experimental Research*, 42 (12), 2281-2297.

Edlund, L. and Ku, H. (2011). 'The African Slave Trade and the Curious Case of General Polygyny'. MPRA Paper 52735, University Library of Munich, Germany.

Edwardes, M.P.J. (2019). *The Origins of Self: An Anthropological Perspective*. UCL Press.

Ehret, C. (2016). *The Civilizations of Africa: A History to 1800*. University of Virginia Press.

Eisenburg, M. and Mordechai, L. (2019). 'The Justinianic Plague: an interdisciplinary review'. *Byzantine and Modern Greek Studies*, 43(2), 156-80.

Elferink, J.G.R. (1983). 'The narcotic and hallucinogenic use of tobacco in Pre-Columbian Central America'. *Journal of Ethnopharmacology*, 7, 111-122.

Elias, S. A., Short, S. K., Nelson, C. H. and Birks, H. H. (1996). 'Life and times of the Bering land bridge'. *Nature*, 382, 60-63.

Ellman, M. and Maksudov, S. (1994). 'Soviet deaths in the great patriotic war: A note'. *Europe-Asia Studies*, 46 (4), 671-680.

Ellner, P. D. (1998). 'Smallpox: gone but not forgotten'. *Infection*, 26 (5), 263-269.

Engen, R. (2011). 'S.L.A. Marshall and the Ratio of Fire: History, Interpretation, and the Canadian Experience'. *Canadian Military History*, 20 (4), 39-48.

Esposito, E. (2015). 'Side Effects of Immunities: the African Slave Trade'. EUI Working Paper MWP 2015/09. European University Institute.

Evans, J. (2003). 'In two minds: dual-process accounts of reasoning'. *Trends in Cognitive Science*, 7 (10), 454-459.

Ewald, P. W. (1991). 'Transmission modes and the evolution of virulence with special reference to cholera, influenza and AIDS'. *Human Nature*, 2 (1), 1-30.

Falkner, J. (2021). *The War of the Spanish Succession 1701-1714*. Pen & Sword Military.

Fay, P. W. (1997). *The Opium War, 1840-1842*. The University of North Carolina Press.

Fehr, E. and Gachter, S. (2002). 'Altruistic punishment in humans'. *Nature*, 415, 137-140.

Fernandez-Armesto (2019). *Out of our Minds: What we think and how we came to think it*. Oneworld Publications.

Fernandez, R., Fogli, A. and Olivetti, C. (2004). 'Mothers and sons: preference formation and female labor force dynamics'. *Quarterly Journal of Economics*, 119 (4), 1249-1299.

Figes, O. (1997). *A People's Tragedy: A History of the Russian Revolution*. Viking.

Fisher, H. E. (1989). 'Evolution of human serial pairbonding'. *American Journal of Physical Anthropology*, 78 (3), 331-354.

Fisher, H. E., Aron, A. and Brown, L. L. (2006). 'Romantic love: a mammalian brain system for mate choice'. *Philosophical Transactions of the Royal Society B*, 361 (1476).

Flinn, M. V., Ward, C. V., and Noone, R. J. (2015). 'Hormones and the Human Family'. In: Buss, D. M. (ed.). *The Handbook of Evolutionary Psychology*. Wiley.

Foley, M. and Tilley, L. (1997). 'Quinoline antimalarials: Mechanisms of action and resistance'. *International Journal for Parasitology*, 27 (2), 231-240.

Fortunato, L. (2012). 'The evolution of matrilineal kinship organisation'. *Proceedings of the Royal Society B*, 279 (1749).

Fowler, J. H. (2005). 'Altruistic punishment and the origin of cooperation'. *Proceedings of the National Academy of Sciences of the United States of America*, 102 (19), 7047-7049.

Fuchs, B., Sornette, D. and Thurner, S. (2014). 'Fractal multi-level organisation of human groups in a virtual world'. *Scientific Reports*, 6526.

Fuhrmann, J. T. (2012). *Rasputin: the untold story*. Wiley.

Galdikas, B.M.F. and Wood, J. W. (1990). 'Birth spacing patterns in humans and apes'. *American Journal of Physical Anthropology*, 83 (2), 185-191.

Galvani, A. P. and Novembre, J. (2005). 'The evolutionary history of the CCR5-Δ32 HIV-resistance mutation'. *Microbes and Infection*, 7 (2), 302-309.

Gao, G. (2015). 'Why the former USSR has far fewer men than women'. Pew Research Center. Available at: https://www.pewresearch. org/fact-tank/2015/08/14/why-the-former-ussr-has-far-fewer-men-than-women/

Gartzke, E. (2011). 'Blame it on the weather: Seasonality in Interstate Conflict'. Working paper. Available at: https://pages.ucsd.edu/~egartzke/papers/seasonality_of_conflict_102011.pdf

Gasquet, F. A. (1893). *The Great Pestilence (A.D. 1348-9), now commonly known as The Black Death*. Simpkin Marshal. Available at: https://www.gutenberg.org/files/45815/45815-h/45815-h.htm

Gately, I. (2003). *Tobacco: a cultural history of how an exotic plant seduced civilization*. Grove Press.

Gates, D. (2003). *The Napoleonic wars 1803-1815*. Pimlico.

George, A. (2016). 'How the British defeated Napoleon with citrus fruit'. *The Conversation*. Available at: https://theconversation.com/how-the-british-defeated-napoleon-with-citrus-fruit-58826

Gerbault, P., Liebert, A., Itan, Y., Powell, A., Currat, M., Burger, J., Swallow, D. M. and Thomas, M. G. (2011). 'Evolution of lactase persistence: an example of human niche construction'. *Philosophical Transactions of the Royal Society B*, 366 (1566).

Gianchecchi, E., Cianchi, V., Torelli, A. and Montomoli, E. (2022). 'Yellow fever: origin, epidemiology, preventive strategies and future prospects'. *Vaccines*, 10 (3), 372.

Gigerenzer, G. (2004). 'Fast and Frugal Heuristics: The Tools of Bounded Rationality'. In: Koehler, D. J., Harvey, N. (eds). *Blackwell Handbook of Judgement and Decision Making*. Blackwell.

Girard, P. R. (2011). *The slaves who defeated Napoleon*. University Alabama Press.

Glantz, D. M. (2005). *Colossus Reborn: The Red Army at War, 1941-1943*. University Press of Kansas.

Glass, R. I., Holmgren, J., Haley, C. E., Khan, M. R., Svennerholm, A. M., Stoll, B. J. (1985). 'Predisposition for cholera of individuals with O blood group. Possible evolutionary significance'. *American Journal of Epidemiology*, 121(6), 791-796.

Glenn, R. W. (2000). *Reading Athena's Dance Card: Men Against Fire in Vietnam*. Naval Institute Press.

Gobel, T., Waters, M. R. and O'Rourke, D. H. (2008). 'The late Pleistocene dispersal of modern humans in the Americas'. *Science*, 319 (5869), 1497-1502.

Godfrey, B. and Williams, L. (2018). 'Australia's last living convict bucked the trend of reoffending'. ABC News, 10 January 2018. Available at: https://www.abc.net.au/news/2018-01-10/australias-lastconvicts/9317172

Gong, L., Parikh, S., Rosenthal, P. J. and Greenhouse, B. (2013). 'Biochemical and immunological mechanisms by which sickle cell trait protects against malaria'. *Malaria Journal*, 12 (317).

Goodman, J. (1993). *Tobacco in History: The cultures of dependence*. Routledge.

Gordon, G. (2018). 'Catholic majority possible in NI by 2021'. BBC News, 19 April 2018. Available at: https://www.bbc.co.uk/news/uk-northern-ireland-43823506

Gould, E. A., de Lamballerie, X., de A Zanotto, P. M. and Holmes, E. C. (2003). 'Origins, evolution and vector/host coadaptations within the genus Flavivirus'. *Advances in Virus Research*, 59, 277-314.

Graham, G. S. (1948). 'The naval defence of British North America 1749-1763'. *Transactions of the Royal Historical Society*, 30, 95-110.

Grange, Z. L., Goldstein, T., Johnson, C. K., Anthony, S., Gilardi, K., Daszak, P., Olival, K. J., Murray, S., Olson, S. H., Togami, E., Vidal, G. and Mazer, J. A. (2021). 'Ranking the risk of animal-to-human spillover for newly discovered viruses'. *Proceedings of the National Academy of Sciences of the United States of America*, 118 (15).

Green, E. (2013). 'Explaining African ethnic diversity'. *International Political Science Review*, 34(3), 235-253.

Green, M. H. (2017). 'The globalisations of disease'. In: Boivin, N., Crassard, R., Petraglia, M. (eds). *Human Dispersal and Species Movement: From Prehistory to the Present*. Cambridge University Press.

Greenberg, M. (1969). *British Trade and the Opening of China*. Cambridge University Press.

Greif, A. (1989). 'Reputation and coalitions in medieval trade: evidence on the Magribi traders'. *Journal of Economic History*, 49 (4), 857-882.

Grigg, D. B. (1980). *Population growth and agrarian change*. Cambridge University Press.

Grosjean, P. and Khattar, R. (2019). 'It's raining men! Hallelujah? The long-run consequences of male-biased sex ratios'. *Review of Economic Studies*, 86, 723-754.

Gruss, L. T. and Schmitt, D. (2015). 'The evolution of the human pelvis: changing adaptations to bipedalism, obstetrics and thermoregulation'. *Philosophical Transactions of the Royal Society B*, 370 (1663).

Guerra, F. (1977). 'The introduction of cinchona in the treatment of malaria'. Part I. *Journal of Tropical Medicine and Hygiene*, 80 (6), 112-118.

Gurven, M. and H. Kaplan, H. (2006). 'Determinants of time allocation across the lifespan'. *Human Nature*, 17, 1-49.

Gurven, M. and Kaplan, H. (2007). 'Longevity among hunter-gatherers: a cross-cultural examination'. *Population and Development Review*, 33 (2), 321-365.

Haidt, J. (2007). 'The new synthesis in moral psychology'. *Science*, 316, 998-1002.

Halpern, J. H., Pope, H. G., Sherwood, A. R., Barry, S., Hudson, J. I. and Yurgelun-Todd, D. (2004). 'Residual neuropsychological effects of illicit 3,4-methylenedioxymetham phetamine (MDMA) in individuals with minimal exposure to other drugs'. *Drug and Alcohol Dependence*, 75, 135-147.

Halpern, J. H., Sherwood, A. R., Hudson, J. I., Gruber, S., Kozin, D. and Pope Jr, H. G. (2010). 'Residual neurocognitive features of long-term ecstasy users with minimal exposure to other drugs'. *Addiction*, 106, 777-786.

Hames, G. (2014). *Alcohol in World History*. Routledge.

Han, F., Moughan, P. J., Li, J., Stroebinger, N. and Pang, S. (2021). 'The complementarity of amino acids in cooked pulse/cereal blends and effects on DIAAS'. *Plants*, 10 (10).

Hancock, L. E., Weiss, J. N., Duerr, G.M.E. (2010). 'Prospect Theory and the Framing of the Good Friday Agreement'. *Conflict Resolution Quarterly*, 28 (2), 183-203.

Hanes, W. T. and Sanello, F. (2002). *The Opium Wars: The Addiction of One Empire and the Corruption of Another*. Sourcebooks.

Hanlon, G. (2020). 'Historians and the Evolutionary Approach to Human Behaviour'. In: Workman, L., Reader, W. and Barkow, J. (ed.). *The Cambridge Handbook of Evolutionary Perspectives on Human Behaviour*. Cambridge University Press.

Hanson, T. (2015). *The Triumph of Seeds: how grains, nuts, kernels, pulses, and pips conquered the plant kingdom and shaped human history*. Basic Books.

Harbeck, M., Seifert, L., Hansch, S., Wagner, D. M., Birdsell, D., Parise, K. L., Weichmann, I., Grupe, G., Thomas, A., Keim, P., Zoller, L., Bramanti, B., Riehm, J. M. and Scholz, H. C. (2013). '*Yersinia pestis* DNA from skeletal remains from the 6th century AD reveals insights into justinianic plague'. *PLOS Pathogens*, 9 (5).

Hareven, T. K. (1991). 'The history of the family and the complexity of social change'. *American Historical Review*, 96 (1), 95-124.

Harford, T. (2021). 'Cautionary tales - the curse of knowledge meets the Valley of Death'. Podcast. Available at: https://timharford.com/2021/04/cautionary-tales-the-charge-of-the-light-brigade/

Harper, K. (2015). 'Pandemics and passages to late antiquity: rethinking the plague of *c*.249-270 described by Cyprian'. *Journal of Roman Archaeology*, 28, 223-260.

Harper, K. (2017). *The Fate of Rome: Climate, Disease, and the End of an Empire*. Princeton University Press.

Harris, C. (2016). 'The Murder of Rasputin, 100 Years Later'. *Smithsonian Magazine*. Available at: https://www.smithsonianmag.com/history/murder-rasputin-100-years-later-180961572/

Harrison, H. (2017). 'The Quianlong emporer's letter to George III and the early-twentieth-century origins of ideas about traditional China's foreign relations'. *American Historical Review*, 122 (3), 680-701.

Harrison, M. (2013). *Contagion: how commerce has spread disease*. Yale University Press.

Hartung, J. (2010). 'Matrilineal inheritance: New theory and analysis'. *Behavioral and Brain Sciences*, 8 (4), 661-670.

Haselton, M. G., Nettle, D. and Andrews, P. W. (2015). 'The Evolution of Cognitive Bias'. In: Buss, D. M. (ed.). *The Handbook of Evolutionary Psychology*. Wiley.

Haskins, G. L. (1941). 'The beginnings of partible inheritance in the American colonies'. *Yale Law Journal*, 51, 1280-1315.

Hawkins, R. (1847). *The Observations of Sir Richard Hawkins, Knt, in his Voyage into the South Sea in the year 1593*. Hakluyt Society. Available at: https://www.gutenberg.org/cache/epub/57502/pg57502-images.html

He, W., Neil, S., Kulkarni, H., Wright, E., Agan, B. K., Marconi, V. C., Dolan, M. J., Weiss, R. A. and Ahuja, S. K. (2008). 'Duffy Antigen Receptor for Chemokines Mediates trans-Infection of HIV-1 from Red Blood Cells to Target Cells and Affects HIV-AIDS Susceptibility'. *Cell Host and Microbe*, 4 (1), 52-62.

Health and Human Services (2017). Press Release 26 October 2017: 'HHS Acting Secretary Declares Public Health Emergency to Address National Opioid Crisis'.

Helgason, A. Palsson, S.,Gudbjartsson, D. F., Kristjansson, T. and Stefansson, K. (2008). 'An association between the kinship and fertility of human couples'. *Science*, 319, 813-816.

Herlihy, D. (1997). *The Black Death and the transformation of the West*. Harvard University Press.

Herre, B. and Roser, M. (2013). 'Democracy. Our World in Data'. Available at: https://ourworldindata.org/democracy

Hess, S. (2015). *America's political dynasties: from Adams to Clinton*. Brookings Institution Press.

Hibbert, C. (2007). *Edward VII: the last Victorian king*. St Martin's Press.

Hibbert, C. (1961). *The Destruction of Lord Raglan*. Longman.

Hill, D. (2008). *1788: The Brutal Truth of the First Fleet*. William Heinemann: Australia.

Hill, K., Boesch, C., Goodall, J., Pusey, A., Williams, J. and Wrangham, R. (2001). 'Mortality rates among wild chimpanzees'. *Journal of Human Evolution*, 40, 437-50.

Ho, T.N.T, Abraham, N. and Lewis, R. J. (2020). 'Structure-function of neuronal nicotinic acetylcholine receptor inhibitors derived from natural toxins'. *Frontiers in Neuroscience*, 14.

Hodge, F. W. (1912). *Handbook of American Indians North of Mexico*. Smithsonian Institution: Bureau of American Ethnology. Bulletin 30.

Holden, B. A., Fricke, T. R., Wilson, D. A., Jong, M., Naidoo, K. S., Sankaridurg, P., Wong, T. Y., Naduvilath, T. J. and Resnikoff, S. (2016). 'Global prevalence of myopia and high myopia and temporal trends from 2000 through 2050'. *Ophthalmology*, 123 (5), 1036-1042.

Holden, C. J. (2002). 'Bantu language trees reflect the spread of farming across sub-Saharan Africa: a maximum-parsimony analysis'. *Proceedings of the Royal Society B*, 269 (1493).

Holmes, P. (2013). 'Tsetse-transmitted trypanosomes - their biology, disease impact and control'. *Journal of Invertebrate Pathology*, 112, Supplement 1, S11-S14.

Holtz, D. and Fradkin, A. (2020). 'Tit for tat? The difficulty of designing two-sided reputation systems'. *Sciendo*, 12 (2), 34-39.

Honigsbaum, M. (2020). *The pandemic century: a history of global contagion from the Spanish Flu to Covid-19*. W.H. Allen.

Hopkins, D. R. (2002). *The greatest serial killer: smallpox in history*. University of Chicago Press.

Howard, J. (2019). 'Gambler's Fallacy and Hot Hand Fallacy'. In: Howard, J., *Cognitive Errors and Diagnostic Mistakes*. Springer.

Hrdy, S. B. and Judge, D. S. (1993). 'Darwin and the puzzle of primogeniture'. *Human Nature*, 4, 1-45.

Huebner, S. R. (2021). 'The "Plague of Cyprian" : A revised view of the origin and spread of a 3rd-century CE pandemic'. *Journal of Roman Archaeology*, 34(1), 1-24.

Hurley, T. D. (2012). 'Genes Encoding Enzymes Involved in Ethanol Metabolism'. *Alcohol Research*, 34 (3), 339-344.

Jaeggi, A. V., Gurven, M. (2013). 'Reciprocity explains food sharing in humans and other primates independent of kin selection and tolerated scrounging: A phylogenetic meta-analysis'. *Proceedings of the Royal Society* B, 280 (1768).

Jakobsson, M., Pearce, C., Cronin, T. M., Backman, J., Anderson, L. G., Barrientos, N., Bjork, G., Coxall, H., de Boer, A., Mayer, L. A., Morth, C.M., Nilsson, J., Rattray, J. E., Stranne, C., Semiletov, I. and O'Regan, M. (2017). 'Post-glacial flooding of the Bering Land Bridge dated to 11 cal ka BP based on new geophysical and sediment records'. *European Geosciences Union*, 13, 991-1005.

Jennings, J., Antrobus, K. L., Atencio, S. K., Glavich, E., Johnson, R., Loffler, G. and Luu, C. (2005). 'Drinking beer in a blissful mood: alcohol production, operational chains, and feasting in the ancient world'. *Current Anthropology*, 46 (2), 275-303.

Jensen, K., Call, J., Tomasello, M. (2007). 'Chimpanzees Are Vengeful But Not Spiteful'. *Proceedings of the National Academy of Sciences*, 104(32), 13046-50.

Johnson, D.D.P. and MacKay, N. J. (2015). 'Fight the power: Lanchester's laws of combat in human evolution'. *Evolution and Human Behavior*, 36, 152-163.

Johnson, R. J., Andrews, P., Benner, S. A. and Oliver, W. (2010). 'Theodore E. Woodward Award: The Evolution of Obesity: Insights from the mid-Miocene'. *Transactions of the American Clinical and Climatological Association*, 121, 295-308.

Jones, E. (2006). 'The Psychology of Killing: The Combat Experience of British Soldiers during the First World War'. *Journal of Contemporary History*, 41(2), 229-246.

Jones, O. D. (2015). 'Evolutionary Psychology and the Law'. In: Buss, D. M. (ed.). *The Handbook of Evolutionary Psychology*. Wiley.

Josefson, D. (1998). 'CF gene may protect against typhoid fever'. *British Medical Journal*, 316.

Kahneman, D. (2012). *Thinking, Fast and Slow*. Penguin.

Kahneman, D. and Tversky, A. (1979). 'Prospect Theory: An Analysis of Decision under Risk'. *Econometrica*, 47 (2), 263-291.

Kahneman, D., Knetsch, J. L. and Thaler, R. H. (1991). 'Anomalies: the endowment, effect, loss aversion, and status quo bias'. *Journal of Economic Perspectives*, 5 (1), 193-206.

Kalant, H. (1997). 'Opium revisited: a brief review of its nature, composition, non-medical use and relative risks'. *Addiction*, 92 (3), 267-277.

Kanakogi, Y., Miyazaki, M., Takahashi, H., Yamamoto, H., Kobayashi, T. and Hiraki, K. (2022). 'Third-party punishment by preverbal infants'. *Nature Human Behaviour*, 6, 1234-1242.

Kapoor, A. (2020). 'An unwanted shipment: The Indian experience of the 1918 Spanish flu'. *Economic Times*, 3 April 2020. Available at: https://economictimes.indiatimes.com/news/politics-and-nation/an-unwanted-shipment-the-indian-experience-of-the-1918-spanish-flu/articleshow/74963051.cms

Kato, G. J., Piel, F. B., Reid, C. D., Gaston, M. H., Ohene-Frempong, K., Krishnamurti, L., Smith, W. R., Panepinto, J. A., Weatherall, D. J., Costa, F. F. and Vichinsky, E. P. (2018). 'Sickle cell disease'. *Nature Reviews Disease Primers*, 4, article number: 18010.

Katz, S. H. and Voigt, M. M. (1986). 'Bread and beer: the early use of cereals in the human diet'. *Expedition*, 28 (2),23-34.

Kedishvili, N. Y. (2017). 'Retinoic acid synthesis and degradation'. *Subcellular Biochemistry*, 81, 127-161.

Kendrick, K.M. (2005). 'The neurobiology of social bonds'. *Journal of Neuroendocrinology*, 16 (12), 1007-1008.

Kenneally, C. (2014). *The invisible History of the Human Race: how DNA and history shape our identities and our futures*. Penguin.

Kesternich, I., Siflinger, B., Smith, J. P., Steckenleiter, C. (2020). 'Unbalanced sex ratios in Germany caused by World War II and their effect on fertility: A life cycle perspective'. *European Economic Review*, 30, 103581.

Khateeb, J., Li, Y. and Zhang, H. (2021). 'Emerging SARS-CoV-2 variants of concern and potential intervention approaches'. *Critical Care*, 25, 244.

Kimball, D. (2022). 'U.S.-Russian nuclear arms control agreements at a glance'. Arms Control Association. Available at: https://www.armscontrol.org/factsheets/USRussiaNuclearAgreements

King, M. W. (2019). 'How brain biases prevent climate action'. BBC Future. Available at: https://www.bbc.com/future/article/20190304-human-evolution-means-we-can-tackle-climate-change

Kingsbury, J. M. (1992). 'Christopher Columbus as a botanist'. *Arnoldia*, 52 (2), 11-28.

Klein, G., Felovich, P. J., Bradshaw, J. M. and Woods, D. D. (2005).' Common ground and coordination in joint activity'. In: Rouse, W. B. and Boff, K. R. (eds). *Organizational Simulation*. Wiley.

Kluesner, N. H. and Miller, D. G. (2014). 'Scurvy: Malnourishment in the Land of Plenty'. *Journal of Emergency Medicine*, 46 (4), 530-532.

Knobloch-Westerwick, S., Liu, L., Hino, A., Westerwick, A. and Johnson, B. K. (2019). 'Context impacts on confirmation bias: evidence from the 2017 Japanese snap election compared with American and German findings'. *Human Communication Research*, 45 (4), 427-449.

Knobloch-Westerwick, S., Mothes, C. and Polavin, N. (2017). 'Confirmation bias, ingroup bias and negativity bias in selective exposure to political information'. *Communication Research*, 47 (1).

Knobloch-Westerwick, S., Mothes, C., Johnson, B. K., Westerwick, A. and Donsbach, W. (2015). 'Political online information searching in Germany and the United States: confirmation bias, source credibility and attitude impacts'. *Journal of Communication*, 65 (3), 489-511.

Knowles, E. (2005). 'Providence is always on the side of the big battalions'. In *The Oxford Dictionary of Phrase and Fable*. Oxford University Press.

Koch, A., Brierley, C., Maslin, M. A. and Lewis, S. L. (2019). 'Earth system impacts of the European arrival and Great Dying in the Americas after 1492'. *Quaternary Science Reviews*, 207, 13-36.

Koehler, D. K. and Harvey, N. (eds) (2004). *Blackwell Handbook of Judgement and Decision Making*. Wiley.

Kokkonen, A. and Sundell, A. (2017). 'The King is Dead: political succession and war in Europe, 1000-1799'. Working Papers 2017:9. University of Gothenburg.

Kolata, G. (2001). *Flu: the story of the great influenza pandemic of 1918 and the search for the virus that caused it*. Atria Books.

Kramer, K. L. (2019). 'How there got to be so many of us: the evolutionary story of population growth and a life history of cooperation'. *Journal of Anthropological Research*, 45 (4).

Kramer, S. (2020). 'Polygamy is rare around the world and mostly confined to a few regions'. Pew Research Centre. Available at: https://www.pewresearch.org/fact-tank/2020/12/07/polygamy-is-rarearound-the-world-and-mostly-confined-to-a-few-regions/

Krebs, D. (2015). 'The Evolution of Morality'. In: Buss, D. M. (ed.). *The Handbook of Evolutionary Psychology*. Wiley.

Kringelbach, M. L., Phil, D. and Berridge, K. C. (2010). 'The functional neuroanatomy of pleasure and happiness'. *Discover Medicine*, 9 (49), 579-587.

Kruska, D.C.T (2014). 'Comparative quantitative investigations on brains of wild cavies (*Cavia aperea*) and guinea pigs (*Cavia aperea f. porcellus*). A contribution to size changes of CNS structures due to domestication'. *Mammalian Biology*, 79, 230-239.

Kuitems, M., Wallace, B. L., Lindsay, C., Scifo, A., Doeve, P., Jenkins, K., Lindauer, S., Erdil, P., Ledger, P. M., Forbes, V., Vermeeren, C., Friedrich, R. and Dee, M. W. (2021). 'Evidence for European presence in the Americas in AD 1021'. *Nature*, 601, 388-391.

Kurzban, R. and Neuberg, S. (2015). 'Managing Ingroup and Outgroup Relationships'. In: Buss, D. M. (ed.). *The Handbook of Evolutionary Psychology*. Wiley.

Lacey, K. and Lennon, J. T. (2016). 'Scaling laws predict global microbial diversity'. *Proceedings of the National Academy of Sciences of the United States of America*, 113 (21), 5970-5975.

Lalani, A. S., Masters, J., Zeng, W., Barrett, J., Pannu, R. and Everett, H. (1999). 'Use of chemokine receptors by poxviruses'. *Science*, 286 (5446), 1968-71.

Lamb, J. (2001). *Preserving the Self in the South Seas 1680-1840*. University of Chicago Press.

Landes, D. S. (2004). *Dynasties: Fortunes and Misfortunes of the World's Great Family Businesses*. Viking.

Lee, H. J., Macbeth, A. H., Pagani, J. H. and Scott Young, W. (2009). 'Oxytocin: the great facilitator of life'. *Progress in Neurobiology*, 88 (2), 127-151.

Leeson, P. T. (2007). 'An-arrgh-chy: the law and economics of pirate organization'. *Journal of Political Economy*, 115, 1049-1094.

Lents, N. (2018). *Human Errors: a panorama of our glitches, from pointless bones to broken genes*. Weidenfeld & Nicolson.

Lerman, A. E. and Acland, D. (2018). 'United in states of dissatisfaction: confirmation bias across the partisan divide'. *American Politics Research*, 48 (2).

Levy, B. (2009). *Conquistador: Hernan Cortes, King Montezuma, and the last stand of the Aztecs*. Bantam Books Inc.

Leyman, C. S. (1986). 'A review of the technical development of Concorde'. *Progress in Aerospace Sciences*, 23, 185-238.

Li, S., Schlebusch, C. and Jakobsson, M. (2014). 'Genetic variation reveals large-scale population expansion and migration during the expansion of Bantu-speaking peoples'. *Proceedings of the Royal Society B*, 281 (1793).

Liberman, P. (2001). 'The rise and fall of the South African bomb'. *International Security*, 26 (2), 45-86.

Lichtsinn, H. S., Weyand, A. C., McKinney, Z. J. and Wilson, A. M. (2021). 'Sickle cell trait: an unsound cause of death'. *Lancet*, 398 (10306), 1128-1129.

Lindenfors, P., Wartel, A. and Lind, J. (2021). 'Dunbar's number deconstructed'. *Biology Letters*, 17 (5).

Linster, C. L. and Van Schaftingen, E. (2007). 'Vitamin C biosynthesis, recycling and degradation in mammals'. *FEBS Journal*, 274, 1-22.

Lisuma, J., Mbega, E. and Ndakidemi, P. (2020). 'Influence of tobacco plant on macronutrient levels in sandy soils'. *MDPI*, 10 (3), 418.

Little, L. K. (2006). 'Life and Afterlife of the First Plague Pandemic'. In: Little, L. K. (ed.). *Plague and the End of Antiquity: The Pandemic of 541-750*. Cambridge University Press.

Livneh, Y. (2019). 'Overcoming the Loss Aversion Obstacle in Negotiation'. *Harvard Negotiation Law Review*, 25, 187-212.

Lloyd, C. C. (1981) 'Victualling of the fleet in the eighteenth and nineteenth centuries'. In: Watt, J., Freeman, E. J. and Bynum, W. F., (eds.) *Starving Sailors: The Influence of Nutrition upon Naval and Maritime History*. National Maritime Museum.

Loades, D. (2003). *Elizabeth I: The Golden Reign of Gloriana*. Bloomsbury.

Lovejoy, C. O. (1981). 'The origin of man'. *Science*, 211 (4480), 341-350.

Lovejoy, P. (1989). 'The Impact of the Atlantic Slave Trade on Africa: A Review of the Literature'. *The Journal of African History*, 30(3), 365-94

Lovejoy, P. (2000). *Transformations in Slavery: A History of Slavery in Africa*, 2nd ed. Cambridge University Press.

Lu Yu (c.760). 'The Classic of Tea'. Available as a translation in: Carpenter, F. R. (1974) *The Classic of Tea: Origins & Rituals*. The Ecco Press.

Luca, M. (2016). 'Designing online marketplaces: trust and reputation mechanisms'. *Innovation Policy and the Economy*, 17.

Luttinger, N. (2006). *The Coffee Book: Anatomy of an Industry from Crop to the Last Drop*. The New Press.

Mabbett, T. (2005). 'Tobacco nutrition and fertiliser use'. *Tobacco Journal International*, 6, 62-66.

Macdonald, J. (2014). *Feeding Nelson's Navy: the true story of food at sea in the Georgian era*. Frontline Books.

MacDonald, K. (1995). 'The establishment and maintenance of socially imposed monogamy in Western Europe'. *Politics and the Life Sciences*, 14 (1), 3-23.

Mackowiak, P. A., Blos, V. T., Aguilar, M. and Buikstra, J. E. (2005). 'On the origin of American Tuberculosis'. *Clinical Infectious Diseases*, 41, 515-518.

Maddieson, I. (1984). *Patterns of Sounds*. Cambridge University Press.

Mahan, A. T. (1895). 'Blockade in Relation to Naval Strategy'. *U.S. Naval Institute Proceedings*, 21(4), 76.

Majander, K., Pfrengle, S., Kocher, A., Neukamm, J., du Plessis, L., Pla-Diaz, M., Arora, N., Akgul, G., Salo, K., Schats, R., Inskip, S., Oinonen, M., Valk, H., Malve, M., Kriiska, A., Onkamo, P., Gonzalez-Candelas, F., Kuhnert, D., Krause, J. and Scheunemann, V. J. (2020). 'Ancient Bacterial Genomes Reveal a High Diversity of *Treponema pallidum* Strains in Early Modern Europe'. *Current Biology*, 30 (19), 3788-3803.

Malaney P.I.A., Spielman, A., Sachs, J. (2004). 'The Malaria Gap'. In: Breman, J. G., Alilio, M. S. and Mills, A., (eds). *The Intolerable Burden of Malaria II: What's New, What's Needed*: Supplement to Volume 71 (2) of the *American Journal of Tropical Medicine and Hygiene*. Northbrook (IL): American Society of Tropical Medicine and Hygiene.

Mann, C. C. (2011). *1493: Uncovering the New World Columbus Created*. Vintage.

Manning, P. (1990). *Slavery and African Life: Occidental, Oriental, and African Slave Trades*. Cambridge University Press.

Marcus, G. (2008). *Kluge: The Haphazard Evolution of the Human Mind*. Faber & Faber.

Marklein, K. E., Torres-Rouff, C., King, L. M. and Hubbe, M. (2019). 'The Precarious State of Subsistence: Reevaluating Dental Pathological Lesions Associated with Agricultural and Hunter-Gatherer Lifeways'. *Current Anthropology*, 60 (3), 341-368.

Marks, R. B. (2012). 'The (Modern) World since 1500'. In: McNeill, J. R. and Mauldin, E. S. (eds.). *A Companion to Global Environmental History*. Wiley.

Marr, A. (2013). *A History of the World*. Pan.

Martin, D. L. and Goodman, A. H. (2002). 'Health conditions before Columbus: paleopathology of native North Americans'. *Western Journal of Medicine*, 176 (1), 65-68.

Martin, S. (2015). *A Short History of Disease: from the Black Death to Ebola*. No Exit Press.

Massen, J.J.M., Ritter, C., Bugnyar, T. (2015). 'Tolerance and reward equity predict cooperation in ravens (*Corvus corax*)'. *Scientific Reports*, 5, 15021.

Massie, R. K. (1989). *Nicholas and Alexandra*. Victor Gollancz.

Mattison, S. M., Smith, E. A., Shenk, M. K. and Cochrane, E. E. (2016). 'The evolution of inequality'. *Evolutionary Anthropology*, 25, 184-199.

McCandless, P. (2007). 'Revolutionary fever: disease and war in the Lower South, 1776-1783'. *Transactions of the American Clinical and Climatological Association*, 118, 225-249.

McCarty, C., Killworth, P. D., Russell Bernard, H., Johnsen, E. C. and Shelley, G. A. (2001). 'Comparing two methods for estimating network size'. *Human Organization*, 60 (1), 28-39.

McCord, C. P. (1971). 'Scurvy as an occupational disease'. *Journal of Occupational Medicine*, 13 (6), 306-307.

McDermott, R. (2004). 'Prospect theory in political science: gains and losses from the first decade'. *Political Psychology*, 25 (2), 289-312.

McDermott, R. (2009). 'Prospect Theory and Negotiation'. In: Sjostedt, G., Avenhaus, R. (eds). *Negotiated Risks: International Talks on Hazardous Issues*. Springer.

McEvedy, C. and Jones, R. (1977). *Atlas of World Population History*. Penguin.

McGee, H. (2004). *McGee on Food and Cooking: an encyclopedia of kitchen science, history and culture*. Hodder & Stoughton.

McGovern, P. E. (2018). *Ancient Brews: Rediscovered and Re-created*. W. W. Norton & Company.

McNeill, J. R. (2010). *Mosquito Empires: ecology and war in the Greater Caribbean, 1620-1914*. Cambridge University Press.

McNeill, W. H. (1976). *Plagues and Peoples*. Anchor Press.

Meekers, D. and Franklin, N. (1995). 'Women's perceptions of polygyny among the Kaguru of Tanzania'. *Ethnology*, 34 (4), 315-329.

Meletis, J. and Konstantopoulos, K. (2004). 'Favism - From the "avoid fava beans" of Pythagoras to the present'. *Haema*, 7 (1), 17-21.

Mercer, J. (2005). 'Prospect theory and political science'. *Annual Review of Political Science*, 8, 1-21.

Miller, G. A. (1956). 'The magical number seven, plus or minus two: Some limits on our capacity for processing information'. *Psychological Review*, 63 (2), 81-97.

Miller, K. M. (2016). *The Darien Scheme: Debunking the Myth of Scotland's Ill-Fated American Colonization Attempt*. Wright State University.

Milov, S. (2019). *The Cigarette: A Political History*. Harvard University Press.

Mineur, Y. S., Abizaid, A., Rao, Y., Salas, R., Dileone, R. J., Gundisch, D., Di-Ano, S., De Biasi, M., Horvath, T. L., Gao, X. B. and Picciotto, M. R. (2011). 'Nicotine decreases food intake through activation of POMC neurons'. *Science*, 332 (6035), 1330-1332.

Miron, J. A. and Zwiebel, J. (1991). *Alcohol Consumption During Prohibition*. National Bureau of Economic Research.

Mishra, S. and Mishra, M. B. (2013). 'Tobacco: its historical, cultural, oral and peridontal health association'. *Journal of International Society of Preventive and Community Dentistry*, 3 (1), 12-18.

Mitani, J. C., Watts, D. P. and Amsler, S. J. (2010). 'Lethal intergroup aggression leads to territorial expansion in wild chimpanzees'. *Current Biology*, 20 (2), R508-R508.

Mitchell, B. L. (2018). 'Sickle cell trait and sudden death'. *Sports Medicine - Open*, 4 (19).

Mitchell, S. (2006). *A History of the Later Roman Empire, AD 284 - AD 641: The Transformation of the Ancient World*. Wiley-Blackwell.

Mohandas, N. and An, X. (2012). 'Malaria and Human Red Blood Cells'. *Medical Microbiology and Immunology*, 201 (4), 593-598.

Monaghan, J. and Just, P. (2000). *Social and Cultural Anthropology: A Very Short Introduction*. Oxford University Press.

Montesquieu (1777). *The Spirit of the Laws*, Book XXVI, Chapter XVI. Text available at: https://oll.libertyfund.org/title/montesquieu-complete-works-4-vols-1777

Monot, M., Honore, N., Garnier, T., Araoz, R., Coppee, J. Y., Lacroix, C., Sow, S., Spencer, J. S., Truman, R. W., Williams, D., Gelber, R., Virmond, M., Flageul, B., Cho, S. N., Ji, B., Paniz-Mondolfi, A., Convit, J., Young, S., Fine, P. E., Rasolofo, V., Brennan, P. J. and Cole, S. T. (2005). 'On the origin of leprosy'. *Science*, 308 (5724), 1040-1042.

Morland, P. (2019). *The Human Tide: How Population Shaped the Modern World*. John Murray Publishers.

Morland, P. (2022). 'Sinn Fein won the demographic war'. *UnHerd*, 10 May 2022. Available at: https://unherd.com/2022/05/sinn-fein-won-the-demographic-war/

Morris, I. (2011). *Why the West Rules - For Now: The Patterns of History and What They Reveal About the Future*. Profile Books.

Morris, I. (2014). *War: What is it Good For? The Role of Conflict in Civilisation, from Primates to Robots*. Profile Books.

Moser, D., Steiglechner, P. and Schlueter, A. (2021). 'Facing global environmental change: The role of culturally embedded cognitive biases'. *Environmental Development*, 44, 100735.

Muhlemann, B., Vinner, L., Margaryan, A., Wilhelmson, H., Castro, C., Allentoft, M. E., Damgaard, P., Hansen, A. J., Nielsen, S. H., Strand, L. M., Bill, J., Buzhilova, A., Pushkina, T., Falys, C., Khartanovich, V., Moiseyev, V., Jorkov, M.L.S., Sorensen, P. O., Magnusson, Y., Gustin, I., Schroeder, H., Sutter, G., Smith, G. L., Drosten, C., Fouchier, R.A.M., Smith, D. J., Willerslev, E., Jones, T. C. and Sikora, M. (2020) 'Diverse variola virus (smallpox) strains were widespread in northern Europe in the Viking Age'. *Science*, 369 (6502).

Munchau, W. (2017). 'From Brexit to fake trade deals - the curse of confirmation bias'. *Financial Times*, 9 July 2017. Available at: https://www.ft.com/content/b7d68798-62fb-11e7-91a7-502f7ee26895

Murdock, G. (1962). 'Ethnographic Atlas'. *Ethnology*, 1 (1), 113-134.

Nachman, M. W. and Crowell, S. L. (2000). 'Estimate of the mutation rate per nucleotide in humans'. *Genetics*, 156 (1), 297-304.

Nambi, K. (2020). 'How Spanish Flu brought independence to a country'. Available at: https://medium.com/lessons-from-history/how-spanish-flu-got-independence-to-a-country-f8d3f8fa6092

Nathanson, J. A. (1984). 'Caffeine and related methylxanthines: possible naturally occurring pesticides'. *Science*, 226 (4671), 184-187.

National Safety Council (2022). 'Injury Facts: Deaths in Public Places'. Available at: https://injuryfacts.nsc.org/home-and-community/deaths-in-public-places/introduction/

Newman, R. K. (1995). 'Opium smoking in late imperial China: a reconsideration'. *Modern Asian Studies*, 29 (4), 765-794.

Nickerson, R. S. (1998). 'Confirmation Bias: A Ubiquitous Phenomenon in Many Guises'. *Review of General Psychology*, 2(2), 175-220.

Nietzsche, F. (1888). *The Twilight of the Idols*. Translated by Anthony M. Ludovici (1911). Available at: https://www.gutenberg.org/files/52263/52263-h/52263-h.htm

Nishikimi, M., Kawai, T. and Yagi, K. (1992). 'Guinea pigs possess a highly mutated gene for L-Gulono-Y-lactone oxidase, the key enzyme for L-ascorbic acid biosynthesis missing in this species'. *Journal of Biological Chemistry*, 267 (30), 21967-21972.

Norn, S., Kruse, P. R. and Kruse, E. (2005). 'History of opium poppy and morphine'. *Dan Medicinhist Arbog*, 33, 171-184.

North, D. C. and Thomas, R. P. (1970). 'An Economic Theory of the Growth of the Western World'. *Economic History Review*, 23 (1), 1-17.

Novembre, J., Galvani, A. P., Slatkin, M. (2005). 'The geographic spread of the CCR5 Delta32 HIV-resistance allele'. *PLoS Biology*, 3 (11).

Nowak, M. A. (2006). 'Five rules for the evolution of cooperation'. *Science*, 314 (5805), 1560-1563.

Nowak, M. A. and Sigmund, K. (2005). 'Evolution of indirect reciprocity'. *Nature*, 437, 1291-1298.

Noymer, A. and Garenne, M. (2009). 'The 1918 influenza epidemic's effects on sex differentials in mortality in the United States'. *Population and Development Review*, 26 (3), 565-581.

Nunn, N. (2010). 'Shackled to the Past: The Causes and Consequences of Africa's Slave Trade'. In: Diamond, J. and Robinson, J. A. (eds). *Natural Experiments of History*. Harvard University Press.

Nunn, N. (2008). 'The Long-Term Effects of Africa's Slave Trades'. *Quarterly Journal of Economics*, 123, 139-176.

Nunn, N. (2017). 'Understanding the long-run effects of Africa's slave trades'. In: Michalopoulos, S. and Papaioannou, E. (eds). *The Long Economic and Political Shadow of History*, Volume 2: Africa and Asia. CEPR Press.

Nunn, N. and Qian, N. (2010). 'The Columbian Exchange: a history of disease, food, and ideas'. *Journal of Economic Perspectives*, 24 (2), 163-188.

Nunn, N, and Wantchekon, L. (2011). 'The Slave Trade and the Origins of Mistrust in Africa'. *American Economic Review*, 101 (7), 3221-52.

O'Grady, M. (2020). 'What can we learn from the art of pandemics past?' *New York Times Style Magazine*. Available at: https://www.nytimes.com/2020/04/08/t-magazine/art-coronavirus.html

Oberg, M., Jaakkola, M., Woodward, A., Peruga, A. and Pruss-Ustun, A. (2011). 'Worldwide burden of disease from exposure to secondhand smoke: a retrospective analysis of data from 192 countries'. *Lancet*, 377 (9760), 8-14.

Ofcom (2019). 'Half of people now get their news from social media'. Ofcom, 24 July 2019. Available at: https://www.ofcom.org.uk/about-ofcom/latest/features-and-news/half-of-people-get-news-from-social-media

Office of Population Research (1946). 'War, Migration, and the Demographic Decline of France'. *Population Index*, 12 (2), 73-81. https://doi.org/10.2307/2730069

Ohler, N. (2016). *Blitzed: drugs in Nazi Germany*. Allen Lane.

Ojeda-Thies, C. and Rodriguez-Merchan, E. C. (2003). 'Historical and political implications of haemophilia in the Spanish royal family'. *Haemophilia*, 9 (2), 153-156.

Olds, J. and Peter, M. (1954). 'Positive reinforcement produced by electrical stimulation of septal area and other regions of rat brain'. *Journal of Comparative and Physiological Psychology*, 47 (6), 419-427.

Oldstone, M.B.A. (2009). *Viruses, Plagues, and History: Past, Present and Future*. Oxford University Press.

Ord, T. (2021). *The Precipice: Existential risk and the future of humanity*. Bloomsbury.

Organsk, A.F.K. (1958). World Politics. Alfred A. Knopf, New York. Ch. 5, p.132.

Ostlund, S. B. and Halbout, B. (2017). 'Mesolimbic Dopamine Signalling in Cocaine Addiction'. In: Preedy, V. R. (ed.) *The Neuroscience of Cocaine: Mechanisms and Treatment*. Academic Press.

Outram, Q. (2001). 'The socio-economic relations of warfare and the military mortality crises of the thirty years war'. *Medical History*, 45 (2), 151-184.

Owens, M. (2021). 'Afghanistan and the sunk cost fallacy'. *Washington Examiner*, 4 March 2021. Available at: https://www.washingtonexaminer.com/politics/afghanistan-and-the-sunk-cost-fallacy

Oxford, J. S. and Gill, D. (2018). 'Unanswered questions about the 1918 influenza pandemic: origin, pathology, and the virus itself'. *Lancet*, 18 (11), e348-e354.

Oyuela-Caycedo, A. and Kawa, N. C. (2015). 'A Deep History of Tobacco in Lowland South America'. In: Russell, A. and Rahman, E. (eds). *The Master Plant: Tobacco in Lowland South America*. Routledge.

Paine, L. (2015). *The Sea and Civilization: A Maritime History of the World*. Atlantic Books.

Pakendorf, B., Bostoen, K. and de Filippo, C. (2011). 'Molecular perspectives on the Bantu Expansion: a synthesis'. *Language Dynamics and Change*, 1, 50-88.

Pamuk, S. (2007). 'The Black Death and the origins of the "Great Divergence" across Europe, 1300-1600'. *European Review of Economic History*, 11 (3), 289-317.

Pamuk, S. and Shatzmiller, M. (2014). 'Plagues, Wages, and Economic Change in the Islamic Middle East, 700-1500'. *Journal of Economic History*, 74 (1), 196-229.

Pan, C. W., Ramamurthy, D. and Saw, S. M. (2011). 'Worldwide prevalence and risk factors for myopia'. 32 (1), 3-16.

Parker, G. (2008). Crisis and catastrophe: the global crisis of the seventeenth century reconsidered'. *American Historical Review*, 113 (4), 1053-1079.

Parker, G. (2020). *Emperor: A New Life of Charles V*. Yale University Press.

Parsons, R. (1996). 'The Mystery Bean'. *Los Angeles Times*, 18 April 1996. Available at: https://www.latimes.com/archives/la-xpm-1996-04-18-fo-59692-story.html

Payne, R. E. (2016). 'Sex, death, and aristocratic empire: Iranian jurisprudence in late antiquity'. *Comparative Studies in Society and History*, 58 (2), 519-549.

Pedersen, F. A. (1991). 'Secular trends in human sex ratios'. *Human Nature*, 2, 271-291.

Peirce, L.P. (1993). *The Imperial Harem: Women and Sovereignty in the Ottoman Empire*. Oxford University Press.

Pendergrast, M. (2009). *Coffee second only to oil? Is coffee really the second largest commodity?* Tea & Coffee Trade.

Pendergrast, M. (2010). *Uncommon Grounds: The History of Coffee and How it Transformed our World*. Basic Books.

Pereira, A. S., Kavanagh, E., Hobaiter, C., Slocombe, K. E. and Lameira, A. R. (2020). 'Chimpanzee lip-smacks confirm primate continuity for speech-rhythm evolution'. *Biology Letters*, 16 (5).

Perrin, F. (2022). 'On the origins of the demographic transition: rethinking the European marriage pattern'. *Cliometrica*, 16, 431-475.

Petrarch, F. (1348) Letter. Parma, Italy. Translation available in: Deaux, G. (1969) *The Black Death: 1347*. Weybright and Talley, New York.

Phillips, R. (2014). *Alcohol: a history*. UNC Press Books.

Phillips-Krawczak, C. (2014). 'Causes and consequences of migration to the Caribbean Islands and Central America: an evolutionary success story'. In: Crawford, M. H. and Campbell, B. C. (eds). *Causes and Consequences of Human Migration: An Evolutionary Perspective*. Cambridge University Press.

Pietraszewski, D. and Wertz, A. E. (2021). 'Why evolutionary psychology should abandon modularity'. *Perspectives on Psychological Science*, 17 (2).

Pinker, S. (2014). 'The Source of Bad Writing'. *Wall Street Journal*, 25 September 2104. Available at: https://www.wsj.com/articles/the-cause-of-bad-writing-1411660188

Pitre, M. C., Stark, R. J. and Gatto, M. C. (2016). 'First probable case of scurvy in ancient Egypt at Nag el-Quarmila, Aswan'. *International Journal of Paleopathology*, 13, 11-19.

Pittman, K. J., Glover, L. C., Wang, L. and Ko, D. C. (2016). 'The legacy of past pandemics: common human mutations that protect against infectious disease'. *PLOS Pathogens*, 12 (7).

Polansky, S. and Rieger, T. (2020). 'Cognitive biases: causes, effects and implications for effective messaging'. *NSI*. Available at: https://nsiteam.com/cognitive-biases-causes-effects-and-implications-for-effectivemessaging/

Pollan, M. (2021). *This is Your Mind on Plants*. Penguin.

Poolman, E. M. and Galvani, A. P. (2006). 'Evaluating candidate agents of selective pressure for cystic fibrosis'. *Journal of the Royal Society Interface*, 4 (12).

Pope John XXIII. 'Pacem in Terris'. *The Holy See*, 11 April 1963, https://www.vatican.va/content/john-xxiii/en/encyclicals/documents/hf_j-xxiii_enc_11041963_pacem.html

Powers, S. T. and Lehmann, L. (2014). 'An evolutionary model explaining the Neolithic transition from egalitarianism to leadership and despotism'. *Proceedings of the Royal Society B*, 281.

Price, C. (2017). 'The Age of Scurvy'. *Science History Institute*. Available at: https://www.sciencehistory.org/distillations/magazine/the-age-of-scurvy

Price, D. T. (2014). 'New Approaches to the Study of the Viking Age Settlement across the North Atlantic'. *Journal of the North Atlantic*, 7, 1-12.

Rady, M. (2017). *The Habsburg Empire: A Very Short Introduction*. Oxford University Press.

Rady, M. (2020). *The Habsburgs: To Rule the World*. Basic Books.

Raihani, N. (2021). *The Social Instinct: How Cooperation Shaped the World*. Jonathan Cape.

Rajakumar , K. (2003). 'Vitamin D, Cod-Liver Oil, Sunlight, and Rickets: A Historical Perspective'. *Pediatrics*, 112 (2), e132-135.

Randy, E. E. (2010). 'Sickle cell trait in sports'. *Current Sports Medicine Reports*, 9 (6), 347-351.

Rao, P., Rodriguex, R. L. and Shoemaker, S. P. (2018). 'Addressing the sugar, salt, and fat issue the science of food way'. *NPJ Science of Food*, 2 (12).

Reich, D. (2018). *Who We Are and How We Got Here: Ancient DNA and the New Science of the Human Past*. Oxford University Press.

Riehn, R. K. (1990). *1812: Napoleon's Russian Campaign*. McGraw-Hill.

Ritzer, G. and Ryan, M. J. (2011). *The Concise Encyclopedia of Sociology*. Wiley.

Roberts, A. (2015). *Napoleon: a Life*. Penguin.

Roberts, J. M. and Westad, O. A. (2013). *The History of the World*. Oxford University Press.

Robson, S. L., van Schaik, C. P., Hawkes, K. (2006). 'The Derived Features of Human Life History'. In: Hawkes, K. and Paine, R. R. *The Evolution of Human Life History*. School of American Research Press.

Roth, M. T. (1997). *Law Collections from Mesopotamia and Asia Minor*, 2nd edition. Society of Biblical Literature.

Rowold, D. J., Perez-Benedico, D., Stojkovic, O., Garcia-Bertrand, R., Herrera, R. J. (2016). 'On the Bantu expansion'. *Gene*, 593(1), 48-57.

Roxburgh, N. and Henke, J. S. (eds) (2020). *Psychopharmacology in British Literature and Culture, 1780-1900*. Palgrave Macmillan.

Rozenkrantz, L., D'Mello, A. M. and Gabrieli, J.D.E. (2021). 'Enhanced rationality in autism spectrum disorder'. *Trends in Cognitive Science*, 25 (8), 685-696.

Russell, B. (1950) *Unpopular Essays*. George Allen and Unwin, London

Rutherford, A. (2016*). A Brief History of Everyone Who Ever Lived: The Stories in Our Genes*. Weidenfeld & Nicolson.

Sapolsky, R. M. (2017). *Behave: The Biology of Humans at our Best and Worst*. Penguin.

Sarris, P. (2002). *The Justiniaic Plague: Origins and Effects*. Cambridge University Press.

Sarris, P. (2007). 'Bubonic Plague in Byzantium: The Evidence of Non-Literary Sources'. In: Little, L. K. (ed.). *Plague and the End of Antiquity: The Pandemic of 541-750*. Cambridge University Press.

Schacht, R. and Mudler, M. B. (2015). 'Sex ratio effects on reproductive strategies in humans'. *Royal Society Open Science*, 2 (1).

Schabel, L. K., Bonefeld-Jorgensen, E. ., Laurberg, P., Vestergaard, H. and Andersen, S. (2015). 'Vitamin D-rich marine Inuit diet and markers of inflammation - a population-based survey in Greenland'. *Journal of Nutritional Science*, 4, 40.

Schaub, G. (2004). 'Deterrence, Compellence, and Prospect Theory'. *Political Psychology*, 25 (3), 389-411.

Scheidel, W. (1996). 'Brother-sister and parent-child marriage outside royal families in ancient Egypt and Iran: A challenge to the sociobiological view of incest avoidance?' *Ethnology and Sociobiology*, 17 (5), 319-340.

Scheidel, W. (2009a). 'A peculiar institution? Greco-Roman monogamy in global context'. *History of the Family*, 14, 280-291.

Scheidel, W. (2009b). *Sex and Empire: a Darwinian perspective*. Oxford University Press.

Schenck, T. (2019). *Holy Grounds: the surprising connection between coffee and faith - from dancing goats to Satan's drink*. Fortress Press.

Schino, G. and Aureli, F. (2010). 'Primate reciprocity and its cognitive requirements'. *Evolutionary Anthropology*, 19, 130-135.

Schmitt, D. P. (2015). 'Fundamentals of Human Mating Strategies'. In: Buss, D. M. (ed.). *The Handbook of Evolutionary Psychology*. Wiley.

Schudellari, M. (2021). 'How the coronavirus infects cells - and why Delta is so dangerous'. *Nature*, 595, 640-644.

Schwartz, B. (2006). 'The sunk-cost fallacy'. *Los Angeles Times*, 17 September 2006. Available at: https://www.latimes.com/archives/la-xpm-2006-sep-17-oe-schwartz17-story.html

Seebass, A. R. (1997). 'The Prospects for Commercial Supersonic Transport'. In: Sobieczky, H. (ed). *New Design Concepts for High Speed Air Transport*. Springer.

Segurel, L. and Bon, C. (2017). 'On the evolution of lactase persistence in humans'. *Annual Review of Genomics and Human Genetics*, 12 (45).

Severin, T. (2008). *In Search of Robinson Crusoe*. Basic Books.

Shahraki, A. H., Carniel, E. and Mostafavi, E. (2016). 'Plague in Iran: its history and current status'. *Epidemology and Health*, 38.

Shammas, C. (1987). 'English inheritance law and its transfer to the colonies'. *American Journal of Legal History*, 31 (2), 145-163.

Sharp, P. M., Plenderleith, L. J. and Hahn, B. H. (2020). 'Ape Origins of Human Malaria'. *Annual Review of Microbiology*, 8 (74), 39-63.

Sherman, I. W. (2005). *The Power of Plagues*. ASM Press.

Sherman, I. W. (2007). *Twelve Diseases that Changed our World*. ASM Press.

Shermer, M. (2012). *The Believing Brain: From Spiritual Faiths to Political Convictions*. Robinson.

Simon, H. A. (1955). 'A behavioral model of rational choice'. *Quarterly Journal of Economics*, 69 (1), 99-118.

Simpson, T. (2012). *The Immigrants: The Great Migration from Britain to New Zealand, 1830-1890*. Penguin Random House New Zealand.

Singh, S. and Glowacki, L. (2022). 'Human social organization during the Late Pleistocene: Beyond the nomadic-egalitarian model'. *Evolution and Human Behavior*, 43 (5), 418-431.

Smith, D. S. (2003). 'Seasoning, Disease Environment, and Conditions of Exposure: New York Union Army Regiments and Soldiers'. In: Costa, D. L. (ed.). *Health and Labor Force Participation over the Life Cycle: Evidence from the Past*. University of Chicago Press.

Snelders, S. and Pieters, T. (2002). 'Speed in the Third Reich: methamphetamine (pervitin) use and a drug history from below'. *Social History of Medicine*, 24 (3), 686-699.

Sobolevskaya, O. (2013). 'The demographic echo of war'. *HSE University News*, 2 September 2013. Available at: https://iq.hse.ru/en/news/177669270.html

Solinas, M., Ferre, S., You, Z. B., Karcz-Kubicha, M., Popoli, P. and Goldberg, S. R. (2002). 'Caffeine induces dopamine and glutamate release in the shell of the nucleus accumbens'. *Brief Communication*, 22 (15), 6321-6324.

Southey, R. (1813). *The Life of Horatio Lord Nelson*. Available at: https://www.gutenberg. org/files/947/947-h/947-h.htm

Spiller, R. J. (1988). 'S.L.A. Marshall and the Ratio of Fire'. *RUSI Journal*, 133(4), 63-71.

Spinney, L. (2017). *Pale Rider: the Spanish flu of 1918 and how it changed the world*. Jonathan Cape.

Sporchia, F., Taherzadeh, O. and Caro, D. (2021). 'Stimulating environmental degradation: A global study of resource use in cocoa, coffee, tea and tobacco supply chains'. *Current Research In Environmental Sustainability*, 3, 1-11.

Standage, T. (2006). *A History of the World in 6 Glasses*. Bloomsbury.

Stanhope, A. (1840). *Spain under Charles the Second; or, Extracts from the correspondence of the Hon. Alexander Stanhope, British minister at Madrid, 1690-1699. From the originals at Chevening*. John Murray. Available at: https:// wellcomecollection.org/works/xhq5ugzm

Stanovich, K. E., Toplak, M. E. and West, R. F. (2008). 'The development of rational thought: a taxonomy of heuristics and biases'. *Advances in Child Development and Behavior*, 36, 251-285.

Starkweather, K. E. and Hames, R. (2012). 'A survey of non-classical polyandry'. *Human Nature*, 23, 149-172.

Steele, J. (2002). 'Biological Constraints'. In: Hart, J. P. and Terrell, J. E. (eds). *Darwin and Archaeology: A Handbook of Key Concepts*. Bergin & Garvey.

Stephens, J. C., Reich, D. E., Goldstein, D. B., Shin, H. D., Smith, M. W., Carrington, M. (1998). 'Dating the origin of the CCR5-Delta32 AIDS-resistance allele by the coalescence of haplotypes'. *American Journal of Human Genetics*, 62(6), 1507-15.

Steppuhn, A., Gase, K., Krock, B., Halitschke, R. and Baldwin, I. T. (2004). 'Nicotine's Defensive Function in Nature'. *PLoS Climate*, 2 (10).

Stevens, R. (2005). 'The history of haemophilia in the royal families of Europe'. *British Journal of Haematology*, 105 (1), 25-32.

Stevenson, D. (2011). *With Our Backs to the Wall: Victory and Defeat in 1918*. Allen Lane.

Stevenson, P. C., Nicolson, S. W. Wright, G. A. (2017). 'Plant secondary metabolites in nectar: impacts on pollinators and ecological functions'. *Functional Ecology*, 31 (1), 65-75.

Stewart-Williams, S. (2018). *The Ape that Understood the Universe: How the Mind and Culture Evolve*. Cambridge University Press.

Stock, J. T. (2008). 'Are humans still evolving?' *Science and Society*, 9, 51-54.

Stone, A. C., Wilbur, A. K., Buikstra, J. E. and Roberts, C. A. (2009). 'Tuberculosis and leprosy in perspective'. *American Journal of Physical Anthropology*, 140 (S49), 66-94.

Stone, V. E., Cosmides, L., Tooby, J., Kroll, N. and Knight, R. T. (2002). 'Selective impairment of reasoning about social exchange in a patient with bilateral limbic system damage'. *Proceedings of the National Academy of Sciences of the United States of America*, 99 (17), 11531-11536.

Strachan, H. (2006). Training, Morale and Modern War'. *Journal of Contemporary History*, 41 (2), 211-227.

Strassmann, J. E. (1984). 'Female-Biased Sex Ratios in Social Insects Lacking Morphological Castes. *Evolution*, 38 (2), 256-266.

Surowiecki, J. (2004). *The Wisdom of Crowds: Why the Many Are Smarter Than the Few and How Collective Wisdom Shapes Business, Economies, Societies and Nations*. Doubleday.

Sussman, G. D. (2022). 'Was the Black Death in India and China?' *Bulletin of the History of Medicine*, 85 (3), 319-355.

Swallow, D. M. (2003). 'Genetics of lactase persistence and lactose intolerance'. *Annual Review of Genetics*, 37, 197-219.

Swerdlow, D. L., Mintz, E. D., Rodriguez, M., Tejada, E., Ocampo, C., Espejo, L. (1994). 'Severe life-threatening cholera associated with blood group O in Peru: implications for the Latin American epidemic'. *Journal of Infectious Diseases*, 170 (2), 468-72.

Talbot, J. E. (1991). 'Concorde development - powerplant installation and associated systems'. *SAE Transactions*, 100, 2681-2698.

Tana, V. D. and Hall, J. (2015). 'Isspresso development and operations'. *Journal of Space Safety Engineering*, 2 (1), 39-44.

Taubenberger, J. K. and Morens, D. M. (2006). '1918 influenza, the mother of all pandemics'. *Emerging Infectious Diseases*, 12 (1), 15-22.

Taylor, L. H., Latham, S. M. and Woolhouse, M.E.J. (2001). 'Risk factors for human disease emergence'. *Philosophical Transactions of the Royal Society B*, 356 (1411).

Teger, A. I. (1980). *Too Much Invested to Quit*. Pergamon.

Teso, E. (2019). 'The long-term effect of demographic shocks on the evolution of gender roles: evidence from the trans-Atlantic slave trade'. *Journal of the European Economic Association*, 17 (2), 497-534.

Tharoor, I. (2021). 'We're still living in the age of Napoleon'. *Washington Post*, 7 May 2021. Available at: https://www.washingtonpost.com/world/2021/05/07/napoleon-legacy-france/

The Boston Globe (2021). 'A sordid family affair'. *Boston Globe*. Available at: https://apps.bostonglobe.com/opinion/graphics/2021/06/future-proofing-the-presidency/part-3-a-sordid-family-affair/

The New York Times (1973). 'Supersonic civilian flights over U.S. are outlawed'. *New York Times*, 28 March 1973. Available at: https://www.nytimes.com/1973/03/28/archives/supersonic-civilianflights-over-us-are-outlawed.html

The Royal Swedish Academy of Sciences (2002). Press Release: 'The Sveriges Riksbank Prize in Economic Sciences in Memory of Alfred Nobel 2002'. Available at: https://www.nobelprize.org/prizes/economic-sciences/2002/press-release/

The White House (2005). Report to the President, March 31, 2005. Available at: https://georgewbush-whitehouse.archives.gov/wmd/text/report.html

The White House (2017). Remarks by President Trump on the Strategy in Afghanistan and South Asia, 21 August 2017. Available at: https://trumpwhitehouse.archives.gov/briefings-statements/remarks-president-trump-strategy-afghanistan-south-asia/

Theofanopoulou, C., Gastaldon, S., O'Rourke, T., Samuels, B. D., Messner, A., Martins, P. T., Delogu, F., Alamri, S. and Boeckx, C. (2017). 'Self-domestication in Homo sapiens: insights from comparative genomics'. *PLOS ONE*, 13 (5).

Thornton, J. (1983).' Sexual Demography: The Impact of the Slave Trade on Family Structure'. In: Robertson, C. C. and Klein M. A. (eds). *Women and Slavery in Africa*, University of Winsconsin Press.

Thucydides, *The History of the Peloponnesian War*, Book II, Chapter VII. Translated by Richard Crawley (1874). Available at: Project Gutenberg: https://www.gutenberg.org/files/7142/7142-h/7142-h.htm

Tishkoff, S. A. Reed, F. A., Friedlaender, F. R., Ehret, C., Ranciaro, A., Froment, A., Hirbo, J. B., Awomoyi, A. A., Bodo, J. M., Doumbo, O., Ibrahim, M., Juma, A. T., Kotze, M. J., Lema, G., Moore, J. H., Mortensen, H., Nyambo, T. B., Omar, S. A., Powell, K., Pretorius, G. S., Smith, M. W., Thera, M. A., Wambebe, C., Weber, J. L. and Williams, S. M. (2009). 'The genetic structure and history of Africans and African Americans'. *Science*, 324 (5930), 1035-1044.

Tobin, V. (2009). 'Cognitive bias and the poetics of surprise'. *Language and Literature*, 18 (2), 155-172.

Toner, D. (2021). *Alcohol in the Age of Industry, Empire and War*. Bloomsbury Publishing.

Tooby, J. and Cosmides, L. (1996). 'Friendship and the Banker's Paradox: other pathways to the evolution of adaptations for altruism'. *Proceedings of the British Academy*, 88, 119-143.

Topik, S. (2004). 'The World Coffee Market in the Eighteenth and Nineteenth Centuries, from Colonial To National Regimes'. Working Paper No. 04/04. University of California, Irvine.

Trevathan, W.(2015). 'Primate pelvic anatomy and implications for birth'. *Philosophical Transactions of the Royal Society B*, 370 (1663).

Trivers, R. (2006). 'Reciprocal altruism: 30 years later'. In: Kappeler, P. M., van Schaik, C. P. (eds). *Cooperation in Primates and Humans*. Springer.

Trivers, R. L. (1971). 'The evolution of reciprocal altruism'. *Quarterly Review of Biology*, 46 (1), 35-57.

Tushingham, S., Ardura, D. A., Eerkens, J. W. and Palazoglu, M. (2013). 'Hunter-gatherer tobacco smoking: Earliest evidence from the Pacific Northwest Coast of North America'. *Journal of Archaeological Science*, 40 (2), 1397-1407.

Tversky, A. and Kahneman, D. (1974). 'Judgement under Uncertainty: Heuristics and Biases'. *Science*, 185 (4157), 1124-1131.

Tversky, A. and Kahneman, D. (1981). 'The framing of decisions and the psychology of choice'. *Science*, 311 (30), 453-458.

Unicef (2021). 'Vitamin A deficiency'. Available at: https://data.unicef.org/topic/nutrition/vitamin-a-deficiency/

United Nations Office on Drugs and Crime (2021). World Drug Report 2021. 'Drug Market Trends: Cannabis and Opioids'. United Nations.

United Nations Office on Drugs and Crime (2022). Afghanistan Opium Survey 2021. 'Cultivation and Production'. United Nations.

Vachula, R. S., Huang, Y., Longo, W. M., Dee, S. G., Daniels, W. C. and Russell, J. M. (2019). 'Evidence of ice age in humans in eastern Beringia suggests early migration to North America'. *Quaternary Science Reviews*, 205, 35-44.

Vale, B. (2008). 'The Conquest of Scurvy in the Royal Navy 1793-1800: A challenge to current orthodoxy'. *Mariner's Mirror*, 94(2), 160-75.

van Leengoed, E., Kerker, E. and Swanson, H. H. (1987). 'Inhibition of post-partum maternal behaviour in the rat by injecting an oxytocin antagonist into the cerebral ventricles'. *Journal of Endocrinology*, 112 (2), 275-282.

Verpoorte, R. (2005). 'Alkaloids'. *Encyclopedia of Analytical Science*, 2nd edition. Elsevier.

Vidmar, J. (2005). *The Catholic Church though the Ages: A History*. Paulist Press.

Vilas, R., Ceballos, F. C., Al-Soufi, L., Gonzalez-Garcia, R., Moreno, C., Moreno, M., Villanueva, L., Ruiz, L., Mateos, J., Gonzalez, D., Ruiz, J., Cinza, A., Monje, F. and Alvarez, G. (2019). 'Is the "Habsburg jaw" related to inbreeding?' *Annals of Human Biology*, 46 (7-8), 553-561.

Vis, B. (2011). 'Prospect theory and political decision making'. *Political Studies Review*, 9, 334-343.

Visceglia, M. A. (2002). 'Factions in the Sacred College in the sixteenth and seventeenth centuries'. In: Signorotto, G. and Visceglia, M. A. (eds). *Court and Politics in Papal Rome, 1492-1700*. Cambridge University Press.

Vishnevsky, A. and Shcherbakova, E. (2018). 'A new stage of demographic change: A warning for economists'. *Russian Journal of Economics*, 4 (3), 229-248.

Voelkl, B., Portugal, S. J., Unsold, M., Usherwood, J. R., Wilson, A. M., Fritz, J. (2015). 'Matching times of leading and following suggest cooperation through direct reciprocity during V-formation flight in ibis'. *Proceedings of the National Academy of Sciences*, 112, 2115-2120.

Vogel, K. (1933). 'Scurvy - "The Plague of the Sea and the Spoyle of Mariners" '. *Bulletin of the New York Academy of Medicine*, IX (8).

Volkow, N. D. and Blanco, C. (2021). 'Research on substance use disorders during the COVID-19 pandemic'. *Journal of Substance Abuse Treatment*, 129, 1-3.

von Clausewitz, C. (1832). *On War*. Translated by Graham, J. J. (1874). Available at: Project Gutenberg https://www.gutenberg.org/ebooks/1946

Walker, M and Matsa, K. E. (2021). *News consumption across social media in 2021*. Pew Research Center. Available at: https://www.pewresearch.org/journalism/2021/09/20/news-consumption-across-social-media-in-2021/.

Walker, M. (2018). *Why We Sleep: The New Science of Sleep and Dreams*. Penguin.

Wallace, Birgitta. (2003). 'The Norse in Newfoundland: L'Anse aux Meadows and Vinland'. *Newfoundland Studies*, 19 (1), 5-43.

Walter, K. S., Carpi, G., Caccone, A. and Diuk-Wasser, M. A. (2017). 'Genomic insights into the ancient spread of Lyme disease across North America'. *Nature Ecology & Evolution*, 1, 1569-1576.

Walter, R. (1748). *A Voyage Round the World ... by George Anson*. John and Paul Knapton, London. Reproduced in Household, H. W. (Ed.) (1901) *Anson's Voyage Around the World: The Text Reduced*. Rivingtons, London. Available at: https://www.gutenberg.org/files/16611/16611-h/16611-h.htm

Wason, P. C. (1968). 'Reasoning about rule'. *Quarterly Journal of Experimental Psychology*, 20 (3).

Wason, P. C. (1983). 'Realism and rationality in the selection task'. In: J. Evans (Ed.), *Thinking and reasoning: Psychological approaches*. Routledge.

Watson, A. (2015). *Ring of steel: Germany and Austria-Hungary at war, 1914-1918*. Penguin.

Watson, A. (2022). 'Social media as a news source worldwide 2022'. Statista. Available at: https://www.statista.com/statistics/718019/social-media-news-source/

Watson, P. (2012). *The Great Divide: History and Human Nature in the Old World and the New*. Weidenfeld & Nicolson.

Watt, J., Freeman, E. J. and Bynum, W. F. (1981). *Starving Sailors: influence of nutrition upon naval and maritime history*. National Maritime Museum.

Watts, S. (1999). *Epidemics and History: Disease, Power and Imperialism*. Yale University Press.

Weatherall, D. J. (2008). 'Genetic variation and susceptibility to infection: the red cell and malaria'. *British Journal of Haematology*, 141 (3), 276-286.

Webb, J.L.A. (2017). 'Early Malarial Infections and the First Epidemiological Transition'. In: Boivin, N., Crassard, R., Petraglia, M. (eds). *Human Dispersal and Species Movement: From Prehistory to the Present*. Cambridge University Press.

Webber, R. (2015). *Disease Selection: The Way Disease Changed the World*. CABI Publishing.

Wells, R. V. (1975). *Population of the British Colonies in America Before 1776: A Survey of Census Data*. Princeton University Press.

Whatley, C. (2001). *Bought and sold for English gold? The Union of 1707*. Tuckwell Press.

Whatley, W. and Gillezeau, R. (2011). 'The impact of the Transatlantic slave trade on ethnic stratification in Africa'. *American Economic Review*, 101 (3), 571-6.

Wheeler, B. J., Snoddy, A.M.E., Munns, C., Simm, P., Siafarikas, A. and Jefferies, C. (2019). 'A brief history of nutritional rickets'. *Frontiers in Endocrinology*, 10.

Wheelis M. (2002). 'Biological Warfare at the 1346 Siege of Caffa'. *Emerging Infectious Diseases*, 8 (9), 971-975.

White, A. (2020). 'Halle Berry says Pierce Brosnan saved her from choking during Bond sex scene gone wrong'. *Independent*. Available at: https://www.independent.co.uk/arts-entertainment/films/news/halle-berry-pierce-brosnan-james-bond-die-another-day-sex-scenechoking-a9477701.html

White, D. R., Betzig, L., Borgerhoff, M., Chick, G., Hartung, J., Irons, W., Low, B. S., Otterbein, K. F., Rosenblatt, P. C. and Spencer, P. (1988). 'Rethinking polygyny: co-wives, codes and cultural systems'. *Current Anthropology*, 29 (4), 529.

Wigner, E.P. (1960). 'The unreasonable effectiveness of mathematics in the natural sciences'. Richard Courant lecture in mathematical sciences delivered at New York University, May 11, 1959. *Communications on Pure and Applied Mathematics*, 13 (1), 1-14.

Wild, A. (2010). *Black Gold: the dark history of coffee*. Harper Perennial. Wilke, A. and Clark Barrett, H. (2009). 'The hot hand phenomenon as a cognitive adaptation to clumped resources'. *Evolution and Human Behavior*, 30 (3), 161-169.

Willyard, C. (2018). 'New human gene tally reignites debate'. *Nature*, 558, 354-355

Williams, D. M. (1991). 'Mid-Victorian Attitudes to Seamen and Maritime Reform: The Society for Improving the Condition of Merchant Seamen, 1867'. *International Journal of Maritime History*, 3 (1),101-26.

Williams, T. N. (2011). 'How do hemoglobins S and C result in malaria protection?' *Journal of Infectious Diseases*, 204 (11), 1651-1653.

Wilson, D. M. (1989). *The Vikings and their Origins: Scandinavia in the first millennium*. Thames and Hudson.

Wilson, E. O. (2012) *The Social Conquest of Earth*. W. W. Norton & Co

Wilson, M. L., Boesch, C., Fruth, B., Furuichi, T., Gilby, I .C., Hashimoto, C., Hobaiter, C. L., Hohmann, G., Itoh, N., Koops, K., Lloyd, J. N., Matsuzawa, T., Mitani, J. C., Mjungu, D. C., Morgan, D., Muller, M. N., Mundry, R., Nakamura, M., Pruetz, J., Pusey, A. E., Riedel, J., Sanz, C., Schel, A. M., Simmons, N., Waller, M., Watts, D. P., White, F., Wittig, R. M., Zuberbuhler, K. and Wrangham, R. W. (2014). 'Lethal aggression in Pan is better explained by adaptive strategies than human impacts'. *Nature*, 513, 414-417.

Winegard, T. (2019). *The Mosquito: A Human History of our Deadliest Predator*. Text Publishing Company.

Winkelman, M. J. and Sessa, B. (eds) (2019). *Advances in Psychedelic Medicine: state-of-the-art therapeutic applications*. Praeger.

Winston, R. (2003). *Human Instinct*. Bantam.

Wolf, M. (2012). 'The world's hunger for public goods'. *Financial Times*. Available at: http://www.ft.com/content/517e31c8-45bd-11e1-93f1-00144feabdc0

Wolfe, N. D., Dunavan, C. P. and Diamond, J. (2007). 'Origins of major human infectious diseases'. *Nature*, 447, 279-283.

Wolfgang, E. (2006). *Man, Medicine, and the State: the human body as an object of government-sponsored medical research in the 20th century*. Digital Georgetown.

Wood, E. (1916). *Our Fighting Services*. Cassell.

Woodward, H. (2009). *A Brave Vessel: The True Tale of the Castaways who Rescued Jamestown*. Viking.

World Health Organisation (2021). WHO Report on the Global Tobacco Epidemic, 2021. Available at: https://www.who.int/publications/i/item/9789240032095

Wrangham, R. (2019). *The Goodness Paradox: How evolution made us both more and less violent*. Profile Books.

Wrangham, R. W. (1999). 'Evolution of coalitionary killing'. *American Journal of Physical Anthropology*, 110 (S29), 1-30.

Wright, G. A., Baker, D. D., Palmer, M. J., Stabler, D., Mustard, J. J., Power, E. F., Borland, A. M. and Stevenson, P. C. (2013). 'Caffeine in floral nectar enhances a pollinator's memory of reward'. *Science*, 339 (6124).

Wrigley, E. A. (1985). 'The fall of marital fertility in nineteenth-century France: Exemplar or exception?' (Part I). *European Journal of Population*, 1, 31-60.

Xue, Y., Wang, Q., Ng, B. L., Swerdlow, H., Burton, J., Skuce, C., Taylor, R., Abdellah, Z., Zhao, Y., MacArthur, D. G., Quail, M. A., Carter, N. P., Yang, H. and Tyler-Smith, C. (2009). 'Human Y chromosome base-substitution mutation rate measured by direct sequencing in a deep-rooting pedigree'. *Current Biology*, 19 (17), 1453-1457.

Xue, Y., Zerjal, T., Bao, W., Zhu, S., Lim, S. K., Shu, Q., Xu, J., Du. R., Fu, S., Yang, H. and Tyler-Smith, C. (2005). 'Recent spread of a Y-chromosomal lineage in Northern China and Mongolia'. *AJHG*, 77 (6), 1112-1116.

Yalcindag, E., Elguero, E., Arnathau, C., Durand, P., Akiana, J., et al. (2011). 'Multiple independent introductions of *Plasmodium falciparum* in South America'. *Proceedings of the National Academy of Sciences of the United States of America*, 109 (2), 511-516.

Yamagishi, T. (1986). 'The provision of a sanctioning system as a public good'. *Journal of Personality and Social Psychology*, 51 (1), 110-116.

Yasuoka, H. (2013). 'Dense wild yam patches established by huntergatherer camps: beyond the wild yam question, toward the historical ecology of rainforests'. *Human Ecology*, 41(1), 465-475.

Young, L. J. and Wang, Z. (2004). 'The neurobiology of pair bonding'. *Nature Neuroscience*, 7, 1048-1054.

Yu, Z. and Kibriya, S. (2016). 'The impact of the slave trade on current civil conflict in Sub-Saharan Africa'. Working paper, Texas A&M University.

Zabecki, D. T. (2001). *The German 1918 Offensives: a case study in the operational level of war*. Routledge.

Zahid, H. J., Robinson, E. and Kelly, R. L. (2015). 'Agriculture, population growth, and statistical analysis of the radiocarbon record'. *Proceedings of the National Academy of Sciences*, 113 (4), 931-935.

Zamoyski, A. (2019). 'The personality traits that led to Napoleon Bonaparte's epic downfall'. *History*. Available at: https://www.history.com/news/napoleon-bonaparte-downfall-reasons-personality-traits

Zaval, L. and Cornwell, J.F.M. (2016). 'Cognitive biases, non-rational judgements, and public perceptions of climate change'. In: *Oxford Research Encyclopedia of Climate Science*. Oxford University Press.

Zerjal, T., Xue, Y., Bertorelle, G., Wells, S., Bao, W., et al. (2003). 'The genetic legacy of the Mongols'. *American Journal of Human Genetics*, 72 (3), 717-721.

Zhang, Y, Xu, Z. P. and Kibriya, S. (2021). 'The long-term effects of the slave trade on political violence in Sub-Saharan Africa'. *Journal of Comparative Economics*, 49 (3), 776-800.

Zhao, J. and Luo, Y. (2021). 'A framework to address cognitive biases of climate change'. *Neuron*, 109 (22), 3548-51.

Zhao, T., Liu, S., Zhang, R., Zhao, Z., Yu, H., Pu, L., Wang, L. and Han, L. (2022). 'Global burden of vitamin A deficiency in 204 countries and territories from 1990-2019'. *Nutrients*, 14 (5), 950.

Zheng, Y. (2003). 'The social life of opium in China, 1483-1999'. *Modern Asian Studies*, 37 (1), 1-39.

Zhou, W. X., Sornette, D., Hill, R. A. and Dunbar, R.I.M. (2005). 'Discrete hierarchical organization of social group sizes'. *Proceedings of the Royal Society B*, 272 (1561), 439-444.

Zimmer, C. (2019). *She Has Her Mother's Laugh: The Story of Heredity, Its Past, Present and Future*. Picador.

Zimmerman, J. L. (2012). 'Cocaine intoxication'. *Critical Care Clinics*, 28 (4), 517-526.

Zinsser, H. (1935). *Rats, Lice and History*. Little, Brown.

誌謝

我最先要感謝的人，肯定是經紀人 Will Francis，我所有著作他無役不與，從計畫剛開始構思而羽翼未豐，到提案逐漸發展成形，再到實際寫作，直到終於迎來出版日、作品成功誕生，他不但總是全程參與，精闢的指引也總令我得到無盡的支持。另外也要非常感謝 Janklow and Nesbit 經紀公司在倫敦的其他傑出團隊成員：Kirsty Gordon、Mairi Friesen-Escandell、Ren Balcombe、Corissa Hollenbeck、Ellis Hazelgrove、Michael Steger、Maimy Suleiman，以及在紐約的 PJ Mark 與 Ian Bonaparte。

我也非常感謝 The Bodley Head 出版社的 Stuart Williams 熱情推動本書出版，以及格外感謝 Jörg Hensgen，他敏銳的編輯之眼讓本書更為出色，也把我的想法呈現得更加清晰，使我原本鬆散無力的初稿得到潤色琢磨。還要感謝 Sam Wells 與 Fiona Brown 分別負責編審與校對，感謝 Alex Bell 處理索引，感謝 Rhiannon Roy 與 Laura Reeves 監督整個出版過程。我非常喜歡 Kris Potter 叫人眼睛一亮的英文書封設計，《最後一個知識人》和《起源》英文版的封面也都是由他來施展魔法。也值得一提的是，英文書封的人體素描是取自十八世紀瑞士畫家 Henry Fuseli 的《裸體投擲》（*A Nude Throwing*）。也要感謝 Joe Pickering 與 Carmella Lowkis 在本書行銷與宣傳方面提供的協助。

　　一路走來，許多學者專家慷慨伸出援手，讓我受益匪淺，其中包括（依姓氏的字母順序排列）：Koen Bostoen、Brad Elliot、Douglas Howard、Stephen Luscombe、Nichola Raihani、Liron Rozenkrantz、Alex Stewart、Kaj Tallungs、Yuhan Sohrab-Dinshaw Vevaina、Amelia Walker──感謝每一位的協助。特別感謝我的研究助理 Rob Hampton、Sara Knudsen 與 Megan Bryant，協助我整理筆記、追查文獻、編寫資料來源注記與參考文獻，以及其他多如牛毛的重要任務。

　　最後、也要最由衷感謝的是我的好太太 Davina Bristow，她一直是我最堅定的支柱，給我支持與鼓勵；要是沒有她那雙科學敘事者的眼睛，這本書不會是現在這個樣子。這本書獻給她，以及我們的兒子 Sebastian。

科學文化 236

人類文明
生物機制如何塑造世界史

Being Human
How Our Biology Shaped World History

原著 —— 達奈爾（Lewis Dartnell）
譯者 —— 林俊宏
科學文化叢書策劃群 —— 林和、牟中原、李國偉、周成功

總編輯 —— 吳佩穎
編輯顧問暨責任編輯 —— 林榮崧
封面設計暨美術排版 —— 江儀玲

出版者 —— 遠見天下文化出版股份有限公司
創辦人 —— 高希均、王力行
遠見・天下文化 事業群榮譽董事長 —— 高希均
遠見・天下文化 事業群董事長 —— 王力行
天下文化社長 —— 王力行
天下文化總經理 —— 鄧瑋羚
國際事務開發部兼版權中心總監 —— 潘欣
法律顧問 —— 理律法律事務所陳長文律師
著作權顧問 —— 魏啟翔律師
社址 —— 台北市 104 松江路 93 巷 1 號 2 樓
讀者服務專線 —— 02-2662-0012 ｜ 傳真 —— 02-2662-0007，02-2662-0009
電子郵件信箱 —— cwpc@cwgv.com.tw
直接郵撥帳號 —— 1326703-6 號 遠見天下文化出版股份有限公司

製版廠 —— 東豪印刷事業有限公司
印刷廠 —— 祥峰印刷事業有限公司
裝訂廠 —— 台興印刷裝訂股份有限公司
登記證 —— 局版台業字第 2517 號
總經銷 —— 大和書報圖書股份有限公司 電話／02-8990-2588
出版日期 —— 2024 年 5 月 30 日第一版第一印行

國家圖書館出版品預行編目 (CIP) 資料

人類文明：生物機制如何塑造世界史 / 達奈
爾 (Lewis Dartnell) 著；林俊宏譯 . -- 第一版 .
-- 臺北市：遠見天下文化出版股份有限公司，
2024.05
　　面；　公分 . -- (科學文化；236)
譯自：Being Human：How Our Biology
　　　Shaped World History
ISBN 978-626-355-796-3(平裝)

1. 人類學　2. 演化生物學　3. 世界史

391.1　　　　　　　　　　113007132

定價 —— NT500 元
書號 —— BCS236
ISBN —— 9786263557963
EISBN —— 9786263557949 (EPUB)；9786263557956 (PDF)
天下文化書坊 —— http://www.bookzone.com.tw

天下文化

BELIEVE IN READING